万物简史译丛

【日】宫内悊 著
刘德萍 译

内容提要

本书是"万物简史译丛"之一。作者针对"箱"的原型、使用方法、民族技术、文化交流等进行了详细的论述。书中配有精美的图片将近300幅,使读者通过图片进一步加深对古今中外各种"箱"的理解,全面了解"箱"的历史和文化,领悟"箱与人的文化史"。另外,书中还列出了大量相关的文献资料,对有志于从事此项研究者,可起到有益的参考作用。

MONO TO NINGEN NO BUNKASHI - HAKO
by MIYAUCHI Satoshi
Copyright © 1991 by MIYAUCHI Satoshi
All rights reserved.
Originally published in Japan by HOSEI UNIVERSITY PRESS, Japan.
Chinese (in simplified character only) translation rights arranged with
HOSEI UNIVERSITY PRESS, Japan
through THE SAKAI AGENCY and BARDON-CHINESE MEDIA AGENCY

图书在版编目(CIP)数据

箱 /(日)宫内悊著;刘德萍译. —上海:上海
交通大学出版社,2014
(万物简史译丛 / 王升远主编)
ISBN 978-7-313-11565-2

Ⅰ.①箱… Ⅱ.①宫内… ②刘… Ⅲ.①箱包—比较文
化—日本、西欧 Ⅳ.①TS563.4

中国版本图书馆CIP数据核字(2014)第121352号

箱

著 者:[日]宫内悊		译 者:刘德萍
出版发行:上海交通大学出版社		地 址:上海市番禺路951号
邮政编码:200030		电 话:021-64071208
出 版 人:韩建民		
印 制:浙江云广印业股份有限公司		经 销:全国新华书店
开 本:880mm×1230mm 1/32		印 张:11.375
字 数:262千字		
版 次:2014年7月第1版		印 次:2014年7月第1次印刷
书 号:ISBN 978-7-313-11565-2/TS		
定 价:45.00元		

目　录

序

　　随着身边物品的增多，人们平时为了整理收纳各种形状、大小、功能不同的东西，会不自觉地花费很多时间和空间。这种情况不只发生在家里，在单位亦是如此。甚至有人说，为了能更有效地工作，整理收纳所占据的时间和空间相当于完成工作所需时间和空间的一半。较之过去，现在便利的收纳用具可谓数量相当庞大，但是物品的泛滥却导致这些原本便利的收纳用具在短时间内就成为无用之物。由于人们居住的场所一般过于狭窄，而且也只设置了最小限度的收纳空间，因此人们不得不在大量的物品中喘息生存。

　　过去与现在全然不同，人们只在身边放置必要的生活用具。通常不会在铺榻榻米的房间放置物品，即使是家庭成员经常聚集的餐厅，也只设有餐柜和长方形火盆。如果有很多客人到访，主人为了招待客人会从仓库中搬出供相应人数使用的食案和餐具等。

　　不论是物品的收纳，还是整理的方法，在某种稳定的情况下，人与物的关系都存在着一种固有的模式。在这种情况下，就会衍生出一种被称为生活文化的价值观。本书所论述的"箱"就是这一文化用具之一。

画卷中《源氏物语》的世界之所以看起来极为优美、考究，那是由于为了弥补建筑上的不足，人们恰当地在周围摆放了各种"日常器具"的缘故。"日常器具"是对可移动家具的总称，例如：幔帐、屏风、竹帘之类用于间隔空间的轻便屏风、收纳草席和坐垫等各种用具的箱子、摆放物品的台子等。这些家具的大小、颜色、材质、手感均不同。平安时代的贵族和妇女，通过组合这些家具来打造自己喜欢的居住空间，其中一些出色的家具组合方式长久地流传下来，记入了史册。日本包括"箱"在内的家具不仅仅满足于它的功能性需求，作为构成生活环境的要素，其设计和制造工艺等也不断得到研究和发展。

本书作者宫内先生长期以来不仅研究以"箱、柜"为中心的容器，而且还将研究对象扩展到整个家具领域，他是一位研究家具的专家。宫内先生研究的特色不是以珍贵且美观的工艺品家具为研究对象，而是关注以人们生活中所必需的用具为出发点的家具。选择以"箱"这种日常生活中谁都使用但又基本不被人注意的用具为对象进行研究，清楚地表明了宫内先生的研究态度。"箱"不受地区和时代的限制，是人们一直持续制作的最质朴的家具之一。人们不仅可以从每个"箱"上发现其所具有的地区、时代特色，同时还可以从中找出很多超越了地区和时代的共有的特征。本书作者为寻找各地遗留下来的"箱"，遍访整个日本，其足迹甚至还远至位于欧洲的家具博物馆。面对如此庞大的有关"箱"的资料，宫内先生不断地思考着人与"箱"的关系。

作者研究方法中另一不可忽视之处在于，他采用了所有可以想到的方法来探究"箱"的本质。作者虽然也尝试了探索词汇意义、对形态特征进行分类等方法，但他在研究过程中发现，这些使之对象化的研究方法存在着无论如何都无法跨越的界限。于是，作者尝试着模仿实物进行实际制作，通过制作来获得体验，这也是本书并非单纯地从使用者的角度来观察、理解的一个重要方式。

在人们不断地追求制作的容易度、使用的便利性、家具的美观性的过程中，"箱"呈现出各种无穷无尽的变化。作者指出，日本的"箱"虽然外观优美，但是结构依然脆弱。"箱"的这一特质可谓反映了日本文化的特征，至少也是反映了日本文化特征的一个侧面。

稻垣荣三
1991年8月

前　言

　　众所周知，"箱"是人们身边随处可见的用具。因此，若想围绕"箱"写本书，就必须提出较为新颖的框架和观点。在调查并思考"箱"这一问题的过程中，很多人向我提出了各种疑问，例如："箱"为何物；它与桶、浅筐、瓮等有何区别；没有"箱"的生活究竟会是什么样的；房子、仓库、船、车在某种意义上是否也是"箱"等等。本书在何种程度上解答了这些问题，还有待各位读者的判断，在此需要首先明确的是主题"箱"的定义及其所指的内容。本书把"箱"限定为"上面是敞开的，装有盖子的容器"的总称。其中外形大的是"柜"，小的是"箱"。本书主要以"柜"为研究对象，但在论述过程中大多采用了"箱"这一通俗说法。

　　从"箱"的定义可知，其四面封闭的形状不仅可以防止里面放置的物品散落出来，而且还可以阻止灰尘和害虫的进入。箱的这种功能，在人们的生活中起到了非常重要的作用。因此，各个民族自古以来不仅制作了日常生活中使用的各种箱子，而且还把箱子作为入殓死者遗体的棺材和举办婚礼所用的器具，又进一步为了防止灾害和战争而制作了各种各样的箱子。

房屋一直被喻为保护人类的生活免受自然界的威胁和防止他人入侵的容器。把由地板、墙壁、屋顶构成的形状称为"箱"根本不足为怪。只不过其开口部分位于垂直面，这个垂直面被作为门和窗户而使用。虽然房屋和"箱"的开口部分所在位置、尺寸各自不同，但两者都拥有使内部与外界隔离的功能，这两种容器相互补充，共同构成人们居住的生活环境。著名的文学评论家刘易斯·芒福德 (Lewis Mumford) 在《机器的神话》中指出，人们在论述人类开发过程中技术的物质性构成要素时，往往会忽视"容器"的重要性。他强调这些容器"最初是洞穴、陷阱、罗网，然后是筐、箱、牛棚、房屋，再然后就是蓄水池、运河、城市等这类集团性容器"[1]。芒福德在书中与"箱"一起列举的"筐"，其本身虽然是有用的容器，但是与其他材料的组合导致它经常被划为箱和柜的同类。"网"被用来捆绑和担负柜子。这些箱和柜，不仅被用来保护放在里面的物品，而且很多还被用于搬运。也就是说，箱不仅承担了静态的功能，它同时还承担了搬运物品这一动态的功能。人们的居住生活，靠它们的各种功能而得以运营。

在笔者专攻的家具领域，英国著名历史学家约翰·格劳格 (John Gloag) 在《家具的社会史》中提出了如下富有启发性的观点。即"独立的可移动的几乎所有的家具都是箱和台的变种或二者的混合体。以箱为基本形态的家具包括柜子 (chest[2])、餐柜、衣柜，这些柜子被用来收放亚麻纤维纺织品、衣服、食物、葡萄酒、

---

1. 刘易斯·芒福德著，樋口清译，《机器的神话》，河出书房新社，1971，p.47。"呈现出将道具和机器与工学技术同等看待的倾向……即使在论述技术的物质性构成要素时，这种习惯也导致人们往往忽视同等重要的容器的作用。"
2. chest：带盖的大型柜子。——译注

饮料、容器、书籍、货币等"[1]。格劳格指出,家具的基本形态分箱和台两种。诚如格劳格所述,现代种类繁多的家具,追溯其历史,年代越久种类越少,最终都归结于箱或台这一极其简朴的形态。然而,在日本的家具体系中,帷幔和屏风等也发挥了重要的作用。因此日本家具的基本形态,除了箱、台之外还必须增加一项,即屏风(screen)这类起间隔空间作用的家具。

纵观以往有关箱的研究,大多只限于工艺史学家针对特别珍贵的箱而进行的研究,有关平民使用的箱的结构和功能等的研究却不被重视。笔者关注的焦点是作为家具的基本形态而存在的箱,并探索其设计原理。为寻访箱,笔者参观了国内外的博物馆和资料馆,并走访了民宅和神社、寺庙等。随着资料的收集整理,笔者对箱的形状和制作工艺等逐渐形成了一个大致的概念。与此同时,笔者惊奇地发现,在人类生活中一直发挥着重要作用的种类繁多的箱子,如上所述都是在简朴形态的制约下形成的。

那么,笔者是如何将数量庞大的箱进行分类整理,最后形成书籍的呢?与其他学者一样,笔者首先明确了箱的定义,从形态上区分"厨子"[2]和箱。然后,再根据大小将其分为柜和箱两种。接下来调查日语和外语对箱的书写方式及其意义,力图从宏观角度对其进行观察和研究,并进而从形态、构造和使用方法等方面对其进行系统的把握。以上为本书的第一部分内容。

那么,究竟什么是箱呢?为回答这一问题,笔者将箱的原型所拥有的质朴的形状与筐、桶、瓮等进行了功能上的对比。为了系统地把握种类繁多的箱,笔者按照材料、构造、形态等特征对其进行了分类。另一方面,在使用方法上,将其概括为房屋与箱、信仰与

---

1. John Gloag, *A Social History of Furniure Design*, Crown Publishers, 1966, p.2—3.

2. "厨子":两扇门对开的柜子,也称橱。详见第一章中的"箱的定义和文字表示"。——译注

箱、搬运与箱等三种情况。根据这两条中心轴,将箱大致分为四个系列,即储存系列、家具系列、展示系列、集装箱系列。

　　箱所涉及的问题比较复杂,例如制作工艺和与制作有关的人,以及这些人形成的组织等等。本书对行会的产生及其章程等进行了调查。另外,还有必要探讨从简陋的箱子到近代技术的产物——今天的集装箱等的发展过程,以及如何看待不同年代、不同空间箱的相同点和不同点这一问题。不仅如此,国际上的文化传播、对确保物质财产安全所持有的想法、各民族制作物品的风格、近代设计与箱的关联等问题也非常值得关注。箱是家具的基本形态之一,本书的目的在于通过研究多种多样的箱及其使用方法来思考箱的设计。

第一章

箱的定义和分类

箱的定义和文字表示

形式

我们在日常生活中对箱、柜 (chest) 等词的使用概念较为模糊。下面我们先来探讨它们的定义。承平五年 (935年) 源顺编纂的日本最早的百科辞典《倭名类聚抄》十六·木器一项引用中国文献《蒋鲂切韵》，把柜的读音标为"貴 (ki) "，日本名"比都 (hitsu) "，"形状与厨相似，为向上开阖的容器"。"开阖"意为把盖子打开或关上。那么，"橱"又指的是什么呢？经查找后得知，该书以中国文献《辩色立成》为出典，将之解释为"竖柜……'厨'(橱) 子的别名"。此外，《笺注倭名类聚抄》四·木器中解释，在中国，"厨"有两个含义，一是指庖厨 (厨房)；二是指家具——匣柜，日本在指家具时书写为"厨子"。现在中国在指家具时已基本不使用"厨"这个汉字，而专门用"立柜"来表示，但有时也省略"立"字，所以很难与"柜"进行区分，容易混淆[1]。

　　下面我们来查查有关箱的定义。由寺岛良安编写、以带插图的百科词典而闻名的《和汉三才图会》(正德三年，即1713年)，根据《切韵》将之解释为"柜是箱的总称，有韩柜、小柜、长柜(俗称"长持"，即长方形大箱)之分，现在把体型小的称为箱"。也就是说柜与"厨子"(橱)都是容器，开口向上并装有盖子的是柜，其中小型的柜是箱，开口部分位于垂直面并装有门的是"厨子"(橱)。《和汉三才图会》中所载柜与箱的插图被认为转载自宽文六年(1666年)出版的由中村惕斋编写的《训蒙图汇》。插图如图1-1所示，长方形的是箱，带唐柜式腿的是柜，柜体四角和柜腿前端镶有装饰性金属零件。由此可见，箱与柜不仅大小不同，而且设计样式也不同。

　　那么，英语在表达开口面的不同和大小差异上是否也使用不同的词汇呢？查找《不列颠百科全书》后发现，"柜(chest)"指用木头或金属制作的大型"箱(box)"，是自古以来就存在的一种家具，这种家具装有盖子，盖子与箱体之间用合页连接，可开启自如。而"箱(box)"是指"使用各种坚硬材料制成的形状各异的集装箱或容器，用向上抬起或使之滑动的方式打开盖子"。这里希望大家注意的是，不论是柜(chest)还是箱(box)，它们的共同点都是有盖、没有门，而且都是顶部的面可以打开。箱(box)是所有符合这些条件的容器的总称，其中大型的箱(box)

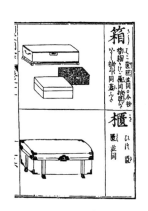

图1-1　箱与柜《训蒙图汇》
箱：同箧匣，今改为箱，匣同抽屉、同抽斗，有盖。柜：较大的箱。

---

1. 因为人们在书写时经常省略"立柜"的"立"，所以才导致二者难以区分。王世襄编，《民式家具珍赏》，文物出版社，1985。此外，现代汉语词典《正字通》也对"柜"的定义进行了解释。

则称为柜 (chest)。而《牛津英语词典》里解释"柜 (chest) 也是箱 (box) 或 coffer(通常称为"保险箱")，用于保存贵重物品，现在这一词汇用于指结构坚固的大型箱子 (box)"。该词典在"box"的词条解释中，首先列举了一种用来制作箱子的树木名称，这是一种常绿树，在日本被称为黄杨。然后解释"box 一般是带盖的小型箱子或容器，不管其为何种材料制成，都是指放置药品、软膏和贵重物品等的小型容器。自 1700 年以后，其意义所指范围扩大，也泛指用来收放商品和个人财产等的大型容器"。

那么"coffer"(参照第三章 P110, 图 3-60) 又指什么呢？纵观整个西欧家具史，一直存在着对它的各种争议。概括起来就是："chest"是一种装有平盖的木制箱子，有腿，没有把手，由木匠制作。相反，"coffer"却是装有曲面盖子的箱子，无腿，外面包裹了皮革，由皮革工匠制作。另外还有一种权威说法认为，两者的区别与样式和最后的加工无关，体型大的是"chest"，小的是"coffer"。但是因为也会出现例外，所以意见产生了分歧[1]。由此可知，英语在箱与柜的形状和名称的对应上也存在着模棱两可的现象，这与日本基本相同。

下面我们来探讨一下与日语的"厨子"相对应的英语词。首先浮现在脑海里的是 cabinet (橱柜)。约翰·格劳格指出"cabinet"是建筑用语，意为收藏绘画和珍奇物品等的小房间。17 世纪后半叶，"cabinet"的词义发生了变化，被用于指现在带门的箱形家具，这种家具带有搁板和抽屉[2]。在那之前的 14—15 世纪，与今天的橱柜 (cabinet) 相对应的是"cupboard"(碗柜；食橱)。"cupboard"是

---

1. P. Eames, *Medieval Furniture*, The Furniture History Society, 1977, p.113 介绍了 R.W. Symonds 的观点。

2. John Gloag, *A Social History of Furniure Design*, Crown Publishers, 1966, p.167.

图1-2 圣体橱（Aumbry）
林肯大教堂（1200年左右）J.
Gloag: A Short Dictionary of
English Furniture, George
Allen and Unwin, London,
1969, p.167.

一种摆放餐具的阶梯状台子或放置了多层搁板的开放型架子，没有门。如图1-2所示，有门的家具是指利用墙壁的凹陷处制作的壁橱 (aumbry)。此外，与橱柜 (cabinet) 概念相近的家具还有"case"（手提箱），但"case"所指范围较广，除箱子和柜子 (chest) 之外，还包括为摆放刀、酒瓶、台钟等而特别制作的橱柜，与之前提到的橱有很大的不同。18世纪，橱柜 (cabinet) 的生产者利用"case"创造了很多新词。因此，伦敦的维多利亚和阿尔伯特博物馆的家具、木制工艺品部将这类藏品统一划归为框架 (car case) 类。其包括的范围广，接近于日本现在所用的"箱物[1]"一词。

综上所述，在英语里，找不到与日语里"厨子"的定义相对应的恰当词汇，也没有表达箱子开口面不同的家具名称。

柜与箱——大小

《和汉三才图会》中规定，箱类容器中形状大的是柜，小的是箱。《不列颠百科全书》和《牛津英语词典》也解释"chest (柜)"是"大型box (箱)"，对此，英国家具史研究权威爱德华兹 (R. Edwards) 也提出了相同的见解，即"box和chest只是大小不同而已"[2]。但是大、小是连续的、相对的，无法严格地划分二者的界线。尽管如此，有趣的是《和汉三才图会》还是对长方形大箱和箱进行

---

1. 箱物：箱类容器。——译注
2. R. Edwards, *The Dictionary of English Furniture*, Barra Books, 1983, vol.2, p.99.

了区分。长方形大箱等大型柜子很少被移动,它在人们的生活空间里一直持续地占据一个固定的位置。因此,摆放柜子的地方成为整理和放置家中一切什物家产的空间。而针线盒和急救箱等小型箱子,随时都可以拿到某处,其使用场所不受限制。工具分为两类,一类是需要移动的,另一类是不需要移动的。这相当于戏剧用语中的大道具和小道具。其区别在于是否为家具,很少移动的家具构成行动的场所。在与空间的关联这点上,可看出箱 (box) 与柜 (chest) 的本质性区别。

如上所述,"在向上开盖的容器中,形状大的家具是柜,比柜小的是箱"。开口部位的不同如图1-3所示。A和B的开盖方式虽有不同,但都是向上开启,这与柜的定义相符。相反,橱的开口部分位于垂直面,而且还装有门。C的开口部分位于垂直面,与柜的定义不符,与"厨子"(橱)相似。但它的开口部分只是垂直面的上半部分,下半部分与四周、底部形成了一个封闭的完整的箱子。较之"厨子"(橱),其本质上更接近于柜,因此我们把它划到柜的范畴之内。将在第五章进行论述的朝鲜半岛的一种被称为"半开"的衣柜和蒙古的衣柜,都属于这种类型。

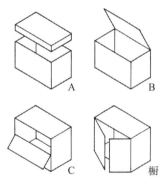

图1-3 对柜和橱在形态上的划定

箱的文字表示和意义

日本名称用汉字和假名的书写形式及意义

首先,我们来探讨作为总称的箱的文字表示和意义。箱的汉字书写形式很多,在打字机中输入字母hako,按下汉字变换键后,就会出现"箱、匣、筥、筐、函"等各种日语汉字。此外,还有"匲"和"篋"等。《和名类聚抄》中也列出了"筥、筐、篋"这三个字,证明这三个字在日本古代就已经被使用。查阅这些汉字后令人感到非常有趣的是,"箱"这个汉字来源于"障","障"的意思是藏起来,让人无法看到。另外,"匸"表示物体呈中空形状,竹字头暗示其为放物品的竹制容器,被转用于指一般容器、车内放物品的地方,另外还有纪念物等意思。根据字典的解释,这些汉字分别表达了其所揭示家具的大小、用途、材料等的不同之处。"匣"是小箱子,用于放置贵重物品等。"匱"是大箱子,有关这方面的内容,我们将在后面有关"柜"的部分一起论述。"筥"原意是盛放物品的圆形箱子,在日本一直特指收藏贵重物品的容器。"筐"的意思是用竹子编的四角形筐或普通箱子。"函"是信箱或信匣。"匲"是放镜子、化妆用具、香料等的箱子。"篋"是主要用来放书籍等物品的长方形箱子。"箪笥"的"箪"是用竹子编的饭桶。"笥"是放饭菜或衣服的竹制方形箱子。国立民族学博物馆展出了中国西藏自治区门巴族的编制容器,其形状酷似词典插图里的"箪"和"笥",由此可知现在依然有人在制作这种容器。

《倭名类聚抄》里标注"箱"的读音是"波古(hako)",《万叶集》等日本古文献证明,这一名称从奈良时代起就已存在。《日本释名》和《和训栞》中记载,这个词的语源是"盖上盖,放在里面",即"蓋籠(futako)"的略称。这一说法与上节所述的柜的定义相符。大岛正健所著的《国语的语源及其分类》指出,"箱"是"張籠(harikago)"的略称。在后面的章节里我们将专门探讨与"張籠"这一名称相称的容器,从上面的记载可看出人们从古代起就已制作这种容器。《岩波古语辞典》解释"筐"的朝鲜语发音是Pakoni,与箱同源。与这一发音相近的器具,据说并不是那种用木板做成的结构牢固的东西，而是用胡枝子的细枝条编织的类似筐的器具。在朝鲜半岛，有很多用胡枝子编制的器具。

柜的写法除"櫃"以外，还有"槶"和"匱"，据《事物纪原》八介绍，在中国古代的夏朝 (公元前21世纪至公元前15世纪) 使用的汉字是"櫝"，到了周朝 (公元前11世纪至公元前3世纪) 初期变成了"匱"。在日本，这两个汉字虽然在字典里都可以见到，但是是否实际使用过目前还不清楚。在古代，"槶"这个汉字较为多用。例如《大日本古文书》五卷637页中的"小明槶"和五卷35页中的"大辛槶"等，奈良时代的地志《播磨风土记》和佛教故事集《日本灵异记》里也使用了"槶"。日本从古代开始也使用"櫃"这一汉字。在《倭名类聚抄》、《延喜式》、《禁秘御抄》、《类聚杂要抄》等书中都可以见到这个汉字。到了后世，"槶"被废弃，开始统一使用汉字"櫃"表示。

《倭名类聚抄》中标注"櫃"的读音为"比都 (hitsu) "，这个读音被一直沿用到今天。有些地方受方言影响读音发生了变化，如被指定为重要有形民俗文化遗产的秋田县田泽湖町大沼的箱形独木舟被称为"kittsu[1]"。该地区还把装水、酒等液体的长方形槽或箱子也称为"kittsu"[2]。此外，在青森县立乡土馆展出的独木舟，其解说牌上标注的也是"kittsu"。从其形状来推测，"kittsu"似乎不一定专指用木板制成的箱子。尽管如此，在东北地区一带，现在似乎也称箱子为"kittsu"。另外，据上江洲均所述，在冲绳列岛，每个岛屿对柜的称呼都不同。八重山群岛中的石垣岛称之为"kai"或"yafunkai"，宫古列岛称之为"pitsu"，本岛中南部则称

---

1. 日语名的罗马字拼写，以下同。——译注
2. 小泉和子，《日本史小百科·家具》，近藤出版社，1980，P.98。

之为"yafu"[1]。把普通柜子称为"hichi"，把刷了漆的精工制作的衣柜特称为"kei"，我认为这些词大概来源于指容器的古语"笥"。《类聚名物考》和《贞丈杂记》中标注"韓櫃"和"唐櫃"的读音是"karafuto"，其读音发生了音便。如本书最后一章所述，昭和十四年在福岛县桧岐村进行的调查证实，这一称呼曾沿用了很长一段时间。日本神社使用的柜子其文字形式为"辛櫃"，这种书写方式非常独特，我认为也许是因为神道是日本固有的宗教，而"韓"和"唐"均有舶来之意，所以忌讳在神社使用的有腿的"櫃"前冠以"韓""唐"二字。

《日本释名》中解释，櫃"即柜，放入或取出物品"。也就是说，"hitsu"这一日本名称指的是柜的使用方法，即把物品放进去或取出来。"行李"一词是指去调解争端的使者，这个词现在被转用为旅行时携带的行李，甚至还被用来指装行李的容器，即箱子。查阅词典还会发现，"明荷"（长方箱也可写为"開荷"或"揚荷"）原指从船上卸下的货物，现在被用来指容器。图1-4的"极"是被汉字JIS第二标准排除在外的汉字，已成为废词。《诸桥大汉和辞典》里解释，其原意是指为搬运货物而装在驴背上的鞍子。有很多柜子的盖子表面都印上了大大的"极"字，这些柜子被用于搬运并保管衣服和药品等。

图1-4 极

1. 上江洲均，《冲绳民具》，庆友社，1973，p.49。

人们根据不同的使用目的制作了各种各样的柜。其中，有的名称具有表达行为和动作之意，而有的名称则取自其收置的物品，由此可见汉字文化之博大精深。

外语的文字表示和意义

首先我们来看与日语的"櫃"相对应的英语"chest"。约翰·格劳格指出，能够从名称推断出器具的功能、大小和装饰性特征等的，大体上都是近代以前的"传统家具"[1]。中世纪用于指櫃的单词除"chest"以外，还有"arche、bahut、cista、coffre、huche"等。埃姆斯 (P. Eames) 指出，这些法语和拉丁语等单词所代表的并不是各地的不同发音，而是表达了"chest"形状上的差异[2]。下面我们来看"coffer"一词。其古老的拼写方式"cofre"来源于古代法语的"cofre"或"coffre"，"coffre-fort"的意思是"安全"。这个词的拉丁语是"cophinus"，德语是"Koffer"，指箱 (box)、柜 (chest)、旅行箱 (travelling trank、chest) 等。古代法语"coffre"的语源是"chest"，这种"chest"是为了用皮带将之捆绑在马鞍上而设计的。法语和英语都使用词语"trussing coffer"，其中"truss"的含义是"牢牢地捆上"。

在中世纪的英国，有时把"coffer"称为"treasury (宝库)"。"treasurer (财务主管)"与"coffer"的制作者"cofferer"是同义词。另外，"public chest"指的是为救济贫民而设立的公共基金。法语"bahut"原指在以柳条工艺编织的框上包裹皮革而制成的皮箱，后来变成了所有"chest"的总称。后面要论述的西欧柜子的类型中，将一批柜划分为哈奇型 (huch)。这个词在今天一般用来指放液体的箱形容器或放煤炭、粮食、面包等的箱盒 (bin)，在中世纪这个词

---

1. John Gloag, *A Social History of Furniure Design*, Crown Publishers, 1966, p.13.
2. P. Eames, *Medieval Furniture*, The Furniture History Society, 1977, p.111—112.

是对用于家务活使用的"coffer"的一种较为随便的说法,"coffer"的制作者常常被称为"huchier (做箱柜的木匠)"。此外,在法国农村,这个词还被用于指箱 (box)、柜 (chest)、保险柜 (safe)。这与汉语中的"柜 (櫃的简化字)"指收银台、账房,"掌柜"指财务主管相对应。由此可见,柜与财物之间有着紧密的关联。

"Ark"(约柜) 的词义指示范围也较广。《不列颠百科全书》记载"Ark"是条顿人 (德国人、日耳曼人) 都使用的一个词。例如,日耳曼语"Arche"来源于拉丁语"arca","arca"的意思是柜子 (chest),"arcere"的意思是"把……放到里边 (enclose)"、"关上 (shut up)"。

词典中对"shrine"的解释是:① 装基督教信徒遗物的柜子;② 祭坛,灵庙,圣地;③ 寺院,神社等。也就是说,"shrine"虽然狭义上指神圣的柜子,但是它也泛指放置柜子的场所,甚至宗教建筑。而"frectory"、"reliquary"等词则专指装基督教信徒遗物的柜子。大多数的英日辞典都把这个词翻译成"厨子",但其形状却是柜,语言学家在翻译时似乎没有意识到柜与橱在形态上的差异。

词典中对"Trunk"的解释是:① 干,树干;② 躯干,主要部位;③ 干线,主流;④ 旅行用的大箱子、皮箱。我们熟悉的词义④是由词义①发展而来的,是利用木头的自然弧度制作的柜子 (chest),后来被用来专指适于搬运的"盖子为曲面、无腿的柜子"。这种形状的柜子如图4-34所示。

"Standard"是中世纪时期的英语Standard chest (标准柜),指用于保管各种物品的大型柜子。这种柜子用铁箍加固,上了很多把锁,雕刻华丽,并装饰有家族徽章。这种类型的柜子一般被放在固定的位置,人们几乎不会想去移动它。但是无腿、呈框架结构并用皮革包裹的旅行用箱子被称为"Standard"后,就与一般带有曲面盖子、小型并适于搬运的皮箱和旅行箱没有什么差异了。对于其间的变化，默瑟 (E.Mercer) 指出，"Standard"虽然原指不动的柜子，但是正如较矮小的"Standard"也被用于搬运一样，世界上没有什么绝对的规则[1]。

我们再来看看小型容器。"Shrine"指保存基督教信徒遗物的柜子，与之相比，"casket"是指为携带部分遗物而准备的容器，一般用银、青铜、象牙等珍贵材料制作，外面用皮革和绣有图案的奢华布匹包裹。盖子的形状有很多种，如山形和四面坡形等，也被用来放宝石和信件以及其他贵重物品等，这种箱子的实例将在本书第五章列出。"forcer"是可携带的小型保险箱，外面用皮革包裹，装有用铁箍加固的锁头。"canteen"原指英国陆军士官使用的饭盒和携带的餐具等，19世纪初，被用来称呼放家用刀叉之类物品的小型柜子 (chest)。这些变化都是商业主义的兴起而导致名称被转用的例子。

以上论述了西欧语言中与日本的"櫃"相对应的几个词。其中有的词的含义，与《日本释名》中记载的"櫃"的功能和使用方法相对应。但也有即使名称长久保持不变，其所指内容却已发生变化的情况。另外，也会出现其他各种情况，如出现拟人式名称、原有名称被转用、出现新的名称等。

箱的类型学

类型化的方法

在进入实例研究的预备阶段，我们先来探讨一下如何对种类繁

---

1. E.Mercer, *Furniture 700—1700*, Weidenfeld and Nicolson, London, 1969, p.40.

多的箱进行分类这一问题。虽然有些箱子拥有表达用途的特定的名称，但这些名称不一定都与其本质相对应，大多情况下人们只是笼统地用"柜"或"箱"这类总称来称呼它们。那么，在不依靠名称的情况下，该如何进行分类呢？这么做的目的是为了在种类繁多的箱子中，认真分析每一个具体实例，从而设定对其研究的切入点。

一提到分类，人们很自然地就会想到条理清晰的生物分类体系。这一体系以与其他生物容易区分的"种"为基本单位，在分析众多特性、构造的不同点和相似点等是否一致的基础上，从低到高逐级设定"科""目""纲""门"等各大类别，最终形成一种金字塔形结构，即客观性的自然分类 (Classification naturelle) [1]。

这种周密的自然分类法是否能用于箱的分类呢？在研究过程中发现，即使部件的构成相同，其中也既有手工粗制的箱子，又有精工细作的箱子，还有不加任何装饰只是恰到好处地根据木材性质加工制作的箱子，以及虽然做工简陋，却在表面雕刻了漂亮图案的箱子等，种类繁多的箱子各具特点。对这种制作意图多样的人工制品，自然分类的基本概念并不完全适用，而且也缺少历史性资料。另外，这种方法也难以适应箱子使用方法的分类，不可能对其进行客观的分类。

还有一种众所周知的多维结构系统分类法。其特点是大量抽取拟分类对象的属性，把这些属性设为分类项目，以此来最大限度地提高分类的准确度，这种方法可应用于对种类多达数十万种的微生物的分类等。从该方法中得到启发，对工业产权等信息的积累和检索的应用研究也如法炮制地加以尝试，但因分类指标过于庞大，似乎进展不大顺利。

---

1. 德田御稔，《进化·系统分类学》①，共立全书，1970，p.23—27。

类型学这一分类方法是一种所谓的"从上到下的分类",面向整体,着眼于某一具体特征,设定几个大致的类型,把事实和现象归到各个类型中,并逐级下设各个小的分类。这种方法方便易懂,广泛应用于社会学、心理学、艺术等各个领域。但是,这一方法在类型的设定是否妥当等方面,经常会遭到质疑。

那么,在箱的分类这一问题上,究竟什么才是既切合实际又客观合理的分类方法呢? 这种分类方法要求既能简单明了地理解每个箱子在整体中所处的位置,又能把握箱子的使用类型。当遇到制作时间和制作工匠不清楚的柜或箱时,虽然有些麻烦,但还是有必要把这些问题调查清楚,其结果有可能会发现某些人容易忽视的类型或体系。

箱的类型化

箱的分类

○ 部件构成

在箱的各种分类标准中,首要的一项就是根据制作方法。它与材料、结构以及形态都有关联,可从简单与复杂、部件数量的多与少这两点来考虑。从历史的角度,可以绘制出一个箱的发展变化图。也就是说,从使用简单的方法制作的箱子,向使用复杂的制作方法把多个部件组合起来制成箱子的方向发展。我们把用六张板材 (箱盖、箱底、四个侧面) 制成的箱子称为"箱形的原型"。箱子从原型向复杂结构——例如使用各种工具把多个部件组合在一起制成的"嵌镶式 (panelled)"——的方向发展。因此,部件的构成及制作方法这条轴和时间的早晚这条轴,在最初阶段其发展变化是一致的。但是后来随着箱子种类的增多,为收藏贵重物品而制造的箱子,其工艺精致且结构复杂,而普通箱子则工艺粗糙。这样一来,这个图就无法成立了。因此,需要一个新的分类法来替代以结构和制作方法为标准的分类法。

○ 箱的大小

在构成形态特点的要素中,最重要的一项就是大小。如箱的定义所述,界定家具大小的标准,一般是一个人能够搬运的称为箱,必须得两个人以上才能搬运的称为柜。

○ 腿的有无

如图1-5所示在箱的分类标准中,仅次于大小的是腿的有无和盖子的形状。箱腿,换个说法就是底部的构成,既有底板直接与地面接触的无腿型(图1-5-A),也有底板与地面不直接接触的。其种类大致有以下几种,如装有固定底座的柜子(B)、柜子底板与底座分离的带底座型(C)、在柜子底部安装两根横木的垫脚型(D)、装有车工工艺制作的矮腿或带有与其类似部件的矮腿型(E)、装有长腿的柜子(F)、带脚轮的柜子(G)等。我们暂且把A—D和E—G分别划分为无腿型和有腿型。

腿的有无及其样式所形成的柜的特点,很多都与其名称相对应。另外,从它与人们生活方式的关联来考虑,使用椅子的生活会相应地出现有腿型的高柜,而盘腿坐在地板上的生活则会出现无腿型的矮柜。

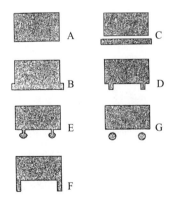

图1-5 柜子的底部结构

○ 盖子的形状

如图1-6所示,盖子的形状大致分平面A,曲面B、C,屋顶型D、E三种。曲面的盖子又分为两种,一种是只在箱盖的宽度方向出现弧形隆起的二次曲面B,另一种是在箱

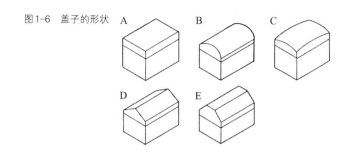

图1-6 盖子的形状

盖的长度方向和宽度方向都出现弧形隆起的三次曲面C,这种三次曲面在日本被称为"甲盛"。弧度特别大的一次曲面箱盖,在西欧被称为穹顶型 (domed)。屋顶型又被称为倾斜型 (canted) 和四坡顶型 (hipped),或被比喻成马鞍的形状。这种箱盖也分两种,一种是呈山脊形房顶的D,另一种是由窄幅水平木板构成的E。这些盖子的形状,也成为箱子的重要分类标准。

如上所述,把箱的大小、腿的有无、盖子的形状作为箱的分类标准,以这三项为坐标轴就可以归纳出图1-7至图1-9。如图1-7所示,小型箱子 (box) 很少带腿,而柜 (chest) 却是既有有腿型也有无腿型。

使用方法的类型

调查箱的固有名称后发现,其命名方式很多都来源于其收放的物品和使用方法。由此可见,箱与人类的生活有着密切的联系。然而,即使是有特定用途的箱,其材料也分很多种,既有木制的也有竹编的,此外还有用皮革制作的,因此材料和结构等

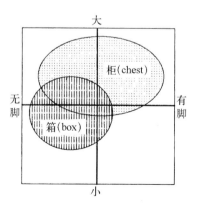

图1-7 柜(chest)和箱(box)

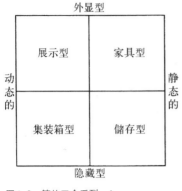

外显型

| 展示型 | 家具型 |

动态的 ／ 静态的

| 集装箱型 | 储存型 |

隐藏型

图1-8 箱的四个系列・1

就成为仅次于使用方法的分类标准。如"前言"部分所述，从使用方法这一更为本质性的标准对箱进行分类，与从动态的和静态的角度分类是一致的。前者主要用于搬运，后者则是作为家具而使用的方法。开口部分位于垂直面的"厨子"（橱），只能作为静态的家具发挥它的特色。因此，动态的、静态的这一分类标准，把同属箱形家具的"厨子"（橱）和柜严格区分开来。

根据观察大量箱子得出的结论，我们把外显型（给人看）和隐藏型（不给人看）列为箱子使用方法类型的另一分类标准。外显型是为了展现给人看而制作的箱子，换言之就是拥有并使用箱子的人在意别人对箱子的看法。这两个坐标轴是研究箱子多样性的基本框架。

其他的分类标准还有神圣性（象征性）和日常性。但是也存在日常生活中使用的箱子转用于宗教，在长时间持续使用后变成具有象征性箱子的例子。与上述分类标准相比，神圣性和日常性显得不够突出。

箱的四个系列

我们以箱的大小、腿的有无、盖子的形状为坐标轴，绘制了图1-7和图1-8。如图1-7所示，小型箱子（box）里有腿的少，而柜（chest）则是有腿型和无腿型都有。图1-8是根据静态的与动态的、外显型与隐藏型这两个坐标轴绘制的。下面我们来研究柜在其中所处的位置。

○ 家具系列（家庭装饰器具系列）

家具系列属于静态的外显型家具。这一系列的柜、箱之类器

图1-9 箱的四个系列·2

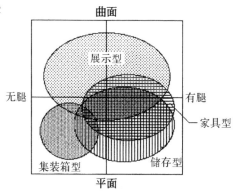

具，是为了构成生活空间而制作的。日本的柜子，属于这一类别的比较少，主要是手筥[1]等小型箱子。相反，西欧很多柜 (chest) 都属于这一系列。

○ 储存系列

储存系列属于静态的隐藏型家具。即使在平民的日常生活里，也需要存放很多东西，如稻种、厨房的大米和面粉、土地产权书、佛经、遗嘱、钱、贵金属等。此外，在日本还需要存放食案和木碗等漆器。存放这些物品的容器都属于储存系列。

○ 展示系列

展示系列属于外显型动态的家具。这一系列是指在神社的祭祀仪式、参勤交代、武士进江户城执勤、婚礼队伍等在众人围观下所行进的仪式化行列中出现的箱子。

○ 集装箱系列

动态的隐藏型柜子属于集装箱系列。集装箱指的是供周转货物运输使用的规格标准的箱子，在现代社会使用较多。西欧中世

---

1. 手筥：放随身小物品的小型箱子。——译注

纪的旅行箱，日本近代的货箱、箱笼、茶箱等，可谓现代集装箱的先驱性实例。它与展示系列的区别如上所述，其目的是为了更有效地搬运货物。

箱的形式分化状态

在下面的章节中我们将列举属于上述四种类型的实际例子。但是，某一实例不一定只对应一种类型。有可能两种使用方式都有，例如原本属于储存型，但是后来又被用于展示型，或只有一次被用于展示型，之后就被作为家具型放于室内，变成了储存型。日本的"具足柜（即器物柜）"，是放铠甲的容器和搬运用具，在室内被作为摆放铠甲的台子而使用。日本人在生活中一般不在室内摆放大型柜子，器物柜是摆在室内的为数不多的家具型柜子。此外，平民使用的长柜，只有一次会被用于婚礼行列，之后就作为储存型柜子使用。尽管如此，以牺牲耐久性为代价而制作的长柜，为满足人们对极端轻量化、大型化以及美观外形的需求，而呈现出展示型的特点。

从源头上考虑，储存型是箱、柜的深层结构，而其他三种类型均属于在此基础上发展的表层结构。本书对箱的原有属性属于哪种类型进行了区分，并绘制了"箱的类型分化模式"图（图1-10）。如图所示，现如今，表层结构部分已衰退，并让位于橱柜型家具，回归至集装箱型和储存型这一深层结构。

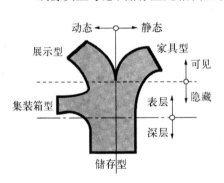

图1-10　箱的树形图类型分化模式

第二章
箱的原型

箱 的 原 型

刳木制成的容器

　　最早的箱子是什么样的呢？先进的英国地方生活史博物馆展出的18世纪的椅子 (图2-1)，将观众带回到了遥远的过去。这把椅子在形状"中空的木头"上安装了座板和扶手，木头向内凹陷的形状正好把人的身体包起来。与椅子相比，箱的形状与"中空的木头"更相称。但是很难想象能够轻易地就找到可当作箱子使用的"中空的木头"。所以，当时人们也许是把几乎不需要使用工具就可以简单加工的树皮和动物的皮等缝在一起制作容器，或是用树木的细枝来编制容器。

图2-1 椅子 英国 英国地方生活史博物馆 Marjorie Filbee: Dictionary of Country Furniture, 1977, p.48.

然而，又大又耐用的容器只能使用木材来制作。最普通的方法就是把木板拼接在一起。这样一来就至少需要使用好几种工具。如果没有这些工具又该怎么办呢？早期的美国开拓者把圆木头烧焦，在上面挖洞，以此制作简陋的储物柜[1]。他们再现了古人制作箱子的方法。木头烧焦后，即使使用最简单的工具也能削木头。这种柜子被视为最原始结构的柜子，其正式名称是由"monos"和"xylon"组成的复合词"mono-xylon"，希腊语"monos"表示"单一"的意思，"xylon"指木材。英语一般称之为"刳木制成的柜(dug-out-chest)"，有时也写成"Logchest"。德语称之为"用一根木头制作的柜(Eeinbaum Truhe)"。

刳木制成的棺椁

K.百特尔指出，从槽、棺材、独木舟等来推断，西欧刳木制成的箱子在青铜器时代就已出现，而且其历史还可追溯至石器时代[2]。日本也在福井县鸟滨遗址出土了被推测大约是公元前3500年绳文前期的独木舟残片。从这些文物来推测，古人最精心制作的容器大概就是安葬死者的棺椁。既有素烧陶器的棺椁，也有石制的和木制的棺椁。但是，使用仅有的几个工具，很难用木板做箱子。图2-2是从英国北约克郡古里斯特伏克古坟出土的橡木棺材。这个棺材由一个长约163厘米的圆木制成，用打进楔子的方法把圆木一分两半，每一半又各自挖出一个深度约30多厘米的凹槽，棺材的底部开了一个孔。肩部位置较宽、两端略窄的所谓人形结构，在很多西欧棺材中都可以看到。

以日本为例，最近在笔者居住的福冈县那珂川町出土了一

1. S. Giedion 著，荣久庵祥二译，《机械化的文化史》，鹿岛出版社，1977，p.266。

2. K. Beitl, *LanMöbel*, p.32—33.

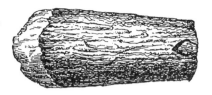

图2-2　木棺　英国　H. William Lewer, J. Charles Wall: The Church Chest of Essex, 1913, p.41.

种将短侧面剜成竹节形状的长桶状木制品 (图2-3)¹。其大小为340*l* × 40*w* × 20*h* (长度 × 宽度 × 高度,单位厘米。以下均采用这种方式标记物体的大小),材质为栗木。这个木制品的宽度似乎有些太小,从形状推测,可能是棺材的主体部分。这种类型的木制品,虽然各地曾在土中发现其留下的痕迹,但是作为实物出土的尚属首次。福冈县那珂川町出土的这个木制品,因碰巧被埋在含水分多的黏土层中,所以才得以保存完整。从一起出土的陶器推断,其制作时间为4世纪后半叶。在它的表面还可看到刀状工具加工过的痕迹。此外,古人为了把圆木伐倒并把木头劈开,大概还使用了楔子和带把手的斧子等。

即使是在今天,也依然有很多制作“刳木”型棺椁的民族。例如在第五章“信仰与箱”部分将要论述的印度尼西亚苏门答腊岛北部山中居住的巴塔克族多巴人,以及在电视上看到的住在缅甸北部克钦邦的人们,后者曾为了安葬死于疟疾的孩子而制作“刳木”型棺椁。这些大概都是遵循以前流传下来的有关埋葬死者的

---

1. 福冈县那珂川町教育委员会编,《那珂川町的文化遗产Ⅱ》,1983。

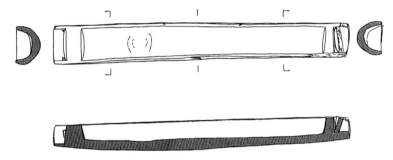

图2-3　竹劈子形木棺　福冈县　4世纪后半叶　福冈县那珂川町教育委员会编,《那珂川町的文化遗产Ⅱ》,1983。

古老传统。由此可知,"刳木"是箱的原型之一。

日本的刳木型器具

　　下面我们列举一下为日常生活而制作的刳木型器物。住在新潟县与长野县交界处深山里的秋山乡人,利用山毛榉和日本七叶树制作了各种各样的刳木类容器,如"咸菜箱"、为制造肥料而放炉灰的"灰桶"、厨房使用的"水桶"等。此外,山形县庄内地区和飞驒地区为了从蕨菜根部提取淀粉而使用的一种被称为"根槽"的木槽、埼玉县小川町为制作和纸而使用的"滤箱"等,其形状都非常大,被指定为重要有形民俗文化遗产。其他的还有西南诸岛喂马、牛的草料桶、会津地区用来浸泡苎麻的桶、各地用于编制竹器的槽等。

　　图2-4是新潟县汤泽町在几年前还一直使用的"盐箱"或"盐台"。以前,居住在这一带的人买了装在草袋里的盐之后,都会把盐袋放在"盐箱"或"盐台"上收集卤水。卤水又称"medare",用来做豆腐的凝固剂。箱子由质地坚硬的木料制成,短侧面向内挖出了便于搬运的凹槽。也许是制作方法相同的原因,其形状与本

书后面部分将要论述的在蒂罗尔发现的柜子非常相似。在这种容器上加上盖子，就可制成与西欧刳木型相匹敌的柜子，但是目前还未发现日本刳木型柜子。在木材丰富的地区，人们利用从古代传承下来的质朴的"刳木"技术制造了生活所需的各种容器。即使是现在，据说在西欧阿尔卑斯山的溪谷，人们还在使用储存饮用水的"刳木"型水桶。这些容器外形笨重，不怕磕碰，经久耐用。

图2-4　盐箱　新潟县汤泽町　汤泽町乡土资料馆

　　昭和初期以前，日本各地都曾制造过独木舟。现在被指定为重要有形民俗文化遗产的，除了北海道大学农学部资料馆收藏的阿伊努人的独木舟外，还有青森县的泊、岩手县大船渡、泽内、秋田县的田泽湖、男鹿半岛、岛根县隐岐的烧火神社、岛根半岛美保神社的小渔船和"诸手船"、山口县江崎的独木舟等，数量多达十几个[1]。制作独木舟使用的是杉木或枞木，既有在外海使用的船，也有像在岩手县泽内使用的河船，船宽约90厘米，用巨树制作。"独木舟"在水面上行驶时要装载人和货物，所以要使用少量工具把各部位密度有微妙不同的圆木制成船，需要极其高超的知识和技术。

　　用刳木方式制作的东西，其大小受已有圆木的限制。要想制作大型容器，就只能把巨树伐倒后运出来，也有很多是直接在山里制作的。而岛根县八束郡美保神社的、被称为诸手船的"独木舟"

---

1. 重要无形民俗文化遗产保护协会编，《民俗文化遗产要览》，艺草堂，1977，p.16。

图2-5 诸手船
岛根县八束郡
美保神社

却打破了这一常规。诸手船(图2-5)选用了两根粗枞木,分别把它们刳木为舟后,在连接处刷漆用船钉固定。这种船作为船舶史和民俗资料,其制作方法和划行方法都备受关注。比诸手船更先进的是韩国庆州博物馆展出的独木舟(图2-6),它是用横木把分别挖制而成的三个部分榫接在一起制成的。

刳木型箱

　　国立民族学博物馆收藏了很多这种类型的箱子,其中最古老的是在南洋群岛收集的。居住在巴布亚新几内亚北部及东部海洋上的密克罗尼西亚群岛上的居民,制作了各种各样刳木制成的容器,如能够从巨大的独木舟上发出柔和声音的木鼓、洗涤用的盆,以及用于制作或存放食物的木钵、木盘、木盆等。岛上居民把一种称为"pan"的果实和芋头放在木钵等容器里,用木杵捣碎后制作丸子,另外还用这类容器存放从椰果提取的椰子胚乳干等。在与西欧人接触之前,他们还不知道铁制工具,只会用螺、大珠母贝和砗磲贝等制作斧子和小刀(图2-7 Te tanai)等。二战前,日本民族学者在做调查时发现,当时有些工具还在使用[1]。此外,贝壳还被用

---

1. 染木煦,"在英属吉尔伯特群岛的一周",《民族学研究》卷五·一,p.59。

图2-6 刳木舟 韩国庆
州博物馆 转载自该馆
的小册子

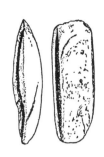

图2-7 贝斧 吉尔伯特群岛
"在英属吉尔伯特群岛的一周"
《民族学研究》Vol.5-1,p.59。

来制作汤匙、鱼钩和手镯、项链、腰带等服饰品,以及装饰独木舟的
船头和衣柜等的表面。椰子树不仅为岛上居民提供主食,其叶子
还被用来苫盖屋顶、制作草席、房间隔断,以及后面将要论述的筐
类容器制作等。椰树的树干是修建房屋和制造用具的主要材料。
他们在把各个部分连接在一起时不使用钉子或榫接的方法,他们
用绳子绑缚的方式来搭建房屋的骨架,用刳木的方法制作容器。
刳木和用绳子绑缚是当地重要的生活技能。

　　图2-8是雅浦岛一种被称为萨乌普(Saup)的船形鱼钩箱,国
立民族学博物馆展出的特鲁克岛的一种容器与它非常相似。鱼钩
箱的盖子长约37厘米,为印盒盖样式,盖子与箱体用棕榈绳绑在一
起。在强烈阳光的暴晒和海水的侵蚀下,鱼钩箱的表面起了很多
粗糙的木刺儿。鱼钩箱之所以比较大,是因为里面放了很多模仿
沙丁鱼和飞鱼形状制作的鱼钩,这些鱼钩用贝壳和植物的叶子、鸟
的羽毛等制成。此外,国立民族学博物馆还藏有中加罗林群岛的
一种箱子,箱盖和箱体的两端都有一个大约4厘米的把手状突起,
突起部分缠着绳子,绳子一直绕到箱子的底部。为防止绳子位置

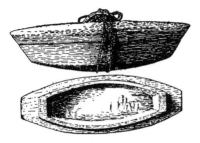

图2-8 鱼钩盒 雅浦岛 "雅浦离岛巡航记"《民族学研究》Vol.3-3, p.567。

图2-9 大木箱 松索罗尔岛 "松索罗尔和托比两地的风俗调查报告"《民族学研究》Vol.4-2, p.86。

错开,在箱底还沿着箱子长轴方向凿了凹槽。不依靠锁和合页就能把箱盖和箱体紧紧绑在一起的方法非常有特点,与日本的渔具箱 (图5-38) 相对比,可以更好地了解刳木类箱子的特点。

"松索罗尔和托比两地的风俗调查报告"[1]指出,真正的木制带盖容器,也就是与柜相似的容器非常少。在半个多世纪以前的密克罗尼西亚人的生活里,几乎没有出现过衣柜类的箱子。图2-9是一种被称为斐投 (Fito) 的刳木制成的箱子,箱子长约70厘米,宽35厘米,高30厘米。箱盖与鱼钩盒的盖子相同,都是印盒盖式结构,只不过这种箱子的盖子重量较大,所以被分割成两片。据说箱子里面放衣服等物品。托比岛也有放服饰用品等的具有印盒盖式结构的木箱。根据染木在"石货岛土俗片段"[2]上的记载,雅浦岛上的居民把还未完全熟透的香蕉摘下来,整串放进巨大的木箱里,盖上盖子焖一晚或两晚,等香蕉熟透后食用。用于饮食生活的箱子的发展,要早于用来存放衣服的箱子。

---

1. 染木煦,"松索罗尔和托比两地的风俗调查报告",《民族学研究》卷四·二, p.286。
2. 染木煦,"石货岛土俗片段",《民族学研究》卷六·二, p.223。

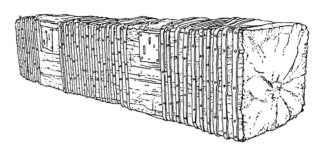

图2-10　用一根木头向内挖制而成的柜子（chest）　MNAG　英国金士顿教会　John Gloag: A Short Dictionary of English Furniture, George Allen and Unwin, 1977, p.305.

西欧刳木型柜子 (chest)

在西欧，有很多遗留下来的利用刳木技术制作的真正意义上的柜子 (chest)。图2-10是英国金士顿教会大约在13世纪使用的用整根木头向内挖制而成的柜子 (chest)。如本书后面部分所述，教会比一般百姓富有，他们从很早的时候起就需要用柜子 (chest)来收纳和保存大量的物品。若要制作大柜子 (chest)，就只能使用带芯的圆木。但是，在晾晒的过程中，木材会呈放射状开裂。这种情况事先应该已经知晓，但是大概是难以找到合适木材的原因，人们也只能如此。为防止开裂，这个柜子 (chest)在外层缠绕了铁腰子。盖子很小，在铁腰子的缝隙处可看到两个内嵌式带锁孔的金属板。盖子下面的两侧也许是挖成了筒状，用以确保收纳所需的空间。

图2-11是16世纪蒂罗尔南部使用的用一根木头制成的柜。柜的大小为$185l \times 75w \times 72h$ (厘米)。使用带芯的松科圆木向内掏挖而成，侧壁较厚，大约6厘米。为了便于搬运而在侧面上部挖出了一个凹槽，其形状与新潟县汤泽町的"盐箱"有些相似。柜底附近的开裂处堵上了木片，并用了5个锔子加固。盖子与柜体之间

图2-11　用一根木头制成的柜子〔chest〕蒂罗尔南部　K. Beitl: LandMöbel, Residenzverlag, 1976, p.32.

用铁腰子做的合页连接，盖子由两块板子拼接而成，用钉子固定，盖子前面中间部分稍微突出一块以便于开关。合上盖子，横断面被嵌在柜体上的边框堵住，形成密封。为了便于从中拿取物品，还准备了一根能把盖子支起来的棍子，据推算，这根棍子是当初遗留下来的。柜子 (chest) 上没有锁，这在西欧的柜子 (chest) 中是很少见的。大概是因为这是用来储存谷物和水果干的柜子，所以不需要上锁。据说在西欧近代初期，农民家的仓库里有很多这种柜子 (chest)[1]。刳木型柜子不适合在居室内使用，也无法搬运，因此也可以说是储物型的柜子。

圆　桶　型

用白桦树皮制作的容器

　　所谓圆桶型是指弯曲树皮或薄板制成的器具，我们把用这种方法制作的器具统称为"圆桶型"。在用这一方法制成的壳体上装上底儿和盖儿就变成了箱或柜。也就是说，这是一种不需要麻烦的接

---

1. K. Beitl, *LanMöbel*, p.32—33.

图2-12　用白桦树皮制作的容器　西伯利亚　国立民族学博物馆

缝加工或用钉子钉接等方式就可以制作箱子侧壁的方法,这种方法从古代起就一直被使用。因此,圆桶型也可以说是箱的原型之一。

　　首先,我们来看用白桦树皮制作的容器。北海道、库页岛(萨哈林岛)、西伯利亚等地的居民,用易于剥离的白桦树皮制作了各种各样的容器。在国立民族学博物馆巨大的收藏库的一角,就保存有这种树皮制容器。这些藏品是在民族学博物馆正式成立之际,由东京大学人类学系移交给博物馆的。所附的卡片上标注着:大正八年十二月"鸟居讲师采归"。"鸟居讲师"指的是活跃于日本人类学研究鼎盛期的鸟居龙藏博士。把大约70年前收集的这些藏品与博士的名望叠印在一起,令人颇为感慨。其中也有一些箱子之类的容器。图2-12所示的用白桦树皮制作的容器是大正八年收集的藏品,是居住在黑龙江下游地区的戈尔德族人制作的。先用白桦树皮制作一个直径126毫米左右的圆筒,在圆筒上缠上一张大约90毫米宽的白桦树皮,大约叠合30毫米左右,用类似蓑衣草之类的植物缝合。为防止圆筒变形,在筒口边再覆上一张树皮,重叠四层后,在外侧绕上一圈素色的框,然后用细蓑衣草之类的植物绕圈缝起来。筒的底部是用重叠的两张树皮制成的,在树皮上套上箍,用棉线把它们缝在一起。然后再用两张重叠的比圆筒直径稍大的树皮制作盖子,在树皮上用宽约16毫米的薄片做成圆轮形,用线把圆片缝在树

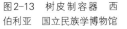

图2-13 树皮制容器 西
伯利亚 国立民族学博物馆

图2-14 放食物的容器
中国东北部 国立民族
学博物馆

皮上。这个圆片的大小正好能嵌在圆筒里。绕到底部的箍，在染黑
的树皮上码上剪好的带有连续图案的树皮，用类似蓑衣草的植物像
衲厚布似的把它们缝在一起。白色的树皮、黑色的图案、用来缝制
的泛着肉色光泽的植物线条，呈现出一种美丽的色调搭配。

居住在中国东北兴安岭山区，过着狩猎生活的鄂伦春族也使
用白桦树皮制作容器。图2-13是他们放食物的容器，这个容器为
稍微扁平的椭圆桶，长轴95毫米，高118毫米，重130克。与前者相
同，为防止圆筒状本体变形，也在筒口边缠了五层树皮。绕在上面
的箍，似乎是用搓成的麻绳缝合固定的。不同的是，它的底部是敲
进去的，没有从侧面固定。大致圆形的底板上，留有曾往下拔过的
痕迹。从做成锯齿状的箍边，可看出他们的装饰意识。而且，与圆
筒状本体重合的部分也非常有特点，锯齿状的边和它下面的树皮
相互交叉，仿佛编织而成一般。

图2-14也是鸟居龙藏在西伯利亚收集的藏品，与前两例不同，
这是一个有着带沿儿盖子的箱子。大小为$41.6l \times 25w \times 19.8h$（厘
米）。箱盖是用一张树皮折叠制成，边缘缠了两张树皮，用蓑衣草

图2-15　树皮制容器（图2-14）的构造　国立民族学博物馆

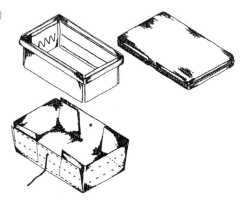

之类的植物装饰性地缝在一起。包边柔和的造型和箱盖边缘独具特色的装饰都非常美观。箱体也同样用树皮折制，在内侧的各个侧面又各贴上了一张树皮，边口部采用所谓的三合板构造原理，中间夹了一张树皮，把三张树皮重叠起来缝在一起。箱体的侧面装上了皮绳，可以想象得出当时人们曾用它来扎住箱盖以防止盖子脱落（图2-15）。

　　对北方各民族风俗的调查一直没有间断。昭和十年，在日本外务省文化事业部的支持下，秋叶隆对居住在中国兴安岭东北部的鄂伦春族展开了调查，记录了他们使用的衣服和生活用具等[1]。其中有用白桦树皮制作的帽子箱、水桶以及一种被称为"阿达玛拉"的可以放衣服、缝纫针、食物等物品的容器。其构造和装饰与戈尔德人的箱子非常相似，箱子内侧的边儿用白桦树皮缝合加固，表面用锥子扎成仿佛用墨染过似的细点状雕刻图案。

马来西亚的树皮制容器

　　图2-16是马来西亚曼代地区用树皮制作的米柜，这个米柜

---

1. 秋叶隆，"鄂伦春族生活用具解说"，《民族学研究》卷三·一，p.17—121。

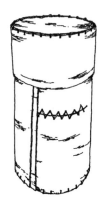

图2-16 米柜 马来西亚 国立民族学博物馆

在大阪万国博览会马来西亚馆展出后，被国立民族学博物馆收购。盖子直径365—390毫米，整体高度约645毫米，形状像茶筒。制作方法与后面将要论述的圆桶的制作方法极为相似。就是把树皮弯成圆形，接缝处约重合40毫米，每隔30—40毫米用藤缝合。柜底用一块与米柜内径大小一致、剪成圆形的树皮制作，沿米柜内侧放上用藤条做的箍，然后用藤把它们缝在一起。藤是一种热带植物，可用于制作容器。因其表皮富有弹性，所以经常被作为结实的绳子使用，可用来捆竹筐的边儿，中国台湾的民房还用它来连接间壁墙的石板。米柜的重量是2.2千克，内容积的平均承载重量大致为31克/升。这一数值只是日本米柜（图3-41）的三分之一，可见其承载重量之轻。但是，米柜的侧面已经开裂，底部也有破损，用藤缝合成了钩状。

日本也有用树皮制作的容器。如前面讲到的秋山乡居民制作的容器和国立民族学博物馆收藏的熊本县的一种被称为"kaboke"的容器。"kaboke"是人们在狩猎和在山里工作时携带的一种用树皮制作的容器。这些容器与鄂伦春人和阿伊努人制作的容器非常相似。此外，奈良县十津川村历史民俗资料馆还有一种被称为"wagendou"的存放稻谷的容器。这种容器用蔓草或棕榈绳把光叶栎的树皮缝在一起，用杉木板做底，其结构与马来西亚树皮制的米柜非常相似。

树皮富有韧性，不用像薄木板那样锯出刻痕就可以直接弯折，但它容易开裂，耐久性差。在北海道和库页岛东海岸的沃鲁布，除上述容器外，还用树皮制作了水桶和其他各种容器。这些容器虽然不结实，但人们还是对其毫不吝惜地大为装饰。对从事狩猎生活的鄂伦春人来说，能够搬运的容器和工具数量很少。这大概就是他们虽然生活在森林资源丰富的地方，但是却仅使用树皮来制作容器的原因。相比之下，日本人在山村自给自足的生活中制作了各种用途的容器，树皮制容器只是其中的一种。现在，人们主要把它作为一种工艺品，在木制箱子的表面粘上樱树皮，以此来制作素雅的信箱和印盒等。

折柜

所谓的"折柜"，是指在薄板上用小刀等工具划出折痕或是用锯锯出一条线，然后把有划痕或锯痕的那面向里折制成的木制容器，这种容器也有方形的。这种制作方法不用在把侧板弯折后，再把两端接起来，也就是省略了榫接的过程，样式简朴，可以说是箱的原型。其读音在《延喜式》中被标记为"worihitsu"，另据《和名抄》记载，这种柜也被读为"oriuzu"，是"worihitsu"的音便。

《延喜式》是藤原时平、藤原忠平等人奉日本天皇命令编纂的一部平安时期的律令施行细则，规定了宫廷在每年举办例行活动和仪式时应遵循的各种规章制度。这部法典于公元967年颁布执行，其中记载了大量的"折柜"。正仓院收藏的一个保存不完整的折柜 (2号) (图2-17)，就是对这些柜子的结构和制作方法等进行类推的最好的资料。在厚9毫米、宽300毫米的扁柏木板上凿四道V字形的槽，顺着槽的方向把木板弯过来，在两端重合处用桦树皮缝合。复原后的柜子大小是2尺6分×1尺3寸5分×1尺，加上板子重叠的部分，侧板全长约160—170厘米。板子使用的是后面所

图2-17 折柜 正仓院 关根
真隆:"正仓院古柜考",正仓院
事务所编,《正仓院的木工》,日
本经济新闻社,1982,p.90。

述的刨薄的木板,在上面可看到最后用凿子和刨子等加工过的痕迹[1]。底部在侧板的下方开了一个小洞,旁边也同样用桦树皮缝合。这种方法在前面提到过的戈尔德族的树皮制容器中也可以见到。

"折柜"虽说是箱的原型之一,但其中也不乏结构复杂的柜子。图2-18是京都上贺茂神社每天盛放供品的"御櫃"。在重要的祭祀仪式上,会使用100多个这样的"御櫃"。其构造对再现后面将要论述的长柜会起到一定的参考作用,因此我们在这里稍微详细地介绍一下它的制作方法。现在的这个柜子,据说是模仿十几年前京都市北区水本神具店用旧了的"御櫃"制作的,其样式据说与九州平户藩主、著名的文人松浦静山(1760—1847)模仿这个柜子绘制的"炭櫃"极其相像,几乎没有差别[2]。

"御櫃"分大中小三种,大和中的平面形状相同,只是高矮不同。大和中的折柜没有盖子,只有小的折柜配有带沿儿的盖子。为什么会出现这种不同,原因目前还不清楚。这些柜子,根据供品体积大小的不同而分别使用。柜体分两层,内侧是用一块厚度为7毫米的

1. 木内武男等,"个别解说",正仓院事务所编,《正仓院的木工》,日本经济新闻社,1982,p.22。
2. 松浦静山,《甲子夜话》2,平凡社,1977,p.185。

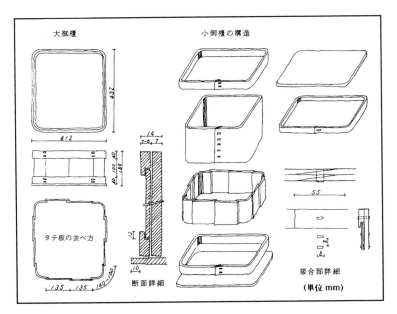

图2-18　御柜的构造　上贺茂神社

薄扁柏木板弯折制成。这种制作方法被称为"弯曲",在每个需要弯折的地方,平行锯出10个凹槽,凹槽的深度为薄板的三分之二。把锯有凹槽的一面由外侧用力向内弯曲,凹槽的缝隙就会合上,板子也就折过来了。把折过来的木板两头削成斜面,重叠在一起,用吉野产的桦树皮固定。在用这种方法制作的柜体的外侧,顺着木纹的方向,横向缠上12张厚度不到1毫米的极薄的板子,在上面镶一个框(一般也称为箍或圈)。框与内箱的制法相同,也是使用"弯曲"的方法把它弯起来,把削成斜面的两端相互重叠,用桦树皮固定。横向排列的薄板与薄板之间的重叠缝看起来犹如"纵线",上下的框犹如"横线",形成了一种独特的外观。

　　薄板的制作方式称为"冲",据水本神具店介绍,他们向专门加工薄板的厂家提供木曾扁柏木材,由对方把原木冲成薄板。外侧的薄板原本是用来保护内箱的,但长期以来,它的这一功能已经被人们淡忘,于是变成了现在这种极薄的状态。

加拿大印第安人的食物箱

加拿大哥伦比亚州的印第安人擅长木工技艺,他们以制作图腾柱而闻名。图2-19所示的圆桶是他们用来储藏熏制鲑鱼的食物箱,箱子表面淡淡地画上了与图腾柱相同的、以青蛙为主题的线条花纹。箱体的制作方法是在一张宽56.4厘米、长174.4厘米、厚度大约13毫米的红雪松木板上,分别在三处各凿出一道圆弧状凹槽,凹槽的深度大约是板子厚度的四分之三,然后顺着凹槽把板子弯过来。把板子的一端稍微向里削掉一块,搭在另一端的板子上,用钉子固定。在钉子上拴一根用动物材料制成的绳子,把绳子系紧。箱底是用一块上面还留有木锉圆形刀刃痕迹的、厚约14毫米的木板制作的,用8根钉子钉在侧板上。箱盖的厚度高达82—85毫米,是一种罕见的扣盖,在高低不平的木板上,削出一圈正好能嵌在箱子内侧的浅边,靠箱盖自身的重量紧紧地盖在箱体上。

如上所述,"圆桶型"是在薄板上面凿出凹槽,通过弯曲的方法制作箱体。使用的是二等分反复割裂制成的薄板(即刨薄的木板)。因薄板上有连续的木纹,所以弹性好,不容易折断。但是因为板子薄,所以无法用钉子固定,只能把它们叠合起来用

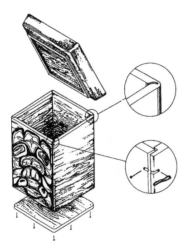

图2-19 食物箱 加拿大印第安人 国立民族学博物馆

植物皮或动物的纤维缝合。所需要的工具种类也非常少。也就是说，这种方法不依靠钉子固定，也省去了其他在接缝处精确加工的麻烦，自古以来就一直被人们所利用。

笔者亲眼见到的其他圆桶型容器还有美国震教徒制作的物品、北欧和阿尔卑斯地区乳制品的制作用具和家用小型容器、筛子、农具等。因其样式独特，难以用作坚固的器具，所以基本都被视为家具范畴之外。而且，制作大型容器还存在着诸多困难，如难以找到合适的材料、材料的歪曲变形也很难处理等。因此，日本长柜的存在可以说是一个例外。有关日本长柜的具体情况，我们将在第五章讨论。

漆皮箱及其制作

皮革除了被用于搭建房屋、制作衣服和造船外，还被用于制作容器。尤其在狩猎民族中广为使用。埃姆斯指出中世纪的法语"bahut"有两个含义，一是旅行时装物品的袋子，二是带圆顶形盖子的货物搬运用具[1]。人们充分发挥皮革柔软和防水性强的特点，把它包在木箱上，制作了各种各样的箱子。与专门用皮革制作的箱子相似的容器，有皮箱和皮包等。然而，符合箱子规定条件的容器很少。

漆皮箱，如字面所示，是一种在用皮革制作的容器上刷了漆的古代箱子，这种箱子都有带沿儿的盖子。这种箱子在正仓院收藏有41个，法隆寺捐献的宝物中有8个，此外四天王寺也藏有这类古物，而且在"大安寺伽蓝并流记财账"和"法隆寺缘起并

---

1. P. Eames, *Medieval Furniture*, The Furniture History Society, 1977, p.111—112.

图2-20 御袈裟箱 正仓院宝物 《正仓院的漆工》,p.36。

流记财账"以及"阿弥陀院宝物目录"等文献资料中也均有对这种箱子的记载。由此推测,这种箱子在古代就已经大量制作。图2-20是正仓院收藏的奈良时代装袈裟的箱子。箱子大小为44.5l×38.6w×11.1h(厘米),与《延喜式》中记载的藤箱大小差不多。该箱为长方形、圆角、带沿儿盖子结构,很可能把一张皮子放在木制模子上制成的。皮革上糊了布,并刷了黑漆,箱子里规规整整地摆放着袈裟。

《延喜式》的"内匠寮式"里记载了皮箱的制作技术,很多学者都对此有过研究。记载的皮箱总数为20个,其中衾箱4个、藤箱6个、剑穗箱1个、头巾箱2个、布手巾箱2个、梳子箱4个、小刀箱1个。从名称上可以看出,是用来放镜子、小刀、腰带、袈裟等物的。4个衾箱中有两个箱子长2尺、宽1尺8寸5分、深5寸,另两个箱子长2尺、宽1尺7寸、深4寸。箱子的大小大概与放在里面的衾、即被子的尺寸是一致的。

制作20个皮箱需要牛皮10张(每张长8尺以下7尺以上)、鹿皮10张(每张长5尺以上)、漆6斗6升4合。此外还需要制作黑漆的灰墨、过滤漆中杂质颗粒的帛和棉花、刷漆时使用的油、把表面打磨光滑的伊予砥石和青砥石、防止皮革龟裂的布和粘布用的相当于黏合剂的黏性材料、制作绳子的熟麻、制作从里面熨烫皮子的烙铁和剪皮子用刀的原材料铁，以及燃料炭和深灰色粗布等。深灰色粗布被用来制作皮革工人穿的衣服及和服。除以上所有材料之外，还需要劳力共计761人。

我们来参照一下小林行雄和冈田让等人的研究成果[1]。虽然只列出了牛皮和鹿皮的长度，但"内藏寮式"中记载，牛皮一张长6尺5寸、宽5尺5寸，鹿皮一张长4尺5寸、宽3尺，由此可以得知其大致尺寸。制成的皮箱共计20个，粗略计算就是一张皮子制作一个皮箱。最大的箱子是前面提到的衾箱，箱盖和箱体的材料，再加上折边的部分，用一张牛皮来制作是完全有可能的。

根据新村撰吉有关制作工序方面的研究[2]，首先用扁柏木制作箱盖和箱体的模子。把充分浸水已变软的皮子，表面冲上放在模子上，用手弄平，用木槌不断地敲打使之与模子贴附在一起。需要特别注意的是，在与模子贴附时不要把皮子的边缘弄皱。用绳子把皮子边儿固定在模子上。皮子干燥后会缩水，以致无法从模子上拿下来。因此，模子被设计成由几部分构成的可拆分型模子，分别拆解后就可以把已成型的皮子拿下来。图2-21是这种模子的构造说明图，介绍的是用柳条编制花瓶时使用的模子。为了能轻松地把皮子从模子上剥下来，事先要在模子上涂抹白垩粉。为防止皮子龟裂，还要贴上麻布。把皮子剥下来以后，用皮带把边儿缝起来。剪下多余的皮子，干燥后反复刷漆。里侧也刷上漆，这样一个皮箱就制成了。761个劳力单纯地除以箱子的总数20，那么制作一个皮箱所需要的劳力就是38个人。如何看待这个数字，每个人的观点都有所不同，而本书后面将要论述的编制一个柳箱平均只需

1. 冈田让，《东洋漆工艺史研究》，中央公论美术出版，1978，p.12—16。
2. 冈田让，《东洋漆工艺史研究》，中央公论美术出版，1978，p.12—16。

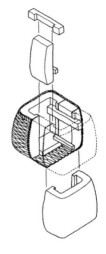

图2-21　柳编工艺使用的可拆分型模子

2个劳力，由此可见当时漆皮箱的价格是非常昂贵的。

如此精心制作的漆皮箱，因为有的还用于放置贵重物品，所以人们把金银调在胶里，在箱子表面绘制图案，把箱子装饰得非常奢华。正仓院北仓收藏的"漆皮金银绘镜箱"和正仓院中仓收藏的"金银绘漆皮箱"就是这种箱子，另外《延喜式》中也有关于"黑漆金银泥绘细筥"等的记载。皮箱的形状反映了当时用模子把平面的皮子立体加工成箱子的制作方法，箱盖套在箱体上的样式以及箱边流畅的线条都非常优美。只是这种箱子制作起来费时费力，而且还容易变形，因此平安时代以后，随着木工技术的发展，这种箱子逐渐衰退了。

编制容器

各民族的编制容器

制作容器的简单方法之一是，用易于弯曲并不易折断的纤维性质的材料来编织。波利尼西亚吉尔伯特群岛上的居民，用林投树和椰子叶编织一种被称为"Tetage"的篮子 (图2-22)，他们会在篮子里装上槟榔、香烟、打火机、小刀等零碎物品，然后提着篮子出门。各种篮子大小不一，他们甚至还编制了非常大的衣柜[1]。

---

1. 染木煦，"在英属吉尔伯特群岛的一周"，p.59。

图2-22 特塔戈（Tetage）吉尔伯
特群岛 "在英属吉尔伯特群岛的一
周",p.59。

图2-23 衣柜 龙目岛 国立民族学博物馆

　　国立民族学博物馆就收藏有一个这种编制的衣柜 (图2-23)，
这个衣柜是在巴厘岛东边的龙目岛收集的。衣柜的大小是 (长 ×
宽 × 高) 54×37×38.8 (厘米)，重2.2千克，比较轻。盖子为印盒盖
样式，材料使用的是椰子叶和像甘蔗一样空隙较多的纤维。柜体
四角加有木制龙骨，盖子和侧面也加有细龙骨，做工精细。表面用
染了颜色的椰子叶编成两种不同颜色相间的方格花纹，绣上了白
贝壳。国立民族学博物馆还收藏了几个大小和制法都与之非常相
似的印度尼西亚共和国既美观又轻便的衣柜。这些衣柜的盖子表
面都用椰子叶斜向编织，柜体表面用染成黑色和紫红色的椰叶编
织成图案，只在正面绣上了贝壳。

　　编制的小型箱子有斯里兰卡共和国乌度地区僧伽罗人的针
线盒 (图2-24)。针线盒大小为 (长 × 宽 × 高) 265×230×90 (毫
米)，重量很轻，只有292克。使用印第蔻拉草编织，表面用这种染
成紫红色的草编成图案，里侧使用四角网眼编织法，在箱子边儿加
上衬布使之变成两层。这种具有带沿儿盖子的盒子，与坚硬的竹
编制品不同，手感很好，非常适合做女性放针线的容器。掀开盖子

图2-24　针线盒
斯里兰卡　国立
民族学博物馆

会看到里面放着一个深30毫米的浅盘。浅盘被分成9小块,便于放置针线。浅盘的边框装有用同一材料制作的抓手,提起抓手,露出盒底,盒底较深,被划分为4大块。

　　箱子的缺点是不利于分类收纳,而浅盘正是解决这一难题的好方法,日本把它称为内挂箱或中盖。如下一章节所述,这种中盖被用于平安时代的手筥和唐柜、衣柜等。另外,印度尼西亚制槟榔的工具箱里也使用了这种中盖,由此推测,这一精湛的设计也许是在中国或中国附近产生的。

日本的编制容器

编制容器所使用的材料

　　日本也使用竹子、柳条、青藤、胡枝子、通草、葡萄藤等编制各种容器。材料的使用方法有很多种,或者直接带皮使用,或者剥皮后把材料剖开使用,也有只使用材料表皮的。尤其是竹子、柳条、青藤这三种材料,日本从古代起就用它们编制了很多精致的容器。例如,正仓院收藏的红漆藤箱,箱子略小,呈长方形,箱盖带沿儿,箱角为圆形,箱边加了块扁柏薄板,将青藤末端固定在薄板上,等距离缠上青藤,刷上漆。后世大量制作的藤箱基本都是按这一方法制作的,这个藤箱可谓后世藤箱制作之先例。秋田县角馆地区有一种编织工艺,他们把色木槭原木剖开,削成薄条,用它来编织各种容器。其中也有像箱笼之类的大型容器,但是数量很少,远不及后面将要论述的用竹子和柳条编制的容器。下面我们来看看正处于危机之下的柳编工艺。

柳树

杨柳科 (Salicaceae) 分杨属、柳属和朝鲜柳属三种,其中以辽杨为代表的杨属有35种,柳属有500种,主要分布在北半球温带。因此,柳树与不能在寒冷气候下生长的竹子和蔓草等不同,在以韩国和中国为主的很多国家都有广泛利用。例如,在蒙古,人们用它来搭建蒙古包的框架,编制绑在骆驼背上的货筐等。吉普赛人赶着在车底下吊着一捆捆柳树条的马车,所到之处根据客人提出的要求用柳条编制各种大到家具小至柳筐之类的东西。美国印第安人也有着精湛的柳编工艺,墨西哥也有柳编制品。现在因为日元升值,中国、匈牙利、法国、西班牙等国向日本出口了很多洗衣筐、购物篮、花篮等,商店的柜台里摆满了各种编织制品。

日本用来编织箱笼等的柳编工艺使用的是杞柳,杞柳是柳属植物,根据树叶的大小分为大叶种 (宽叶或圆叶)、中叶种和细叶种三个类别。细叶种怕水浸,对病虫害的抵抗力弱,产量也低,但其枝条细长,几乎没有分叉,所以最适于编织。以前人们都是采集自然生长在河岸等湿地上的杞柳,现在为了确保稳定的材料供应,开始对其进行人工栽培。藩政时期,圆山川河畔的但马柳 (兵库县丰冈市) 非常有名。明治以后,其垄断地位被打破,各地从丰冈订购但马柳的幼苗,开始自己种植和生产编织制品。现在,丰冈市、长野县中野 (千曲川)、岐阜 (长良川)、土佐 (四万十川),以及二战后

图2-25 杞柳的栽培

引进苗木和编织技术的宫崎市，在大量进口商品的压力下，只能勉强维持生产。

图2-25是1月份拍摄的丰冈市柳树种植基地的情况，照片上的柳枝是剪春芽后剩下的柳枝。柳树从根部开始分出很多枝条，从春天开始会长到将近2米长。所谓的剪春芽，是指把晚秋时已落叶的树枝在根株以上4—5厘米处剪断。剪夏芽是指在夏季进入伏天以后的5—20天，把从春天一直长到现在的树芽剪掉，只有在枝条长得过于茂密时才会剪夏芽。秋天，把割下的树枝拢成圆周1米左右的捆儿，在附近的水田里挖一个大约20厘米深的坑，坑里灌上水，把树枝插在水里。过了冬天，再把这些整个冬天一直插在水里的树枝一根一根移栽到水田和湿地里，树枝埋在土里大约10厘米深。5月上旬左右，拔出树枝，把根部洗干净，放在水里浸泡一夜。然后快速地把树皮剥掉，用水把黏滑的树胶冲洗干净，阴干。这些一连串的工作，正值农民一年中最忙碌的插秧时期。而且，如果处理得不彻底，树枝还会发霉、变色。虽然也规划要实行机械化剥皮，但是却未见成效，这也是关乎现在柳编工艺生死存亡的一个重要原因。原材料从长75厘米以下

图2-26　杞柳的保存　　图2-27　柳枝篾条的制作

的"饭木"到211厘米以上的"大大木",被分成5种,扎成捆保存(图2-26)。

原材料的深加工方法如下(图2-27)。柳树枝里面有木髓。把一种头部呈锥状、尾部分裂为多个刀片的工具插在木髓上,朝工具方向推送树枝,树枝会按照刀片的数量相应地被剖成几份。把这些篾条放在调好间隔的两枚刀刃之间,推送篾条,把它们切成同等宽度。然后再用一种类似大型刨子的工具,调好刀刃,把它们刨成规定的厚度。于是,宽度和厚度统一的编织材料就加工完成了,编织的准备工作也就结束了。柳条木质光滑,有白色光泽,具有木质清雅、耐久性强、柔韧性好等特点。竹子有被病虫害侵袭的可能,而柳树却没有,因此人们喜欢用它来编织存放衣服和书籍等的容器。

有关杞柳制品的文献和实例

杞柳编织工艺历史悠久。传说中记载,这一工艺传自垂仁天皇三年(公元27年)归化日本的新罗王子——但马国的创立者天日枪命[1]。大宝三年 (703年) ，在文武天皇颁布的《大宝令赋役令》中出现的"匡柳"，大概是古文献中首次出现的有关杞柳编织工艺的记载。《续日本记》卷九中记载，元正天皇养老六年 (722年) 11月丙戌，进贡铜锍器168个、柳箱82个。古代，杞柳制品由隶属"品部"的农民制造，向朝廷进贡。

此外，《延喜式》中也有几处关于柳箱的记载。其中有关太神宫装饰用具方面的内容，我们将在第四章论述。同十七卷内匠寮中记载了柳箱的规格和与生产有关的事项。柳箱大小为1尺6寸以下、1尺以上，编柳箱还需要使用生丝，以及把柳条浸水剥皮、洗净后用于擦拭黏液的"商布"一段[2]。还有用于镶边的布料"调布"一丈。"调布"是指作为赋税向朝廷缴纳的布，而"商布"则是用来交易的布。柳箱的产地是山城国，位于今天的京都府南部。所需要的工人为"长工336人、中工392人、短工438人"。长工和短工，是指以天的长短为依据，根据季节的不同所规定的工作量标准，中工是长工和短工的平均值，编制一个柳箱需要2天的工时。《延喜式》卷二十四·主计上对京都以及被称为"五畿内"的山城、摄津、大和、河内、和泉5国以物缴纳的赋税——"调"作出了以下规定："三丁柳箱一个，长2尺2寸，宽2尺，深4寸"，"箱一个，长2尺2寸，宽2尺，深4寸"。律令制度规定21岁以上、60岁以下的成年男子为"丁"，成丁后要服徭役，服徭役的计量单位是"庸"。因此上述对"调"的规定可解读为：三个成年男子只要向朝廷缴纳一个柳箱，就可以顶替服徭役。

正仓院里收藏了大量的柳箱。图2-28是直径245毫米、高55毫米的圆形柳箱。根据图鉴研究，长方形的柳箱分内外两

---

1. 渡边礼太郎等，"杞柳的起源"，《杞柳》，但马地区劳资中心，1976，p.1。
2. "段"是布匹的长度计量单位。1段大致相当于10米。——译注

图2-28　柳箱　正仓院宝物

层，表面用麻线编制，箱盖和箱体的内侧均编成竹席状，与只编有一层的柳条箱相比，制作得更加细致精心，彰显了古代高超的编织技术。前面提到的用于装饰太神宫的柳箱，在编织材料里使用了生丝。生丝没有麻结实，而且还容易长虫子，由此可以看出人们坚持制作形状精巧而又美观的箱子作祭祀用具的决心。

《丰冈志》中记载了近世以后柳编工艺的历史。根据书中的记载，有个叫成田庄吉的人，天正三年 (1575年) 回乡后，将他在江户学到的编织技艺加以推广，开始编制柳条箱。宽文八年 (1668年)，京极伊势守高盛被改封于高冈后，大力发展柳编工艺生产。领地内出现了很多生产者、捎客和批发商，他们与京都和大阪等消费地的批发商之间进行了频繁的贸易往来。与此同时，市场价格的突然跌落和质量的下滑也引发了一些矛盾冲突。在柳条箱的贸易记录上，把这些都记载为"骨柳 (koori)"。江户末期，旨在把柳条箱推向全国的营销活动变得更加活跃。生产方面也把以往一条龙的整套制作程序，分为半成品编织和边框加工两部分。第一阶段的半成品编织，由近郊农村的农民在农闲时制作，而边框加工则是由以此为生计的商人制作。贫穷的低等武士肯定也从事了这些工作。从元治元年 (1864年) 丰冈藩颁布的禁

图 2-29　柳编饭盒的制作
柳编博物馆

令中可以知晓其繁盛程度,"虽然对外说是在农闲时干柳编活儿,但实际上田里的工作都以此为借口交给家人去做。身强力壮的人不应该一整年都干柳编活儿等等"。天保七年 (1836年) 发生了严重的饥荒,丰冈藩颁布命令,要求废除柳田,改种粮食。由此可看出,随着市场的扩大,杞柳编织在当时已成为一个高收入的职业。

　　明治以后,如前所述,柳编工艺的垄断局面被打破,其他地方也开始生产柳编制品。丰冈市把迄今为止的生产和流通的各部门整合起来,与之相抗衡。明治四年 (1871年),生产数量达到18万,其中柳编饭盒 (图2-29) 的产量占75%,行李箱占17%,剩下的依次是帐箱、文卷匣、上下箱等 (图2-30),这些都成为当地的传统产品。关于柳条箱的改良方面的内容,将在第六章"民族技术与箱"的部分论述。

　　杞柳制品的现状是,由于改修河道而导致适合杞柳生长的湿地大幅减少,加上插秧和繁琐的柳条剥皮之间存在时间上的冲突,以及日元升值导致的加工费相对上涨等问题的存在,传统的杞柳制品正面临着非常严峻的形势,未来发展可谓危机重重。

图2-30 各种柳编箱笼 柳编博物馆

柜的实用性功能

以上介绍了刳木型、圆桶型、编制容器等结构简单的容器,这些容器都可谓是箱的原型。在进入第三章之前,我们先来研究一下这些容器的功能。

柜的功能

功能的概念

箱在人们的生活中发挥了各种各样的作用。瑞典美学家G.N.保尔森在《生活与设计》中指出,物品的功能是"日常生活中最普通的用途,我们为此而制作的物品的用途分实用性、社会性和审美性三种"[1]。他们所说的实用性用途是指"用锤子敲,或把衣物放进多屉柜里等"。社会性用途的例子如"结婚戒指",而审美性用途则是指用来观赏。

美国设计师、理论家M.比尔指出,人们为了某种目的而制作

---

1. G.N.保尔森著,铃木正明译,《生活与设计》,美术出版社,1961,p.13—15。

的物品具有"实用性功能"、"心理性功能"和"审美性功能"三种[1]。保尔森所说的社会性用途和审美性用途与 M.比尔提出的心理性功能和审美性功能，都是包含在符号论所说的"符号作用"范畴之内的概念，认为物品具有向个人和社会传达各种意义的功能（作用），他们两个人的观点基本相同。那么，箱具有哪些实用性功能呢？

箱的实用性功能

箱的实用性功能由直接的基本功能和箱这一用具所附带的功能所组成。其基本功能可从箱与人的关系、箱与里面所放置的物品的关系、箱与环境的关系这三个层面（图2-31）来把握。我们把"搬运"界定为使用模式。

基本功能

对人的功能：① 防止被盗；② 不让人随便触碰；③ 藏起来，不让人看。

对环境的功能：① 防雨防潮；② 防灰尘；③ 防啮噬（老鼠和害虫等）。

对物的功能：① 把物品聚拢在一起（总括性）；② 分类和整理；③ 使物品免于外力所造成的伤害。

附带功能：① 盖子上面坐人或摆放物品（作为台子使用）；② 揭开盖子把它当托盘使用。

对人的功能，就是在箱与人的关系这一层面上箱所承担的功能，具体指把物品放到箱子里，让人无法直接看到。另外还

图2-31 箱的功能的三个层面

---

1. 向井周太郎，"马克斯·比尔"，胜见胜主编，《现代设计理论的本质》，1969，p.179—181。

可以避免人随便触碰里面的物品或防止物品被盗。

对物的功能是箱在收放和保护里面的物品上所起的作用,把物品放在箱子里,可以使物品免于外力造成的伤害。另外还可以把物品聚拢在一起,使之不散落,也就是达到所谓的"总括性"效果。即便是再简朴的群居生活,也会有最低限度的私人物品。意大利的少女们在进入女子修道院时,都会按照习俗自备一个绘有"盾"形图案的箱子 (chest)。此外,小型箱子 (chest) 便于收藏私人物品。这种箱子 (chest) 也出现在小说的故事情节里。《可爱的波丽安娜》里不幸的主人公,带着装有已故双亲遗物的小箱子 (chest),到富有的姨妈家过寄人篱下的生活。对日本的士兵、女工、徒工们或二战结束后短期内的学生们来说,箱子不仅是所有财产的收纳工具,同时也是搬运工具。

箱对物品所承担的功能之一就是保存贵重物品,把贵重物品与其他物品区分开,放在箱内保管。这一功能是由箱子本身是独立的、可移动的这一特点决定的。我们把箱子的这个特点称为"个别性","个别性"是与"总括性"相对的概念。当然,通过使用多个箱子也可以对物品进行分类和整理。这些都是柜 (箱) 对物品所承担的功能。

对环境的功能,就是把对人的功能中的人换成环境来考虑。在户外使用箱子时,雨露和湿气等环境因素有可能会对箱内物品造成伤害。在仓库等地方作为储物柜使用时,湿气、灰尘、老鼠、害虫等也有可能会对物品造成损害。箱子的基本功能就是使物品免于这些环境因素造成的伤害,也可以说人们就是为了实现这一功能而制造箱子。

这些都是箱的物理性功能,通过使用多个箱子可以对物品进行分类和整理。

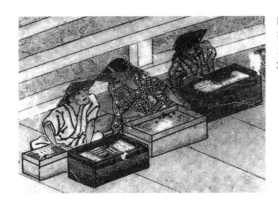

图 2-32　在桥上卖东西　"洛中洛外图屏风舟木本"《近世风俗图谱》3　小学馆,1983。

附带功能是箱的从属性功能。① 在盖子上摆放物品的行为就是指在箱子 (chest) 上摆放烛台和盘子,或是把它当作凳子来使用,这在西欧的生活情景 (图 3-56) 中可以见到。② 揭开盖子把它当托盘使用的例子,如《一遍圣绘》中描绘的施舍食物的情景、《洛中洛外图屏风》中描绘的在街上卖东西的情景 (图 2-32) 等。之所以能够这么使用,是因为箱盖和箱体被设计成了能自由分离的样式,这也是日本柜子的特点之一。有关锁在强化对人功能方面的内容,我们将在最后一章讨论。

基本功能间的相互关系

我们来研究一下基本功能间的相互关系。若要防止风霜雨露的侵蚀,就必须制造密封的箱子。正如把物品放进箱子里就无法看到里面的物品一样,对人所起的防御作用,同时也是对风霜雨露、灰尘、老鼠和害虫所起的防御作用。因此,也可以说对人的功能和对环境的功能基本上是一致的。

在这点上,对物的功能稍有不同。对外力侵害所进行的防御,不一定等同于对人的功能中的"不让人看"。例如,以前曾用筐和漏筐运送蔬菜和水果。筐的透气性好，虽然从外面能看到里面的蔬菜，但是放在筐里的蔬菜不会被弄坏。也就是说，防止外力侵害的对物的功能，不一定就与对人的功能相对应。

箱的用具性

那么，箱的基本功能是否与桶、瓮等容器不同呢？我们先来讨论一下在"前言"部分提出的问题。九州北部到处都有古坟，发掘出了大量的瓮棺。瓮棺后来演变成了桶，有的甚至还变成了箱形棺椁，因此也可以说箱子具有与瓮、桶类似的基本功能。在进行生活用具调查时，当问到哪个是米柜时，就有人曾指着外间地上放着的大瓮说这就是米柜。那是一种备前窑或小石原窑烧制的大瓮，喜欢古董的人看了一定会垂涎三尺，那里的人以前大概很容易就能弄到那么漂亮的瓮。当然也有人家使用图3-41和图3-42所列的那种日本国内普遍使用的米柜。在冬天经常下大雪的新潟县松代町，那里的人们冬天曾制作桶和樽[1]，他们把带有大木塞的樽当米桶使用（图2-33）。根据石丸进和车政弘的报告，在中国西安郊外传统的农屋里，有一种收藏主食面粉的容器，他们把这种容器称为瓮。另外，秘鲁的印第安人还用美丽的毛织品做成的袋子储藏和搬运玉米。

说到这，我不禁想起了一件在九族文化村遇到的事，这个地方曾大规模

图2-33　米桶　新潟县松代町乡土资料馆

---

1. 樽是指盛放酒和酱油等的木制容器。形状与桶相似，有盖。——译注

地展出中国台湾原住民居住的房屋。我在那里寻找箱子之类的物品，但是没有找到，相反却看到了葫芦、坛子和瓮等容器。文献里记载了放占卜用具的箱子和存储谷物用的木桶以及带有木雕图案的箱子等，国立民族学博物馆也收藏有从中国台湾省台东县达仁乡土坂村图瓦巴鲁收集来的外形美观的木箱。但是那些都是高山族制作的容器，由此推断也存在不制作箱子的部族。

从这些例子可以看出，容器虽说是生活必需品，但它们不一定都被制成箱子的形状。进一步说，很少搬运的容器——例如米柜，虽然在取米的容易度上有所不同，但是相比之下用无机物制作的不漏水的瓮，在防止灰尘、老鼠、虫害等方面，即对环境所承担的功能上，具有更大的优势。只不过瓮比较重，易碎，难以搬运，很难想象把遗体放在大型的易碎的瓮棺中搬运的情形。在这点上，重量轻且耐撞性强的桶倒是有可能。从瓮过渡到桶，再过渡到柩，这不仅仅是实用功能的问题，还与生活的场所和埋葬地之间的关系等丧葬习俗的变化有着很大的关联。

防止人随便触碰和防盗等对人所起的作用，是通过以结实的箱体为前提的箱盖与箱体之间牢固的开关结构和加锁来达成的。这些是在桶和瓮上无法实现的，可能实现的就只有在高级威士忌酒的广告上看到的封印而已。那也只是一个标示酒没有被打开的符号，不能用于防盗。细说起来，把葫芦和坛子作为容器使用的民族，他们不也是没在上面安锁吗？亦或是没有安锁的必要，所以才没有特意制作箱子的吧。

下面我们来看看箱对环境的功能。图2-34是相扑力士在相扑竞技台上用于放置兜裆布等物的长方形箱子，日本称之为"明荷"（长方箱）。根据传说，江户末期，为了防止把从资助者那里领到的刺绣围裙弄坏，力士们不再使用之前一直使用的包袱皮儿，开始改用"明荷"。众所周知，包袱皮儿只不过就是一块布，从对环境的功能这点上来说，"明荷"要比它先进。但是，包袱皮儿能用来包裹任意形状、任意大小的物品。而且还可以有各种搬运方式，如用手提、把包袱皮儿打结的地方顶在额头上用背扛（这种方式现在已废弃）、跨在肩上等。包袱皮儿用完后，还可以把它叠成小块收起来。这些属性，可以说都是包袱皮的重要特点。皮包，人们正常

图2-34　相扑裁判与长方箱　相扑博物馆

都是抓着把手搬运，除此以外的搬运方法只能称为例外。

　　关于"明荷"的搬运方法，我们将在后面叙述。在收纳的物品种类杂多、形状大小参差不齐的情况下，包袱皮儿具有很多优势。但在相扑竞技台上和休息室使用的物品以及这些物品的体积、尺寸基本都是固定的。而且，这些物品在相扑力士比赛结束、返回部屋[1]后，也需要用箱子保管。使用、搬运、保管，无论哪个阶段，包袱皮儿在保护里面的物品不受损坏上都显示出了它的不足，于是相扑力士开始改用藤箱。后来藤箱被改造成与关取[2]身份相称的"明荷"，并逐渐推广使用。

　　"明荷"的实用功能，与容量基本固定的皮包相比较，就会更加清楚。"明荷"和藤箱等的盖子与箱体形状相同，盖子扣在箱体上，

1. 部屋：培养相扑力士的地方，相扑馆。——译注
2. 关取：对"十两"以上级别力士的敬称，也可指"大关"。——译注

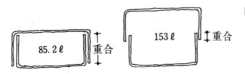

图2-35　长方箱容积的变化

这种结构使之能够在某种程度上根据里面存放物品的多少进行适度调整。图2-35是以著名的相扑力士双叶山使用的"明荷"为例画的示意图。以这个"明荷"的外侧尺寸为标准,粗略计算后得出的最小容积大约是85.2升。下面设想其接近最大容积时的使用方法,箱盖和箱体重合的部分如果是50毫米,容积就变成了大约153升。也就是增加了最小容积的80%。那么包袱皮儿就没用了吗?答案是否定的。它还被作为"幕内"[1]级以下力士的搬运工具而使用,或包裹无法放进"明荷"里的物品。

以上论述了箱的实用功能的特点,这些功能不是相互独立的,而是相互作用、紧密关联的。箱在某种程度上都具有这三种功能,但是因为更强化某一功能,而导致箱的形式发生了分化。以此为前提,接下来我们探讨箱与人们生活的关系。

---

1. 幕内:"十两"以上级别的相扑力士被称为"幕内"。——译注

第三章
住房与箱

日本的居室空间与箱

首先我们来探讨住房与箱的关系。其情况大致分为三种，即在居室空间所进行的日常生活、在仪式等的非日常使用以及在仓库和储藏室等专门收纳空间的使用。

古代的住房与箱

古代的住房里，是否曾有过箱子呢？有关律令制度下东大寺越前国桑原庄田地开垦情况的报告——《大日本古文书》中的"越前国使等解"和"家屋资财请返解案"等文书，向我们部分展示了8世纪中期农民的生活状况。天平胜宝九年(757年)，村里建有一个用150丈(约455米)长的矮树篱笆围起来的木板仓房。房屋7栋，其中有2栋铺了地板。屋顶明确记载为草葺屋顶的是4栋，木板葺屋顶的1栋，剩下的2栋是板屋。板屋似乎是指不仅屋顶和地板是木板做的，就连墙壁也是用木板搭建的房屋。房屋的规模，大的 35×17.5 尺，最小的是 20×12 尺。生活用具除了斧头、木锛、镰刀之外，还有锄头之类的农具、锅、餐具以及席子或粗席之类铺垫的东西，而且还有作为容器使用的明柜 10 个、折柜 10 个、水桶 11 个、盛放食物的餐具 100 个。但是，却没看到箱子。

如前所述，折柜是弯折薄板制作的重量较轻的柜子，不一定都有盖。《延喜式》中标注"明櫃"(明柜) 的读音是"akahitsu"，也读作"akaki"。《延喜式》"主计式"中记载了明柜的尺寸，大的明柜长 3 尺 6 寸 4 分、宽 2 尺 2 寸、深 9 寸，小的长 2 尺、宽 1 尺 6 寸、深 1 尺 1 寸，是中型浅柜。关根真隆指出，《大日本古文书》中经常把明柜又写成"足别机"，所以明柜大概是一种没有腿的柜子，而且书中把带树皮的木料称为"黑木"(原木)，把剥了皮的木料称为"赤木"(去皮的原木)，此外还有被写成"涂漆柜"的柜子，由此判断，明柜可能是指用原色木料做成的柜子[1]。根据关根真隆提出的观点推测，明柜大概是用钉子把木板接合在一起的结构坚固的柜子，即所谓的"倭柜"。

在远离京城的越前国开垦部落，人们使用了明柜和折柜两种收纳用具。这两种柜子的数量都是 10 个，比房屋的数量多。其中，折柜被用来存放食物，大小居中、结构结实的明柜被用来保管布匹、衣服以及租税方面的文件等。之所以没有发现箱子，我想可能是当时没有需要保存的贵重物品的缘故。

有关这些柜子制作情况的资料可以在"主计式"中找到。"主计式"中记载，各国[2]把韩柜作为"人头税"，也就是顶替服"劳役"，

---

1. 关根真隆，"正仓院古柜考"，正仓院事务所编，《正仓院的木工》，日本经济新闻社，1982，p.133。
2. 国：日本古代在律令制下设置的地方行政区划。共有"五畿七道"，五畿指京畿区域内的 5 国，摄津国为其中之一。七道指京畿以外的区域，如北陆道、山阴道等，各道又划分为几个行政区域，如北陆道下分为越前国、越中国、佐渡国等。——译注

贡奉给朝廷。其中除柜子的尺寸以外，还规定了柜子的制作方法，"以小平钉固作"，或在距柜体边缘3寸位置安装柜腿等，所制作的韩柜分三种。当时一个成年男子所服的劳役以"丁"为单位，二丁需缴纳一个用原色木料制成的韩柜，三丁需缴纳一个稍小的涂了漆的韩柜，四丁需缴纳装有锁的涂漆韩柜。此外，作为贡品，摄津国还贡奉了明柜10个、大明柜235个、小明柜184个。30个国贡奉的各种韩柜共计459个。由此可见，就连位于偏远的北陆和四国等地的诸国也有能力制作规定样式的柜和锁。也就是说，桑原庄的柜子也许是村民自己制作的。

另一方面，《大日本古文书》中还记载在京城的市场上有人经销柜子。例如，天平宝字六年(762年)的"造寺料钱用帐"中就有用63文钱购买了3个明柜的记录。这3个柜子的价格分别是13文、15文和35文。另外，宝龟二年(771年)的文书中也记载，把购买的21个明柜分给抄经所的25位经师。从这些记录可以判断，箱子之类的容器在某种程度上已经被规格化。当时米的价格是1升10文钱左右，所以明柜的价格并不算昂贵。

《延喜式》还列举了大量的用于祭祀的柜或箱之类的容器。种类除了前面提到的明柜和折柜之外，还有唐柜以及只被表记为"櫃"的柜子。祭祀用具与日常生活用具有着密切的联系，因此，我认为当时上流阶层居住的房屋里所使用的箱子种类大致与《延喜式》中记载的相同。

日用器具的概念和箱

到了平安后期，在"室礼[1]"这一新的居住空间概念的影响下，

---

1. 室礼：室内装饰、陈设。——译注

贵族的住宅里开始使用各种箱、柜。记录了12世纪中期各种仪式和用具的《类聚杂要抄》为我们展现了当时的生活情景。书中记载了大量有关"室礼"的实例。下面我们来看看"室礼"中规定的箱柜类物品的使用方法。永久三年 (1115年) 7月21日，关白、右大臣藤原忠实搬至东三条殿。东三条殿的示意图显示了以寝殿为主的二栋廊、侍廊、厨房、随身所等处摆放的各种居住生活用具的情况。寝殿内的北厢房被称为"常御所"，是主人平时居住的地方，在这一私人空间里铺着又薄又轻的榻榻米，四周设有屏风、围屏、幔帐，里面摆放了一对衣架和被称为"二階"(二层) 的架子。二层架上摆放着浅砚台盒、手筥、香炉、"泔坏"[1]，旁边放了一对香唐柜。也就是说，其中属于箱子一类的物品有砚台盒、手筥和香唐柜等。《类聚杂要抄》卷四中记载，香唐柜是一种带有六条腿的小型柜子，就像它的名字一样，用于放置收藏在小盒子里的香木以及熏香用具等。此外，《类聚杂要抄指图卷》卷三"东三条殿室礼"(图3-1)中描绘的香唐柜，是与二层架和摆放在二层架上的手筥等配套的漂亮的黑漆柜，上面绘有螺钿和描金画。然而，在显示了其他18件"室礼"的《类聚杂要抄》卷二的示意图上，却看不到唐柜和香唐柜。也就是说，前面提到的永久三年7月的例子只是个特例，原本在寝殿式建筑的室内陈设中，大型箱子即柜子被排除在外的可能性很高。

在这里，我们需要明确"鋪設"和"調度"(日用器具) 这两个概念。这两个词都来自中国，在《大日本古文书》中收录的奈良时期的文献里，专门把它们写成"鋪設"。意思是布置用具之类的物品，以构筑生活空间，为此而使用的草席、桌子、台子、餐具、布类以

---

1. 泔坏：一种陶器，用来装洗发、理发时使用的淘米水。——译注

图3-1　东三条殿室礼　《类聚杂要抄指图卷》卷3

及折柜、明柜、韩柜等都属于铺设物。随着这一文化逐渐成为普及全国的风俗习惯，铺设被转写成"しつらひ"（后来也被写成"室礼"），铺设物也被改称为"調度"（日用器具）。日用器具的概念虽有狭义和广义之分，但基本上是指摆放在人们身边的二层架和凭肘几，以及手筥、唐匣[1]、镜匣、打乱筥[2]等箱子（图3-2）之类的物品。

　　关于这一点，在核对了著名的"室礼"讲义《满佐须计装束抄》后发现，主要的日用器具包括手筥、砚台盒、镜匣等，稍微扩大范围

---

1. 唐匣：放木梳等化妆用品的小匣子。——译注
2. 打乱筥：一种木制的长方形浅盒，放置理发用具或临时放置衣物等。——译注

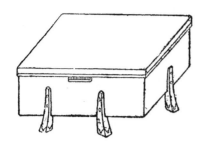

图3-2　香唐柜 《类聚杂要抄》卷4

后还包括手巾箱等，但是却没有柜子。这与由包括柜子在内的各种家具构成的西欧住房形成了鲜明的对比。日本寝殿式建筑的空间由可搬运的漂亮箱子构成，柜子被排除在外。下面我们来继续深入探讨这方面的情况。

由箱子和架子组合而成的居室空间结构

在箱类容器中，最重要的就是手笥。《贞丈杂记》中记载，手笥是"古代经常放手头物品"的容器。《类聚杂要抄》中记载的手笥是一种小型印盒盖样式的箱子，设有在前面斯里兰卡针线盒中提到的中盖。不过，手笥里的中盖是一种精巧的浅盘，或者搭在框儿上，或者支住底部，安装在箱子里。第一层中盖里装着盛铁浆[1]的盘、墨水盂、镜匣等化妆用具。第二层中盖放有砚台、小刀、毛笔等文具用品和"古今上下抄"等和歌集。第三层中盖放有檀纸，箱子底部放有香炉、礼签匣、内放香料的描金匣子。想象一下它的使用方法，从橱架上取下手笥，放到任意一个地方。解开绳子，打开盖子后出现第一层中盖里收纳的物品，擦胭脂、梳头，用它们梳妆打扮。第二层中盖放的是文具用品，取出文具用品，用它们写信、

---

1. 铁浆指染牙齿用的黑色染料。——译注

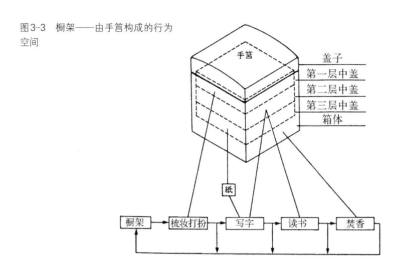

图3-3　橱架——由手笔构成的行为空间

作和歌。第三层中盖放的是焚香工具,可以在梳妆打扮和读书的同时享受熏香的乐趣。把这些用具收回手笔,再把手笔放到橱架上,就又回到了原来干净利落的空间。这一过程正如图3-3所示的那样。

　　手笔完美地向我们展示了"室礼"的构造,即用具如何使空间得以生活化。手笔与橱架之间的关系,是装饰和被装饰的关系。这种对空间的演绎,作为传统的室内空间装饰被传承下来。日本的房屋,不是用室名来称呼,而是用里面铺的榻榻米数目来称呼,如几张榻榻米大的房间。因此有人说日本房屋的特点是空间本身没有个性。实际上,正如前面所论述的,在它的背后存在着一种由架子和箱子组合而成的结构,这种结构会将之转换为以无个性空间为目的的行为空间。

　　与手笔同等重要的还有砚台盒、唐匣、镜匣等。唐匣在《类聚杂要抄》中被注释为"唐栉笥上小笥纳",在《西宫记》中被记载为

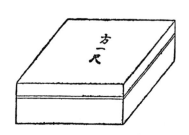

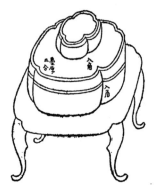

图3-4　梳妆盒　《类聚杂要抄》　　　　　　　图3-5　唐梳妆匣　《类聚杂要抄》

"御栉箱即唐栉匣 (笥)"，由此可判断它也曾被称为"唐栉笥"(唐梳妆匣) 和"栉笥"(梳妆盒)。那么，它们的形状也是一样的吗？春日大社收藏的国宝黑漆平文唐栉笥是一个普通的圆面盒子。然而《类聚杂要抄》中把图3-4所示的方形盒子称为"栉笥"，把图3-5中放在台子上的上下二层的盒子称为"唐栉笥"，台子底下装有一种被称为"鹭鸶腿"的漂亮支腿。盒子的四角制成了美观的入角样式。其制作方法是先将角部的材料削成凹面，然后从左右两侧接上侧板，可见当时已经出现了这种高超的制作工艺。其上下两层结构也非常有趣，盖子上面的小盒里放有化妆用的面脂、口红。古典文学把"唐栉笥"作为修饰"明く (开)"或"くし (梳子)"的枕词而使用。这一用法源于把盖子打开这一举动以及里面放置的梳子，从中可看出古人对梳子所持有的细腻情感。

　　我们再来看看镜匣。镜子具有一种不可思议的能力，它可以把所有物体的形状都显现出来。因此，古代把它用于巫术和祭祀用具，甚至还视之为权力的象征。镜子开始被用于化妆，据说始于平安时代。尽管如此，镜子的形状及其使用方法总是让人产生一

种特别的感觉。放在手筥里的镜
匣，是一个八棱形的镜子和同一形
状的直径3寸5分、深7分的小型容
器。此外，还有放在带鹭鸶腿支架
的台子上的盒子 (图3-6)。八棱
形的大盒子里，除镜子以外，还放
有系在镜子背面的带子和镜托、镜
台罗带等装饰性附属品。镜子挂
在一种被称为"根古志形[1]"的镜台
(图3-7) 上。"室礼"中规定，镜台
必须立在二层架的南侧。

图3-6　镜台与台　《类聚杂要抄》

　　然而，唐匣和镜匣放在台子
上这点让人感觉非常有趣。有关
"唐"这方面的内容，我们将在最
后一章探讨，下一章将要列举的带
台子的柜子，其中台子所起的作用
是为了贡奉神灵而把柜子从地板
上隔开。在地板上起居的生活，
人们使用的器具一般都比较矮，
且多为无腿型。这是因为腿在地
板和器具之间形成了一种没有任
何用处的、令人心理上感到不快的
空间。唐匣的台子，虽说高度大约
21—23厘米，比较矮，但它也是从

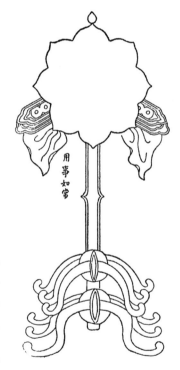

图3-7　镜台　《类聚杂要抄》

1. "根古志形"呈树根形状，在中轴的底部装有多个"鹭鸶腿"状的支架。——译注

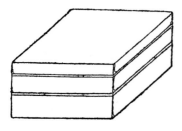

图3-8 重砚笥 《类聚杂要抄》

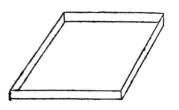

图3-9 打乱笥 《类聚杂要抄》

使用椅子的生活中产生的，是外来入到地板起居生活中的，被视为一种特殊的生活用具。

砚台盒也是摆放在人们近旁的容器。《类聚杂要抄》里记载了两种样式的砚台盒。"重砚笥"（图3-8）是绘有描金画并镶嵌了螺钿的上下两层印盒盖式砚台盒，盒盖和盒身的缝口处镶上了焊锡的薄薄的金属板，这种细致的镶边工艺被称为"置口"。上面的盒子里放有绢制垫子、尺匣、毛笔、墨、小刀、笔架等，下面的盒子里放有砚和砚台、银制的水盂、临摹用的画轴等。此外，还有一种"浅砚笥"，也同样绘有描金画，并镶嵌了螺钿，盖子为印盒盖样式，盒盖与盒身贴合严密。盒子的大小是长1尺2寸2分、宽1尺6分、深2寸7分，较浅。《江家次第》里有一种"平砚笥"，也许是"浅砚笥"的别名[1]。

"打乱笥"（图3-9）也属于狭义的"日用器具"。但是没有盖子，长1尺1寸5分、宽9寸5分、深1寸，也许只是把什么箱子的盖子翻过来使用的。后世只是把它称为"乱笥"、"乱籠"，用于放脱下来的衣服。以上是作为"日用器具"使用的主要的箱子。

我们将视线转向稍低阶层的人们居住的房屋，看看架子和盒

---

1. 高桥隆博，"延喜式记载的笥"，《末永先生米寿纪念献呈论文集》，1985，p.1313。

子的构成情况。《绘师草纸》描绘了镰仓末期的风俗。画面上是一个给大臣担任画师的、身份低微的人的家里的样子。屋内非常破旧，铺着地板，四壁是土墙，可看到拉门的一部分和质地轻薄的榻榻米的一角。这个房间大概是起居室，墙边立着一个三层架子，最上面的搁板上放着一捆卷纸、麻线球、毛刷等，这些东西可能曾用来画画。第二层搁板上并排摆着一个稍大的原色木料制成的盒子和一个似乎是涂了漆的盒子。这两个盒子都是印盒盖样式，盖子与盒身形状相同，侧面装有金属零件，用绳子绑着。最下面一层摆放着木盆、圆盒、水盂（图3-10）。

据说《慕归绘词》是亲鸾去世后的观应二年（1351年）10月完成的。第二卷中绘制的这个场景是僧正[1]房觉昭的起居室，室内摆放了三层架子和大量的盒子。盒子大多带有带沿儿的盖子，木纹清晰，似乎是用原色木料或在木料表面刷清漆制成的。其中有两个被绳子捆着的盒子，没有安装金属零件，样式简单朴素。架子上还可以看到一摞捆着绳子的白纸。房间地面铺着地板，地板上铺着圆形坐垫。房间角落里的圆形器物，据推测是茶碾子，可见房间主人曾在此研茶饮用（图3-11）。

那么，架子和盒子又是什么关系呢？盒子与盒子之间保持了一定的距离，可以说承袭了二层架与手筥之间的关系。架子是被固定摆放在空间中某一位置的家具。而盒子却并不从属于架子，它可以被自由搬运。"多屉柜"的抽屉虽说也可以自由拆卸，随便搬运，但它最终也不过是附属在柜体上的一部分。从设有中盖的手筥的精巧做工来看，当时是完全有能力制作抽屉的。没有制作"多屉柜"的原因，不能单纯地说是技术上或经济上的原因，自从发

---

1. 僧正：僧官的一种。——译注

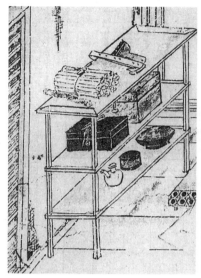
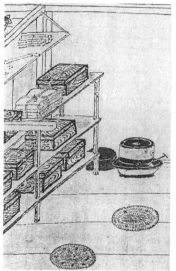

图3-10 架子和盒子的构成 《绘师草纸》　　图3-11 架子和盒子的构成 《慕归绘词》

现容器在空旷的空间里所起的作用以后，人们一直以来对箱子的热爱，以及在收纳物品上人们还没有想到要把物品拉到眼前，这两个因素大概就是没有制作"多屉柜"的直接原因。

11世纪初期，治安三年（1023年）6月17日，《小右记》的作者、右大臣藤原实资曾委托三个人在唐梳妆匣、梳妆盒和砚台盒上绘制描金画，并支付了手工费。由此可知，为满足贵族们对这种高级奢侈品的需求，当时城市里也出现了制作这类产品的工匠。有趣的是，室町时代的大臣、权中纳言山科教言（应永十七年12月去世）也在日记——《教言卿记》中记载了此类事情[1]。山科教言的住宅曾在应永十七年5月14日被蔓延的大火烧毁。从那场火灾之后开始撰写的现存的这本日记，记录了重建府邸和置办各种生活用具的

1. 立部纪夫，"货架的历史性研究5"，《设计学研究》62，1987，p.7。

情况。根据整理后的资料，当时曾让两个木匠制作长辛柜一个、小架子一个，他本人使用的砚台盒则以250文钱的价格委托相国寺城门前的漆匠、六连治定订做，大约10日后交付。那个砚台盒可能绘有描金画。此外，还找了木匠制作小箱，在店里用550文钱购买了长辛柜，并让木匠小四郎制作了放置补任记录的盒子。从这些记载可以了解，当时箱柜之类的家具，或是让木匠制作，或是在漆匠那里定做，再或是用现金从店里购买。

正式空间与柜

生活变得富裕，房屋和用具齐备后，人们开始在婚礼和元服[1]等人生的重要时刻，以及歌会、茶、能乐、闻香等各种文化活动和高雅的有教养的活动上招待客人，装饰居室。这些已定型化的装饰被称为"旧仪十六式"[2]。例如"歌会席饰"指的是和歌诗人起居室的装饰，屋内摆设橱架和存放和歌书籍的多屉柜。"元服式饰"规定在二层橱里摆放"打乱箱"和"泔坏"等。"蹴鞠饰"中规定放置二层橱，"闻香席饰"中规定摆放放有焚香用具的架子。与架子发挥的重要作用相比，柜子所能装饰的只有"祭器饰"和"盔甲兵器饰"，从而再次证实了柜子在日本居室中所起作用不大这一观点。

《吾妻镜》在文治四年（1188年）一项里记述了源赖家的"著甲式"。从镰仓时代起，与武士时代相称的、佩戴盔甲的仪式室礼——"盔甲兵器饰"开始实行。图3-12再现了江户时代各家折中使用的武田家的样式。房间里四周挂着幔帐。正中间的铠甲柜上端放置正式的铠甲。右面摆放着两个方形带边大托盘，其中，

---

1. 元服，古代男子成年开始戴冠的仪式。——译注
2. 国史大图鉴编纂所编，《国史大图鉴》，吉川弘文馆，1933。

图3-12　盔甲兵器的装饰物 《国史大图鉴》，吉川弘文馆，1933。

前面的托盘里摆放了大刀、刀鞘袋、小刀、军扇、指挥旗等，里面的托盘里摆放了装有战箭的箭袋、弦袋、指挥旗、系在腰上的便当等。左边的托盘里放有揉乌帽子、缠头布、穿在铠甲下的武士礼服、固定箭袋的带子等。"鞢"是拉弓时戴在右手手指上的指环。前面的桌子上供奉着圆形年糕，一对带座儿的方木盘上供奉着酒菜。下面摆着酒壶。铠甲柜不仅是收置铠甲的容器，同时也是装饰铠甲的展示台。

日本的居室和箱子

　　下面介绍中世纪以后在日本住房的居室里使用的柜子和箱子。图3-13是大阪城天守阁收藏的桃山时代的"秋草鹿莳绘文库"，即绘有秋草鹿描金画的文卷匣，其大小是$43.2l \times 36w \times 16.1h$（厘米）。豪华的描金文卷匣是知识阶层放在案头的文卷匣，在盖框上削出搭手，装上系绳子用的环儿。这种样式的公文匣，还有平安时代的"莲池莳绘经箱"（国宝·奈良国立博物馆），从奈良时代把佛经抄写本放在折柜里保存这点来看，当时的技术已经非常先进了。

图3-13　秋草鹿莳绘文库　大阪城天守
阁　东京国立博物馆编,《东洋的漆器工
艺》,1978,p.123。

图3-14　和服箱　高津电影装饰株式会社

　　图3-14的和服箱, $75.7l \times 51w \times 20.1h$ (厘米) , 不仅形状很大,
而且盖子和底下的框架没有任何的加固。箱盖带有优美的隆起造
型, 黑漆制作, 并带有深深的盖沿儿, 盖子正中央用金箔绘制了家
徽。盖框上削出了搭手, 下面装上了系绳子用的环儿。箱子内部
贴着淡蓝色的纸, 纸上带有由浓渐淡的波纹图案。江户中期的《婚
礼道具图集》中也出现了这种和服箱。在没有多屉柜的古代, 上
下身礼服、和服短外罩、和服裙子等贵重衣服, 都收在这种箱子里。
外形美观的箱子, 非常适合于放在身边。

　　图3-15所示的柜子大小为 $88l \times 53w \times 58.5h$ (厘米) , 是三得利
美术馆的藏品。在处于亚热带气候的冲绳, 不需要使用棉被褥, 所
以没有制作长方形大箱。相反, 却使用了中型的印盒盖式的柜子。
覆盖柜子整个表面的精致的菱形图案, 与简洁的柜体非常协调, 豪
华而又美丽。平民使用的柜子如图3-16所示, 栋木制作, 使用一种
被称为"春庆涂[1]"(透明亮漆) 的工艺刷漆, 当地人把这种柜子称为
"开伊 (kei) "。其大小、形状、金属零件的样式等, 都与中国的柜子

1. 春庆涂: 一种传统的刷漆工艺, 在木胎上涂上黄色或红色透明漆, 以展现木材的纹理之
　美。——译注

图3-15 朱漆菱箔柜 三得利美术馆 京都国立博物馆编,《冲绳的工艺》,1975,p.158。

图3-16 开伊 冲绳县立博物馆

非常相似。

图3-17是江户时代平民使用的一种被称为"半长持(小型长方形大箱)"的印盒盖式柜子。材料为桐木,大小为$80.8l \times 39.5w \times 46.2h$(厘米),收集的地点是松江。侧面装有铁制的把手,盖子呈向上隆起状,刷了柿漆。在各地都能看到与之非常相似的柜子。重量轻且密封性好的柜子,非常适合收纳衣服。这种中等大小的柜子,即使放在身边也不会觉得怎么碍事。从这点上来说,与只能放在仓库或储藏间的长方形大箱相比,小型长方形大箱在实际生活中发挥的作用要大。

福冈县距离博多城稍远的宇美町资料馆收藏的一个柜子与这个柜子非常相像。柜盖的反面用墨笔写着"嘉永六年丑11月 原大工左七作 小林作次郎",表明这个柜子是由木匠制作的。虽然每个时代、每个地区都有所不同,但当时木匠的工作范围很广,他们不只修建房屋,而且还制作门窗隔扇和箱柜等。

有关这方面的情况,我们来看看亨保时期在一个有着38万人口的大城市——大阪是怎样的。在阿波堀川沿岸的奈良屋町一

图3-17　小型长方形大箱　松江
城武士宅邸

带, 聚集了很多制作细木器的木工, 集中制作柜子和箱子等。据
《毛吹草》(正保二年, 1645年出版) 记载, 当时"把制作箱、柜等的
木材切割成规定的尺寸, 只在上面用锥子钻好孔, 就销往诸国"。
也就是现在的供装配的零部件出口的方式, 不是把组装好的成品
卖出去, 而是把能够马上组装的零部件销往各地, 然后在当地组
装。从大正时期到昭和时期, 福冈县大川的工匠们, 在梅雨期, 把
制作长方形大箱的大块木材, 加工成能马上组装的状态, 把它们摞
起来, 等到了婚礼多的秋天, 再把它们组装起来卖掉。

　　堺靠近大阪, 是一个繁荣的工商业城市,《堺手鉴》记录了堺
地区各工种的情况。根据《堺手鉴》的记载, 元禄十七年 (1704年)
堺的人口达到了56 997人, 商家总户数17 704家。其中木匠204
人, 制作并贩卖木器者37人, 制作并贩卖漆器者29人, 制作并贩卖
藤箱者1人[1]。宝历七年 (1757年), 堺被大阪商圈吸收后, 人口减少
到46 662人, 商家总户数亦减少到14 056家。工匠的人数也稍微
有所减少, 木匠202人, 制作并经营木器店者16人, 制作并经营漆
器店者37人, 制作并经营藤箱店者0人。但是, 又新增加了制作并

1. 吉田丰,"近世堺的工匠和各工商业的工匠",《堺市博物馆馆报》VIII, 1988, p.48—52。

图3-18　旧家具店的铺面
《人伦训蒙图汇》

贩卖多屉柜和长方形大箱者3人，制作并贩卖箱子者2人。制作并贩卖箱子的大概是专门制作并经营桐木箱等箱子的。没有制作并经营藤箱店者的原因，大概是柳条箱主要在丰冈生产，光是产地制造的产品就可以满足市场的需求吧。其他工种的变化，不仅是统计方法发生了变化，更应该视为城市里工匠的工作向专门化方向发展的结果。这些产品不仅在堺当地有售，而且以泉州和奈良的主要道路为中心，在各地都有销售。

　　图3-18是《人伦训蒙图汇》卷四商人一项中描绘的京都家具店的情景，《人伦训蒙图汇》出版于元禄三年（1690年），比《堺手鉴》早14年。一条西堀川和四条下押小路一带，曾开有旧家具店，买入所有的旧家具然后再卖出。店头摆放着四角镶有金属零件的中型长方形大箱，长方形大箱上面摆放着行箧[1]和多层方木盒。店主正在用掸子掸灰。长方形大箱和行箧的样式与展出的实例非常相似。在江户中期的大城市里，已经出现了这种生意。

　　图3-19是山口县阿武郡阿武町小野旅馆使用的衣柜。柜子用

---

1. 行箧指外出时放日用器具和换洗衣服等的箱子，由仆人用棒子挑着行走。——译注

图3-19　衣柜　山口县小野旅馆　　　　图3-20　藤箱　高津电影装饰株式会社

杉木制作，柜体接合使用的是榫接（从外侧看共2个榫头）工艺，没有底框。大小是$97l \times 38.5w \times 44.5h$（厘米），与前者大小相近。盖子与后面将要叙述的长方形大箱，同为挂盖式盖子，盖子上钉了一根木条，盖子表面是平面的，没有隆起。短侧面的侧板设有托座，用以保证承托盖框的木条的稳定性，托座的制作样式非常质朴，只是把木材的横断面斜着切断。使用的是可拆卸式合页，箱子表面装有卡子。这是一种作为多屉柜的补充而出现的朴素的收纳柜。

　　图3-20所列的是藤箱（高津电影装饰株式会社收藏）。藤箱原指用青藤蔓编制的带盖箱子，但是人们把用竹子编制的箱子也称为藤箱。《和汉三才图会》中记载，廉价的藤箱用纸仿造草编制，这里所说的草大概是指泽兰之类的植物。有用草席面或用棕榈编织覆盖的。大多装有保护箱盖和箱底的木框。图上所示的藤箱，用15毫米宽的薄竹片编成竹席，为了加固往里面编制了弯成U字形的龙骨，从上面糊上和纸，刷上黑漆，在侧面装上把手。箱盖和箱体用合页连接，可以上锁。人们把藤箱放在身边，用来收纳和搬运衣服。柳条箱的使用方法虽然与之相似，但在结实度和密封性上，藤箱更胜一筹。

图3-21 器物柜 松江城武士宅邸

器物柜（即铠甲柜）是摆在室内的为数不多的一种柜子。实际看到的这种柜子，70%至80%都是木制的，其余都是用竹子编制的。也许是一个一个制作的原因，每一个柜子都与其他柜子有着些微的不同。这些柜子的共同点是，长宽各为40厘米、高50多厘米，绘有家徽图案，在承接盖框的木条上钉上了挂环和用来挂主人名牌的折钉。图3-21是松江城武士宅邸使用的器物柜，柜子中间部分向外凸出的形状，与《婚礼道具图集》上的柜子相同。桐木制作，整体用"春庆涂"工艺刷漆，而且在棱角处还特意刷了黑漆。

收纳空间与箱

　　下面，我们通过实地调查的方式来查明第一章部分提到的属于储存型的柜子的使用方法。调查对象分两部分，一是传统的农家，选取的是位于广岛县御调郡御调町的小川家（图3-22）。另一个是商人的家，选取的是位于福冈县大川市的高桥家。

仓库与长方形大箱

调查地的概要和小川家的历史沿革

　　广岛县御调町下山田是一个被山地所环绕的小村庄，这一带平地很少，农田只是在山坡上开垦的长方块，房屋也被建造在构筑在斜坡上的石基上。正房的房间布局是在田字形的平面上构建

图3-22 小川家外观

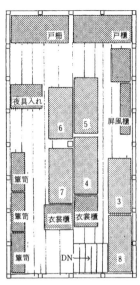

图3-23 小川家前面仓库的二楼平面图

的，很多人家都把后侧作为储藏室使用。当时给我留下深刻印象的是，几乎所有的人家都在面向南的正房东侧搭建堆房，在西侧尽管小也会搭建一个仓库。堆房的一楼，以前用来养牛。它的旁边和二楼 (图3-23) 作为放农用工具的仓库而使用。被这些建筑物环绕的前庭，被用来干各种农活，如晾晒谷物和脱谷等。仓库里建有耳房，里面放置木柴和干农活使用的木料等。富裕的人家，一般会在堆房的后面修建放咸菜的小屋，在仓库的前面 (南侧) 另建一个独立的建筑物，当作年轻夫妇的卧室，或闲居的房间而使用。

　　小川晓的房子，据沿革书上的记载，房屋名与地名相同，称为"家角"，宗谱虽然不是很清楚，但是六代以前小川健太郎家曾另立门户，所以在那之前应该就已存在了。现在的房屋是昭和五十四年3月新建的，以前的房屋据说在现在户主的四代以前，即曾祖父时就已经有了。由正房、两个仓库 (前面的仓库和后面的仓库)、堆房构成的富丽堂皇的宅邸，背靠大山面南而建，俯瞰着整个小山村。总体上可以说是这一地区具有代表性的上层农民的住宅。

图3-24　前面仓库的二楼内部

调查概要

在弄清房屋格局 (仓库、堆房、正房里的储藏室等收纳空间的构成) 的基础上,我们以长方形大箱为主,来观察仓库里的物品摆放情况。前面仓库的一楼被用来放置农用工具等各种物品,入口处摆放一个用原色木料制作的长方形大箱,里面放置为留宿客人准备的被褥。二楼摆放了2个看起来相当旧的橱柜、2个稍微过时的由寝具柜和抽屉组合成的六尺长的多屉柜、1个装衣服的多屉柜、7个长方形大箱、1个寝具柜。后面仓库的二楼也摆放了2个长方形大箱。我们把这些家具在图上编上号,对应里面收放的物品进行论述。这些长方形大箱虽然在最后工序、竖木条、面的处理等方面存在差异,但仔细观察会发现,它们的形状都较大,且盖子均设计成隆起的样式。

后面仓库摆放的长方形大箱 (1、2) (图3-25)，是昭和二年现在的户主结婚时夫人带来的陪嫁，一个是原色木料制成，另一个是黑漆制作，这对柜子都镶有竖木条。采访户主夫人后得知，夫人的娘家在世罗町，离下山田不远。昭和二年结婚时所用的婚礼器具，是她和她父亲一起到20多公里远的广岛县府中市采购的。除此之外，还准备了六尺长的多屉柜、镜台、鞋柜、针线盒、三个一套的盆等。在婚礼前几天，由家具店用车直接送到婆家，也就是现在的这个家。长方形大箱里面当时放了一起购买的被褥，多屉柜里什么也没放，是空着送过来的。所以没有出现扛着长方形大箱的婚礼队伍。衣服是婚礼当天带来的，婚礼结束后，由娘家妈妈帮忙一起放进多屉柜。长方形大箱3和4，与1、2的外形非常相似，只是稍微有些旧，是婆婆带来的一对陪嫁，一个是原色木料制成，另一个是黑漆制作，也同样镶有竖木条。在以前，像小川家这样的富裕阶层，婚礼器具都会准备成对的长方形大箱。关于其他长方形大箱的具体年代不详。在四十几年后的昭和四十五年嫁过来的儿媳妇，陪嫁的不是长方形大箱，而

图3-25　一对镶有竖木条的长方形大箱

是前面提到的寝具柜（图3-24中左后方摆放的上下两层对开门的橱柜）。

长方形大箱与里面收放物品的对应

如表3-1所示，长方形大箱里收放的物品大部分都是被褥。前面提到的橱柜样式的寝具柜里放的也是被褥。包括这个柜子的被褥在内，上下三代出嫁时带来的被褥，几乎都未曾使用过。甚至还有不知道是什么时候的褥子、被子、夏被、毛毯、蚊帐、坐垫等，也都放在长方形大箱里。除被褥以外，长方形大箱里还放了相当多的其他物品。长方形大箱3里胡乱放着匾额和大约10个用绳子捆起来的挂轴。屏风虽然放在专用的屏风柜里，但匾额又薄又长，幅度也宽，收藏起来非常麻烦，在这点上就显出了长方形大箱容量大的优势。此外，在长方形大箱里面还看到旧木碗、食案、托盘等漆器。这

表3-1　小川家长方形大箱一览表

序号	制作方法	里面放置的物品
1	枞木原色木料制作，镶有竖木条，与2是一套	被褥
2	枞木制作，刷了黑漆，镶有竖木条	被褥
3	刷了黑漆，镶有竖木条，与4是一套	匾额2，彩色纸3，挂轴10卷，放花瓶的台座1，桐木箱（放有挂轴）1，薄被子1，毛毯1，木箱（放有碗）1
4	原色木料制作，镶有竖木条	毛毯，被褥
5	刷了黑漆，损坏严重	夏被1，旧被1，新被子1
6	刷了朱漆，银杏造型面刷黑漆	毛毯2，被褥7（新旧共计7）
7	刷了黑漆，镶有竖木条	半新被褥（褥子3，夏被1）
8	刷了朱漆，棱角贴了纸	塑料米袋1捆，漆盘8，饭桶2，多层方木盒多个
9	刷了黑漆，盖子有缺损	漆器食案
10		漆器
11	原色木料制作，带托座	被褥
12	原色木料制作，带托座	被褥
13	原色木料制作，带托座	被褥

些物品以前都分别放在各自的木箱里,虽然已经残破缺角,但还是没被丢弃而是放在了长方形大箱里。完整的成套物品,都收在木箱里,放在后面仓库的二楼上。其中有一点引人注意的是,长方形大箱里面完全看不到衣服,衣服被放在正房起居室里的多屉柜和后面仓库里的白铁皮箱里。由此可归纳出一点,即长方形大箱的用途不是收纳衣服。

仓库的功能

如前所述,仓库里放置的物品,主要是人们在日常生活中不大使用的物品。日常使用的物品的收放,可以说是由正房的储藏室和壁橱、多屉柜等来完成的。但是,被炉、煤油炉、风扇等会被放在储藏室或仓库和堆房里。虽然同为生活用具,但因其使用空间和使用频率的不同,其收纳的场所也会有所不同。

真岛俊一、真岛丽子在详细地调查了山形县鹤冈市茂港的仓库和生活用具后指出,仓库与日常生活有着紧密的关联[1]。但是,从小川家仓库的使用情况来看,它与日常生活的关联并不是那么的紧密。作为收纳空间而使用的频率,反倒不如堆房和放咸菜的小屋使用频率高。出现这一差异的主要原因是分栋型的建筑格局。即,若想去仓库,就得从玄关出来,穿过院子,打开锁,然后才能走进仓库。相反,去堆屋或放咸菜的小屋,可以直接从厨房过去,不用担心会被雨淋湿,而且也不需要钥匙。其结果导致仓库成了与人们日常生活关联甚微的物品的堆积场所,尤其是出入不便的仓库二楼更是如此。

除了上述物品之外,仓库里还摆放了喜事和丧事时所需要的物品。这些大概也是认为将来有用而精心挑选的吧,一个一个地

---

1. 真岛俊一、真岛丽子,"仓库与生活",《生活学》第7册,DOMESU 出版,1982,p.92—100。

摞在那里，连包装都没有打开。此外，还有收纳漆制的食案和木碗，以及用于款待宾客的酒壶、酒杯、盘子等餐具的木箱等，数量非常多。都是现在几乎不大使用的各种物品。其次必须一提的是在仓库里发现的三月三女儿节陈列用的人偶、五月五男孩节悬挂的鲤鱼旗和陈列用的武士人偶、挂轴、插花用的花瓶、折叠屏风、屏风、拉门等。这些物品在需要的时候就会被搬到正房，为简朴的住宅增添一份变化和季节感，用完后会再次送回仓库。柜子就是收藏这些物品的容器，也是搬运用具。前面仓库的二楼，还摆放着在几代前婚礼上使用的新娘骑坐的铺着红坐垫的马鞍和行箧。此外还有已经不用的陈旧的多屉柜、橱柜、皮箱、箱笼、收放衣服的白铁皮箱、茶具箱等。多屉柜和橱柜，为了能够有效利用仓库里的空间而被再次使用。如果没有仓库，那么这些承载了生活历史印记的各种物品将无法保存，正房的居室空间也会因各种物品而显得杂乱不堪。长方形大箱，可以说是以仓库这一库存品专用空间为前提而存在的，而且因为在田字形的正房里没有壁橱，所以长方形大箱也起到了壁橱的作用。

储藏室与箱——架子的体系

高桥清悟家的历史沿革

高桥清悟家 (图3-26) 位于大川市榎津庄分，房屋原貌保存得非常完好，四面涂抹了泥灰，是日本传统的町屋建筑。据高桥家祖传的"明治三十一年撰　高桥家历代记"记载，高桥家第二代继承人高桥四郎兵卫去世于宝永七年 (1710年)，从那时"开始酿酒经商"。高桥家现在经营的是醋店。延宝八年 (1680年) 10月，高桥家被榎津蔓延的大火烧毁，在废墟上重新建造了住宅。新宅是在火灾后历时2—3年建成的，因此正房的历史可上溯至天和一年或

图 3-26　高桥清悟家房屋外观

二年（1681—1682 年）。

空间布局

图 3-27 显示的是现在居住的房屋的主要部分，在院子和后来增建的磨房上面又加盖了一层，架设了从一楼直接通连二楼的陡峭楼梯。以前，那里是佣工们居住的房间。那么，现在这个住宅的使用情况又是怎样的呢？二楼，靠通道一侧 12 块榻榻米大的房间是房主夫妇的卧室，然后是空着的孩子的房间，剩下的是空房间或是当储藏室使用的房间。

箱——架子的体系

从侧面下部被制成储物空间的楼梯上去，是一个铺着木板的房间，面积大约 2×3 间[1]，这个房间位于大厅和店铺的上面，被当储藏室使用。如图 3-28 所示，3 间长的墙壁上打造了一个固定的三层架子，架子上摆放着无数的小型木箱。经粗略计算，共有 123 个木箱和 3 个长方形大箱。架子最下层距地面 75 厘米，架子下面摆放着橱柜和中型柜子等。虽然有的木箱里是空的，但其他木箱里放置的物品中，漆器（如木碗、食案、酒杯、托盘、盘子等）和陶瓷器（如盘子、酒杯、碗、小茶壶、坛子、花瓶等）等占了大半部分。此外还有竹筐、书、针线盒等。箱子和架子看起来都非常的古老。从何时开始这样使用的虽然不

---

1. 间为日本长度单位，1 间等于 6 尺，约 1.82 米。——译注

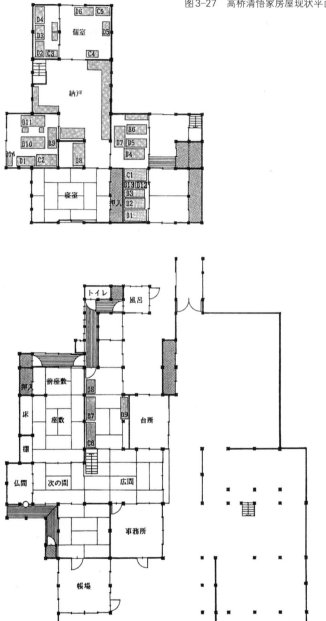

图3-27 高桥清悟家房屋现状平面图

图 3-28　储藏室内的物品摆放

得而知,但这种架子与箱子的组合,与《慕归绘》和《绘师草纸》中见到的组合方式相同,作为古代流传下来的传统,具有很高的研究价值。

　　二楼各个房间里摆放的带挂盖的大小长方形大箱,共计 17 个。其中原色木料制成的有 7 个,刷了柿漆的有 8 个,刷了朱漆的有 1 个,使用春庆涂刷漆工艺的有 1 个。此外还有宽 600 毫米以上带有钉了横带的盖子、带沿儿盖子乃至印盒盖样式的柜子 19 个,在侧面装有拉盖等的箱子约 140 个,上下两层的橱柜 1 个,只有下面一层的橱柜 1 个,多屉柜之类的柜子 7 个,茶具箱 1 个,柳条箱 7 个。长方形大箱里放的大多是毛毯、被褥、坐垫等寝具之类的物品。除此之外,还放有蚊帐、窗帘、剑道使用的防护具和和服裙子、鲤鱼旗和鲤鱼旗杆的风车、女儿节人偶、武士人偶、灯笼、茶具、砚台、烟盒等,以及已经没用的东西和拉门 (图 3-37) 等。以上是放在二楼的柜子和箱子,此外在一楼还放有 4 个多屉柜。

日本储存系列柜子的各种类型

　　下面我们来看看日本主要用于收纳的代表性柜子的样式和实例。

图3-29 倭柜 正仓院宝物 正仓院事
务所编《正仓院的木工》,"个别解说",日
本经济新闻社,1982,p.25。

图3-30 铠甲柜 石上神宫 石上神宫编,
《石上神宫宝物志》,大冈山书店,1929。

箱形·带沿儿盖子型

正仓院收藏了很多被称为天平古柜的奈良时代的柜子。这些柜子都编上了号码,图3-29是其中的第53号柜子[1]。这种没有腿的、具有带沿儿盖子样式的柜子被称为"倭(和)櫃"。较长的两个侧面分别安装了一根硬木制作的横带,这个横带被称为"手掛栈",这种特殊的样式的柜子,除此之外还有44个。其使用的材料为杉木,大小是 $92l \times 62.7w \times 45h$ (厘米),柜体使用榫接(从外侧看共5个榫头)的方式接合,钉有铁制角钉。横带用杏仁形铆钉固定,盖子和柜体用铁制肘形插销和枢销连接。最后在盖子和柜体的棱角处刷了黑漆,除这部分以外,其他都是原色木料制作。

图3-30是天理市石上神宫具有带沿儿盖子样式的铠甲柜,大小是 $118l \times 102.3w \times 90.5h$ (厘米)。盖子里面用墨笔写着"大和国山边郡,布留大明神,御铠唐柜也,应安二年巳酉,十二月二十五日……"[2]。盖子、柜体、底板使用的都是厚度达67毫米的松木。盖

图3-31　书柜　京都府立综合资料馆

图3-32　鞍柜　高津电影装饰株式会社

框采用"相嵌接[1]"的方法接合,盖板采用"嵌榫拼接"[2]的方法将两块木板接合在一起,侧板采用"相嵌接"的方法将三块木板接合在一起,从内侧用锔子锔上,制作方法粗糙。箱体接合处采用的是榫接(外侧共5个榫头)方式,用钉子固定。

贞享二年(1685年),加贺藩第五代藩主前田纲纪向京都东寺捐献了100个书柜,用以收藏古代流传下来的文献,因此这些文献又被称为"东寺百合文书"。图3-31就是其中的一个书柜,柜子大小是 $46.5l \times 36.2w \times 36.2h$ (厘米),具有带沿儿盖子,盖子、箱体、盖框均使用12毫米厚的桐木制作。带有底框,长侧面上各钻了两个直径9毫米的孔,从孔里穿上麻绳,在盖子上打结。

箱形·覆盖型[3]

图3-32是装马鞍和马镫的鞍柜。为了收藏按马背形状制造

---

1. 相嵌接:木板接合方法之一,把两块木板连接处各削去一半,把两半重叠对接在一起。如图6-14B。——译注

2. 嵌榫拼接:木板接缝方法之一,具体方法是在两块木板接头的横断面上都抠出凹槽,把两块木板对接在一起,在凹槽处插进细长木楔,把两块木板接合在一起,如图6-7D所示。——译注

3. 覆盖型:盖子与柜体分离,盖沿较深,扣在柜体上。——译注

的倒 V 字形马鞍，盖子上部被制作成等腰梯形形状。柜子使用杉木制作，大小是 $56.8l \times 50.8w \times 50.2h$（厘米）。其构造是，在框上铺上木板，制成一个高 35 毫米的台子，在台子上钉上木条，把本体安在木条的外侧。因为盖子是深深地扣在上面，所以取下盖子后，放在里面的物品就会大部分露出来，可以非常容易地把它们拿出来。这种样式被广泛应用于收放装订豪华的书籍、经卷、字画卷轴、扇子等的小箱。

箱形·印盒盖型

印盒盖型箱子的特点是，盖子和箱体外形一致，线条整齐流畅，京都教王护国寺收藏的平安时代的国宝袈裟箱（图 3-33），就是一个典型的例子，整个箱子都绘有豪华的描金画。箱子大小是 $47.9l \times 39.1w \times 11.5h$（厘米）。盖边为优美的曲线形，为提高密封性，采用了一种高超的工艺使盖子与箱体咬合在一起，这种工艺被称为印盒盖式接缝结构。箱体长侧面中间装有用来穿绳子的铁环。同一样式的箱子还有根津美术馆收藏的重要文化遗产袈裟箱（平安时代）和东京国立博物馆的藏品（平安时代）等。

箱形·付印盒盖型[1]

图 3-34 是松江华藏寺以前收藏的御判物柜，所谓的"御判物"，是指藩主写给下属的带有花押的文件。这个柜子的大小是 $83l \times 39w \times 50.2h$（厘米）。柜身漂亮的桐木肌理，表明它曾被放在长方形大箱内。盖子与柜身的结构采用的是附印盒盖样式，即在柜身内侧贴了一圈薄板用以制作凸口。柜子表面刷了清漆，可清楚地看到桐木的木纹，正面用黑漆绘制了一对葵花花纹，精工细雕的黄铜制金属零件愈发衬托出柜子的清雅之美。

---

1. 付印盒盖型：把箱口设计成凸口形状，从而使盖子套在箱口上的一种样式。——译注

图3-33　袈裟箱　教王护国寺　每日新闻社
编,《重要文化遗产》25,1977,p.48。

图3-34　御判物柜　松江华藏寺

箱形·挂盖型[1]

图3-35是旭川乡土博物馆收藏的宝物箱(当地称之为
"suopu"),箱子表面刻有阿伊努族特有的图案,这个彩色箱子是用
来放贵重物品的,该馆还收藏了另外几件这种样式的木箱。箱子
使用常绿桐木制作,大小是54.4l×26.4w×24.9h(厘米)。样式为
挂盖型,盖子的边框没有接头,箱体采用榫接(外侧共2个榫头)的
方式接合,用钉子固定。据说阿伊努族没有箱子,因此这个箱子很
可能是模仿日本人的技术制作的。

图3-36是福冈县久留米市过去经营运输船行的三枝家
以前收藏的羽织(即和服外褂)箱。使用杉木制造,大小是
69.9l×48w×16.2h(厘米)。原色木料制作,没有安装金属零件。
盖子表面用墨笔写有"安政五年松屋御目见火事羽织(消防短外
套)箱　午九月吉日制造"。从文字可知,这个箱子制作于安政五
年(1858年),里面放置的消防短外套[2]现在也还保存着,是非常有
价值的研究资料。三枝家还收藏有安永八年(1779年)的和服裙

---

1. 挂盖型:盖子与箱体之间用合页等连接。——译注
2. 消防短外套:江户时代火灾装束中使用的和服外套。——译注

图3-35　宝物箱　旭川乡土博物馆　　　图3-36　羽织（即和服外褂）箱　久留米市

子箱,可见挂盖式使用范围之广。

　　图3-37是前面提到的大川市高桥清悟家的木箱,其中左边箱子的大小是$202.3l \times 84.3w \times 109.3h$ (厘米), 是所有调查对象中最大的箱子。日本的房屋, 在夏天临近时, 习惯把之前使用的隔扇收起来, 换上用凉爽的竹子编制的隔扇。这个杉木制作的箱子, 为了便于取出或放入不用的隔扇, 加深了盖框, 降低了箱边的高度。

挂盖型·镶有竖木条的柜子

　　这是一种在柜体正面和背面钉了竖木条的中型柜子, 没有安装挂环, 大多用于保存漆器。图3-38是昭和五年民俗学者早川孝太郎在爱知县北设乐郡本乡町中在家收集的柜子, 盖子背面用墨笔写着"红木碗10人份儿　黑木碗3人份儿　长泉四代　享保十一年七月", 由此可知柜子的用途和制作年代。柜子使用杉木制作, 最后似乎是在上面刷了柿漆。大小是$76l \times 44w \times 41.1h$ (厘米)。经笔者确认的这种中型带竖条的柜子, 在秋田县鹿角市八幡平字三田、岩手县岩手郡玉山村大字涩民、福岛县桧枝岐、福井县小滨、广岛县御调郡御调町、福冈县久留米市、熊本县球磨郡五木村等地都有发现。其中, 秋田、岩手、熊本三地的柜子似乎是用来收纳衣服的。但是, 没有锁和挂环等, 可以说是属于储物型的

图3-37　木箱　福冈县大川市

图3-38　唐柜　国立民族学博物馆

柜子。

屏风柜也是带有竖木条的外形独特的柜子。图3-39是长崎县立历史民俗资料馆收藏的屏风柜，使用杉木制作，大小是

图3-39　屏风柜　长崎县立历史民俗资料馆

$178.5l \times 28.2w \times 73.5h$（厘米），正面右下方用墨笔写有"文化十年癸酉正月造之　六扇屏风一对　云谷等益之画"。屏风柜与屏风的形状相同,宽度较窄。其外形与收纳隔扇的木箱相同,盖框较深,柜体四壁较矮。得到具有美术收藏价值的屏风,大概是一件非常值得纪念的事情,因此很多都标上了购入的时间。这个柜子是文化十年(1813年)制作的。柜子的做工非常精致,盖子表面制成了二次曲面的隆起,竖木条的上端被挖成曲线形,非常美观。短侧面的竖木条,与唐柜和长柜相同,开有小孔,用来穿绳子把柜子吊起来。

带地脚的柜子

在柜子底部钉两根细木条,使柜体与地面分离的方法,不仅在日本,而且在西欧也广泛采用。图3-40是佐贺市内的古泽酱油店

图3-40　千两箱　佐贺县立博物馆　　　图3-41　米柜　国立民族学博物馆

使用的保管一分金[1]用的"千两箱",即钱柜,制作于庆应二年(1866年),由佐贺县立博物馆收藏。盖子表面用墨笔写着"庆应二年寅十一月九日纳　一分金用千两　二百三拾番"。使用台湾扁柏木制作,大小是$46l \times 26w \times 13.3h$(厘米)。均由15毫米厚的木板构成,盖子和柜体用合页连接,装有锁和角配件。

米柜

图3-41是国立民族学博物馆收藏的在大阪市平野区使用的米柜。当地称之为"gegutsu",不知道这个名字有什么含义。大小是$96l \times 58.8w \times 56.6h$(厘米)。杉木制作,用27—28毫米厚的木板相互稍微突出交叉榫接,并用圆头钉子固定。底板也是一块28毫米厚的实木板,用钉子钉在侧板上。总重量33.5千克,较重,结构坚固,似乎刷了柿漆。米柜内部竖着隔开,顶板后面大约1/3部分被固

---

1. 一分金:江户时代流通的一种金币。4个一分金等于1个小金币(1两)。——译注

定。盖板分为两块，与米柜内部的隔断大小相同。每块盖板背面，分别在向后稍错开一块的位置钉了两根木条，把木条突出部分插进固定的顶板下面，盖子边儿压在与顶板重合的边框上，自然闭合。

青森县立乡土馆展出了标有文久三年制造的与它非常相似的米柜。金泽市江户村大商家的米柜，虽然稍微有点小，但是厚板端部突出交叉榫接并用圆头钉子固定的方式、被分隔开的米柜内部、盖子的开闭构造等都与前者相同。

也有与钱箱样式相似的米柜。图3-42所示的新潟县十日町市博物馆收藏的"褻箱"(宽政十一年制，重要有形民俗文化遗产)就是其中的一例。"褻"的读音为"keshine"，在古语里指"褻食"，意思是食用米，日本东北各地都保留有这一名称。杉木制造，大小是 $75.5l \times 41w \times 39h$ (厘米)。上面的一半盖子里面钉有木条，盖子上装有卡子。稍长一侧的侧板上制有托座，用以托住承受盖板压力的横木条。柜子整体又黑又亮，表明曾被长期使用。与这个柜子非常相似的，还有仙台历史民俗资料馆、福冈县饭冢市历史资料馆、熊本市立博物馆等收藏的柜子。这些柜子都装有承托盖板的横木条。十日町的米柜是直线型的，而饭冢市的米柜却被削成钩状，成为样式简朴的米柜的唯一装饰。山口县须佐町历史民俗资料馆收藏的米柜，虽然柜子较小、结构简陋，但是盖子上也装有卡子。在日本各地都能够见到这种米柜，说明当时米柜的样式已经定型化。而且，它与"千两箱"和钱箱也非常相似。这大概是因为其外形封闭性强，所以适合用来收藏金钱。

以上列举了日本可称之为储存型的柜子。补充一句，除以上列举的柜子之外，还存在着无数类似的柜子。储存型所包括的柜子除唐柜、长方形大箱、行箧等之外，应该还有很多，本书仅对唐柜等加以介绍，其中有关唐柜的内容，我们将在第四章(信仰与箱)论

图3-42 葳箱
十日町市博物馆

述，有关长方形大箱、行箧、长方箱等的内容，将在第五章（搬运与箱）论述。

西欧的居室空间与柜

大厅的空间

下面我们来看看西欧的居室空间与空间里使用的箱子和柜子。提起古老的住宅，人们必然会想到固若金汤的石造城堡。中世纪初期的城堡，大厅＝防御，这种结构决定了其主要的空间就是设在二楼的大厅。大厅，在战争爆发时聚集了守护的士兵，在和平时期则被用于举办类似仪式般的就餐、宴会、审判等各种活动[1]。因此，重要的柜子（chest），不会被放在总是有很多人出入的大厅，而会被保管在从大厅通过狭窄的螺旋楼梯上下的楼上或是地下室。地下室是储藏食物、武器、体积大的物品的场所，挖有井，设有

---

1. A.M. Potter著，宫内悊译，《从图画看英国人的住宅》，相模书房，1985，p.4—5。

图3-43　犹太人与钱箱
R. Delot: Life in the Middle Ages, Phaidon, London,
1974, p.283.

牢房。也就是说，柜 (chest) 被放置在最安全的场所。规模大的城
堡里设有小教堂，传说法国十分谨慎的昂古莱姆伯爵在干邑城内
的小教堂里藏了一个双层金库[1]。即便是盗贼，在神圣的地方做坏事
也一定会有所顾忌。正如在第一章提到的，柜子 (chest) 与金钱有
着很深的关联。莎士比亚著名的戏剧《威尼斯商人》中写到，在中
世纪的西欧社会，犹太人作为放高利贷者而被人们痛恨，有时还会
遭到迫害。图3-43描述的就是这些犹太人的故事，两个留着长胡
须的犹太人，带着黄色的三角帽，正在往涂着红漆的用两根铁箍加
固的装钱用的柜(chest)，即钱箱里装钱[2]。针对这一情节，斯科特对

1. E. Mercer, Furniture 700—1700, Weidenfeld and Nicolson, London, 1969, p.38.
2. R. Delot, Life in the Middle Ages, Phaidon, London, 1974, p.283.

犹太人高利贷者的女儿丽贝卡说道："如果没有我们的钱，外国人在战争时就不能投入军队，在战争平息时也不能搞军备竞赛。这样，我们放出的高利贷就会利滚利，变成更多的钱回到我们的钱箱里。"[1]从上下文来看，这些柜子是财富的象征，甚至也是所有者本人身份的象征，拥有箱子，是只有自由人才能享受的特权。因此，11世纪末至12世纪初，西挪威的法律明确规定，解放奴隶时，或者带他们去教堂，或者让他们坐在柜子(chest)上，宣告获得自由[2]。

居室空间与柜子

中世纪领主阶级的住宅被称为庄园(Manor House)，是模仿城堡的空间结构修建的。即使在庄园里，柜子(chest)也是被放在设在楼上的家人的起居室——阳光房(Solar)里。从户外走到阳光房，需要穿过很多人聚集的大厅，并通过狭窄的螺旋楼梯，所以对柜子(chest)来说，那里是一个安全的场所。图3-44描绘的是设在楼上的阳光房内的情景。当时的阳光房，虽然没有镶天花板，但只要打开板窗，明亮的阳光就会照进室内。地板上铺着地毯，墙上装有壁炉。

图3-44　13世纪末的阳光房与柜子（chest）
《独立住宅》新订建筑学大系，彰国社，1974，
p.642。

1. 斯科特著，菊池武一译，《艾芬豪》上，岩波书店，1964，p.172。
2. Peter Anker, Chests and Caskets, C. Huitfeldt Ferlag, Norway, 1982, p.20.

还可看到嵌板结构的椅子。这里与没有隐私的大厅不同,是只有家庭成员才会居住的场所,因此居住环境一定非常舒适。窗户旁边摆放着一个绘有圆形线条雕刻的侧面厚板至地型柜 (chest)。有关厚板 (Slub) 的内容,我们将在第六章"民族技术与箱"中讨论。在有腿型的柜子 (chest) 中,这种类型的柜子是结构最简单的柜子。柜子 (chest) 制作得较矮,还当做凳子使用。16—17 世纪以前,即使是在富裕的家庭,家具的种类也非常少,因此柜子 (chest) 的用途非常广。

农民居住的房屋,是简陋的一间房子,地上没有地板。在铺满芳草的一角,摆放着家人挨在一起睡觉用的床。除穷人以外,其他人家的床上都铺着亚麻或麻质床单。桌子非常简朴,是在架子上搭块板子制成的,上面铺着桌布。亚麻布等布匹、用薰衣草和番红花熏香的贴身衬衣、若干衣服、写有土地和金钱关系契约的羊皮纸和文件、装钱的皮袋或布袋等都放在保险箱 (coffer) 和柜子 (chest)里。富裕的人家,还会有贵金属和装饰房屋墙壁的挂毯等。床的周围,是换衣服的场所,是距离入口最远的位置,所以即使是在睡觉时也可以放心地把柜子 (chest) 和小箱放在那里。

慕尼黑古代绘画馆收藏的一幅描绘圣母玛利亚诞生的 15 世纪末期的画 (图 3-45),也证实了柜 (chest) 与床的关系。画面上,床被安设在长方形台子上。床顶装有华盖,把卷起的帘子放下来,就会形成一个封闭的空间。床沿脚跟处的亚麻布的矮柜 (chest) 采用的是嵌板工艺,柜子底部为尖拱形状,尖拱是哥特样式里的一个重要主题。按照当时的习俗,孕妇分娩时,除王侯家以外,都是只由女性在场照顾。新生儿在用盆里的水洗干净后,会被紧紧地包在襁褓里[1]。

也有世俗社会的人仿照这种宗教画绘制的图画。在 1490 年左右

---

1. 吉纳维夫·德库尔尔著,大岛诚译,《中世纪欧洲的生活》,白水社,1981,p.86。

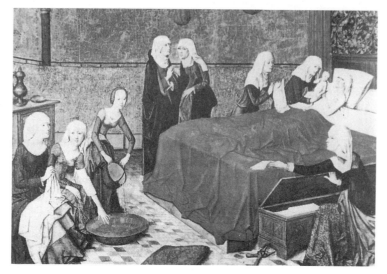

图3-45　圣母的诞生　Alte Pinakotheck, Munich: The History of Furniture, Orbis Publishing Limited 1976, p.23.

的《沃里克·布库》中描写伯爵诞生的插图里,床边也摆放着简单的保险柜。柜子里除布匹之外,还放了银匙和高脚杯等。银匙,是给新生儿第一次喂食时使用的,使用银匙喂食是出身高贵的象征。在法国,在产褥期,有朋友探望产妇的风俗。富裕的家庭,为招待这些前来探视的朋友,会在产房的隔壁装饰挂毯、丝绸、毛皮、银餐具等[1]。柜子(chest)与这种西欧住宅所具有的博物馆式特点有着密切的关联。

随着时代的推移,社会治安逐渐转好,需收纳的物品也逐渐增多。以前放在床下看管,遇有紧急情况就马上搬出来的柜子(chest),开始被作为尺寸标准的家具沿房间墙壁摆放。图3-46是意大利15世纪末的卧室和书斋。这些柜子与前面提到的非常引人注目的侧面厚板至地型等带腿的柜子(chest)有着明显的不同,它

---

1. 吉纳维夫·德库尔著,大岛诚译,《中世纪欧洲的生活》,白水社,1981,p.91。

图3-46　意大利的卧室和书斋　《机械化的文化史》,鹿岛出版社,1977,p.260。

们同化为房间的一部分,使房间显得既简朴又内敛。

　　翻阅最近与住宅有关的杂志,发现日本也使用这种箱子。究其原因,大概是因为人们虽然渴望过上坐椅子的生活,但是又不想因为椅子的搬入而失去空间的简朴性。与房间大小密切相关的意大利箱子,可谓今天组合式家具的先驱。

箱与桌子的结构

　　下面我们来看看桌箱。桌箱原本是放鹅毛笔、墨水、羊皮纸以及后来的信封、卡片、图章等文具的箱子,也被简单地称为写字台。图3-46中书斋桌子上放的就是桌箱,图3-47是17世纪斯堪的纳维亚的桌箱。与之相类似的,还有放置家里唯一的一本真正的书籍,即圣经的圣经箱。通过合页与箱体连在一起的倾斜的盖子,被作为可供读书和写字的台

图3-47　桌箱　斯堪的纳维亚 Joseph Aronson: The Encyclopedia of Furniture, 1965, p.161.

子而使用。

　　笔者曾看过一部描写桌箱用法的电影。虽然已经不记得电影的名字，但其中有这样一个情节。一个行为不端的年轻人，为了让躺在病床上的父亲写下对自己有利的遗嘱，从起居室的桌子上搬来桌箱，强迫父亲从病床上起来，把桌箱放在父亲的膝盖上。此外，还有一幅画描写了坐在码头地面上的海关人员，膝盖上放着桌箱，正在清点装载货物的数量。而且商人和钱铺老板还把钱和底账放在桌箱里，在盖子上计算金额、写账簿。

　　这种用法与前面提到的手筥相似。在空间还未分化、一个桌子被用来做各种事情的阶段，人们不可能赋予桌子特殊的功能，在需要写字的时候，人们就会把桌箱搬过来。后来，书斋的空间被确定后，为了写字和读书才制作了专门的写字台。也就是说，从可供书写的箱子（"写字台"）进化到了专门的写字台，即桌子。由此可知，家具与空间和居住方法之间存在着有机的关联。

婚礼与柜子 (chest)

　　即使在西欧，婚礼与柜子 (chest) 之间也存在着很深的关联。中世纪的农民们，其生活受土地的束缚。不论男女，每一个成年人都是土地的生产力。其中的一个人一旦因结婚而搬到别的领主的属地生活，那么原来的领主就会变得贫穷，相反对方的领主则会变得富裕。于是就产生了一个规定，去其他领地的人需要向领主缴纳税金，以此来获得结婚的许可。例如，在诺曼底地区，带去的钱必须要交税，家具之类的物品也要交税，每一个枕头、羽绒被、双人长枕、长度为一脚长 (32.5厘米) 的柜子 (chest)，甚至连每把锁也都要交4迪奈尔（货币单位1里弗的大约2%）[1]。在当时，长的、带很多

---

1. 吉纳维夫·德库尔著，大岛诚译，《中世纪欧洲的生活》，白水社，1981，p.114。

图3-48 柜(chest) 德国, 1859 Volkstümliche Möbel aus Altbayern, Bayerischen National-museum, 1975, p.75.

锁的柜子 (chest) 就是财富的象征。

柜子 (chest) 与结婚的密切关联凝缩在刻在柜子 (chest) 正面的两个人姓名的第一个字母和结婚日期, 以及代表出身门第的家徽雕刻上。很少有只雕刻丈夫家徽的柜子, 一般都是雕刻或绘制夫妇二人的家徽, 也有把夫妇双亲的家徽也雕刻上的。美丽的柜子 (chest) 与结婚队伍的长短和婚礼的豪华程度同等重要。图3-48是德国普法尔茨使用的柜子 (chest), 正面刻有姓名的第一个字母和年代, 盖子和正面绘有色彩丰富的花梗图案。这是放在起居室内的具有代表性的柜子 (chest), 移居到美国宾夕法尼亚的德国系移民们使用的柜子 (chest) 被称为"都哇柜"。

1662年, 在哥本哈根制作的家产目录上记载, 某一身份高贵的女子一生曾拥有三个柜子 (chest)。在北欧农村, 20世纪以前, 柜子 (chest) 是结婚必备的物品。农村女子在结婚前亲自纺纱、织布、缝制衣服, 她们把衣服和布匹等尽可能多地塞进柜子 (chest) 里。新娘带着最重要的聘礼——柜子 (chest), 在新郎和新郎亲戚的陪伴下出嫁 (参照图5-46)[1]。

---

1. Peter Anker, Chests and Caskets, C. Huitfeldt Ferlag, Norway, 1982, p.32—37.

图3-49　德国16世纪的室内　Joh. Jak. W., 1577.

　　图3-49描述的是德国16世纪房间内的情景。床被设在嵌板结构的固定的隔板里,上面挂着防寒的床帘。沿着隔板,摆放着一个标准的柜子(chest)。窗边也摆放着一个装有短方木腿的似乎是嵌板结构的柜子(chest)。柜子的盖子上放着帽子和脱下后扔在那里的衣服。由此可看出,柜子(chest)还被作为台子而使用。家具的摆放虽然与前面的例子不同,但卧室与柜子(chest)是紧密联系在一起的。嵌板结构的柜子(chest),把柜子的框架比作画框,在上面刻上文艺复兴风格的肖像,或用木块拼花技术拼出花梗图案,从而装饰和美化房屋。

西欧家具型(家庭装饰器具型)柜子的实例

　　根据外形的不同,把装饰西欧房屋的柜子(chest)类型增加一两项。即使在使用椅子的西欧房屋,箱形也是柜子(chest)的基本形态。在下面安上短腿或木条做的腿等,就具备了家具的特点。图3-48和图3-50就是这种类型的柜子。比利时西北部的柜子(chest)(图3-50)是1400—1420年制作的,是佛柳特休塞博物馆的藏品。橡木制造,大小是$110l \times 53w \times 55h$(厘米)。底部两侧安

图3-50 柜(chest) 比利时 佛柳特休塞博物馆 Penelope Eames; Medieval Furniture, The Furniture History Society London, 1977, plate 47B.

装了橡木木条,木条前端雕刻成动物爪子的形状。根据E.柯莱特的研究,这种木条被称为"压条 (battens) 或滑道 (runners)",是从制作这个柜子 (chest) 的时候开始使用的。木条腿,在使家具保持平衡的同时,因非常光滑,所以在移动家具的时候可以避免伤害地板[1]。柜子正面模仿教堂的玫瑰窗精心雕刻了图案,制作样式与家庭装饰器具非常吻合。这种类型的柜子有很多种,例如安装了球形的腿或利用车工工艺制作的短腿、在底部安装带有凹形边饰的支架等。正面的设计,或是绘制图案,或是采用镶嵌工艺和雕刻图案,还有的是安装半露柱。

下面要列举的是放在底座上的柜子(chest)。图3-51是1600年左右阿尔卑斯地区使用的柜子 (chest),使用松柏类木材制作。大小是 $170l \times 68w \times 90h$ (厘米),底座很大,其自身的高度就有38厘米。由柜子和底座构成的这种结构,大概是为了方便搬运,并使之具有与家具相称的高度和外观。

底框型是在底部安装固定的底框,通过安装比柜体幅度稍宽的底座,使柜子 (chest) 看起来更加富丽堂皇。人们通过哥特式和

---

1. Erih Klatt, Die Konstruktion alter Möbel, Julius Hoffmann Verlag, Stuttgart, 1977, p.15.

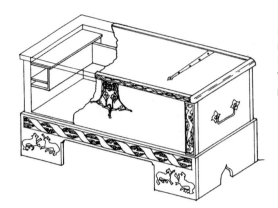

图3-51 阿尔卑斯山柜（chest）Erih Klatt; Die Konstruktion alter Möbel, Julius Hoffmann Verlag, Stuttgart, 1977, p.21.

文艺复兴式来体现时代特点，并加入地区特色，设计制造了各种各样的柜子。图3-52是15世纪法国的柜子(chest)，是维多利亚和阿尔伯特博物馆的藏品。大小是$188l \times 70w \times 89h$（厘米）。柜子(chest)的下部安装了凹凸加工的45毫米厚的底框。盖子和柜体均使用胡桃木厚厚的实木板制作，上面精心地用力雕刻出哥特式风格的"尖拱"。

意大利大箱 (Cassone) 是文艺复兴时期意大利北部模仿古代石棺制作的婚礼用柜子(chest)，可以说是家具型柜子的一种。图3-53是大约1560年制作的柜子，是维多利亚和阿尔伯特博物馆的藏品。柜体是胡桃木制作的，正面和侧面均刻有浮雕，正面雕刻的是手持盾牌的丘比特，侧面雕刻的是狮子和马拉的战车等古典派主题。

下面要列举的是具有长腿的柜子，这种柜子可分为以下几种类型。其中，前面提到的侧面厚板至地型，是一种将侧板延长直接当柜腿使用的实用性柜子(chest)，被用于西欧中世纪农民家里的

图 3-52　柜（chest）　法国　维多利亚和阿尔伯特博物馆　照片：维多利亚和阿尔伯特博物馆

图 3-53　意大利大箱（cassone）意大利　维多利亚和阿尔伯特博物馆

仓库。这种柜子的特点是使用的板材数量少、样式简朴，与其他类型的柜子相比，似乎几乎没有雕刻和涂色。作为平民的收纳家具，17—18世纪人们对这种家具的需求不断增加，前面列举的可谓是它的先驱。图 3-54 是 13 世纪瑞典的柜子 (chest)，连接处用铁箍加固，装有多个可用来吊起的环儿。图 3-55 也是 13 世纪的柜子 (chest)，来自澳大利亚，现收藏于德国柏林博物馆。这个柜子 (chest) 使用了大量的铁箍加固，铆钉本身就起到了装饰性的效果。侧板底部制成了拱形。安了两把锁，没有安装用来吊起的环儿。

哈奇型 (hutch) 与之前提到的柜子不同，其结构是在四角的腿上装入侧板和底板，历史悠久。图 3-56 是马德里考古博物馆收藏的公元前 4 世纪古希腊花瓶上的画，画上描绘的是一种被称为"克波托斯 (kibotosu)"的用来收纳衣服和贵重物品的柜子 (chest)。在希腊人的家里，没有厨子和多屉柜，收纳用具除了柜子 (chest) 以

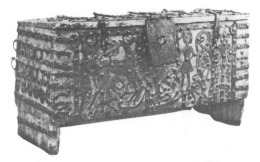

图3-54 柜（chest） 瑞典 Eric Mercer: Furniture 700—1700, Weidenfeld and Nicolson, London, 1969, p.39.

图3-55 柜（chest） 澳大利亚 德国柏林博物馆 Das Deutsche Zimmer, p.28.

外, 还有大大小小的箱子、瓶子和筐等[1]。埃及当时已经出现了这种样式的柜子 (chest), 埃及被亚历山大大帝征服以后, 这种柜子被带到了希腊, 进而经由黑海传播到欧洲各地。画面上一个女子坐在"克波托斯"上, 除此以外, "克波托斯"还被用于工作桌等, 用途很广。哈奇型通过了黑暗时代, 开始被用于西欧中世纪的教堂。进而还被作为家庭用具而普及开来, 在装饰、构造两个方面呈现出合理的多样化发展。柜体两个侧面是格子形状的被划分为哈奇1型, 只用木板制成的被划分为哈奇2型。其中哈奇1型多用于教堂, 我们把它与带有屋顶形盖子的柜子 (chest) 一起放在下一章论述。哈

---

1. 键和田务,《西洋家具的历史》, 家具产业出版, 1989, p.35。Peter Anker, Chests and Caskets, C. Huitfeldt Ferlag, Norway, 1982, p.10.

奇2型从家用的衣柜到煤箱,种类繁多。

图3-57是罗马尼亚现代的哈奇,收藏于国立民族学博物馆。还有与之样式配套的橱柜、桌子、凳子等。大小是 $85.1l \times 46.8w \times 59.4h$ (厘米),重14.8千克。其上面生动的几何学图案的线条雕刻和侧板的接合方法等,都沿袭了中世纪的制作样式,时至今日人们依然在制作这种柜子,并把它当作婚礼家具,这让人感到非常吃惊。但是,这种柜子的制作工艺较为粗糙。国立民族学博物馆里还收藏着后

图3-56　克波托斯(kibotosu)
希腊　马德里考古博物馆　键和田务,《西洋家具的历史》,家具产业出版,1989,p.35。

面将要论述的19世纪保加利亚哈奇型餐柜(图3-65),可见作为收纳用具,这种类型的柜子在欧洲普及范围之广。

嵌镶式(panelled)是指在具有一定强度的木框上抠槽,向里插入薄板(panel)制成的柜子,有关其构造特点我们将在"民族技术与箱"的章节里讨论。把框架比作画框,是这种柜子的一大特点,利用这种画框效果,拼接了很多极富装饰意识的嵌板。这是把房屋装饰得更加漂亮的一种方式。图3-58是16世纪初期英国的柜子(chest),收藏于维多利亚和阿尔伯特博物馆。橡木制作,大小是 $102.9l \times 45.1w \times 60.3h$ (厘米)。横框榫接在竖框上,竖框延伸到地面的部分当柜腿使用,竖框被分割成小块。木框上刻了槽,里面嵌入了刻有"折叠亚麻布"图案的薄板,这种图案是后期哥特式家具模仿折叠的布褶设计的图案。

图3-59也是英国的柜子,大约1620年制作,收藏于维多利亚和阿尔伯特博物馆。橡木制作,大小是 $177.8l \times 67.3w \times 85.1h$ (厘米),用柊木和橡木的木化石拼出当时流行的花梗图案。

图3-57 柜（chest） 罗马尼亚
国立民族学博物馆

图3-58 柜（chest） 英国 维
多利亚和阿尔伯特博物馆 照
片：维多利亚和阿尔伯特博物馆

图3-59 柜（chest） 英国
维多利亚和阿尔伯特博物
馆 照片：维多利亚和阿尔
伯特博物馆

西欧储存型柜 (chest)

西欧储存型柜 (chest)

　　前面论述的有关日本仓库的功能中提到的收纳空间的必要性问题，也适用于西欧的住宅。如果没有收纳空间，人们的日常生活空间就会因使用频率低的物品和季节用品等变得混乱不堪，刻有生活历史印记的各种物品也只能丢掉。但是，人们对西欧住宅里的仓库却知之甚少。原因是，即使是被开放的住宅，人们所能参观的也仅限于装饰美丽的大厅和走廊等表面的空间。有关西欧住宅的书籍也同样如此，仓库基本都被排除在构造图和照片之外。仓库虽然平时被人们所遗忘，但正因为是人们很少进入的仓库，所以它才是人们精神生活上的一个重要空间。而储存型柜 (chest) 则在仓库里起到保护里面重要物品的作用。下面我们来列举几个典型例子。

　　在第二章提到的在蒂罗尔南部发现的用一根木头挖制的柜子，是储藏粮食的柜子，属于典型的与搬运和装饰无关的储存型柜 (chest)。那么，没有盖框的，样式简朴的箱形柜子又有哪些呢？图3-60是现在保存在伦敦公共档案馆的柜子，被称为"加莱条约之柜"。该馆相当于日本国家档案馆，在收集重要档案的同时，作为容器的柜子也被一起收集到了那里。制作时间大约是1360年，材料是橡木，大小是 $94l \times 23w \times 24h$（厘米）。盖子上刻着"1360年10月24日，英国和法国在加莱缔结和约"，是有关百年战争的重要历史资料。这个柜子与第六章的"大卫·B.拉昂扎姆柜 (chest)"不仅大小、构造相同，而且根据树木年轮年代学分析的结果证明，这是用一根木料制作的

图3-60　保险箱（coffer）　英国　公共档案馆　Early Chests in Wood and Iron, Her Majesty's Stationary Office, 1974, fig.2.

柜子[1]。这个柜子因曾被放在大型柜 (chest) 中，而得以保存良好，可以说是储存型柜子中一个非常好的例子。

　　图3-61是牛津大学图书馆的柜子 (chest)，231.5l×66.2w，盖子厚达4.9 (厘米)。柜体非常大，无法从门搬进来，很可能是学校建成后不久利用运进来的材料在馆里制作的，制作时间大约是1440—1445年。柜子结构简单粗糙，用钉子把没有接缝加工的厚木板钉在一起，然后再用没有装饰的铁箍加固。在印刷技术还不发达的中世纪，大学、教堂、修道院等都把珍贵的书籍放在带很多锁的柜子里，严加保管。即便是个人，也是像前面所说的那样保存书籍，17世纪中期的一封遗书还提醒子孙注意要防止书籍被虫子啃坏。人们还在木制的箱子上包上铁板，制作更加坚固的储存型柜子 (chest)。而书架则是在很久以后才出现的。

　　为婚礼准备的、用于装饰起居室的婚礼用柜，随着时代的推移也难以摆脱最终被移放到仓库里的命运。图3-62是奥斯陆国家美术馆展出的挪威塞特河谷老百姓家仓库里的情景 (1963年摄影)。像以前没有衣柜的时候一样，衣服被挂在钩子上。左边带有球形腿的绘有玫瑰图案的柜子 (chest) 上标注其制作年代是1947

1. Jenning, Early Chests in Wood and Iron, Public Record Office Museum Pamphlets, No.7, Her Majesty's Stationery Office, 1974, p.6.

图3-61　柜(chest)　英国　牛津大学图书
馆　Penelope Eames: Medieval Furniture,
The Furniture History Society London,
1977, plate 48A.

图3-62　仓库　挪威　奥斯陆国家美术
馆　Peter Anker: Chests and Caskets,
C. Huitfeldt Forlag, Norway, 1982, p.44.

年。柜子正面除玫瑰以外，还绘制了郁金香和康乃馨等，这是巴洛
克时代开始流行的花纹。即使是在挪威的农村，在1750年以后也
有"乔伊纳（即打造木制家具的工匠）"开始制作这种柜子，柜子上
的图案由"玫瑰画家"们绘制。在城市和乡村，这种柜子的拥有者
都是有地位的人。

　　然而，18世纪以后，上流阶层的人们和城市居民对柜子的看法
发生了改变。他们逐渐对传统的象征身份的柜子(chest)失去了兴
趣，转而对便利的橱柜产生了兴趣。为满足这一需求就出现了橱
柜生产者。相反，在那之前基本没有柜子(chest)的地方，随着生活
的日渐富裕，人们的住宅开始大型化，产生了对保管私人财产的需
求，于是前面提到的那种柜子(chest)开始迅速普及。事实上，也有
很多的柜子(chest)保留了下来。农村有保留老规矩的习惯，图上
描绘的仓库里的情景，据说与一个世纪以前完全相同[1]。图3-63描

---

1. Peter Anker, Chests and Caskets, C. Huitfeldt Ferlag, Norway, 1982, p.44.

图3-63 老妇人、孩子与柜（chest）Peter
Anker: Chests and Caskets, C. Huitfeldt
Forlag, Norway, 1982, p.6.

述的是，在仓库里，一个老妇人从柜子 (chest) 里取出各种物品，向孩子们讲述与这些物品有关的故事。

西欧的厨房与柜子

英国的厨房里使用了一种可拆卸型柜子 (chest)，里面放置面粉、水果干、面包、奶酪等。图3-64是英国伊普斯维奇博物馆展出的一种被称为"约柜 (ark)"的屋顶型柜 (chest)，其盖子的棱线部位由平板构成。据推测这个美丽的橡木柜 (chest) 制作于16世纪末至17世纪初。正面为框架结构，里面装有嵌板，盖子的开关装置和侧面的结构沿袭了古老的制作样式。M.菲尔比指出，这种拔掉木栓就可以把柜子拆开的结构，不仅可以有效避免钉子生锈污染小麦粉，而且有时也需要把整个柜子拆开以便对柜子内部进行清扫[1]。

图3-65是国立民族学博物馆收藏的用旧了的保加利亚柜 (chest)。标签上虽然标注的是餐柜，但笔者认为这种柜子不大便于收纳日常餐具。大小是 $113l \times 55w \times 71h$ （厘米），重33.6千克，其外形属于哈奇2型。柜子里面，有被认为是使用者后加上的分隔。其特点是，盖子、侧面、底部均由橡木壁板形状的窄幅板子构成。

图3-64　约柜（ark）　英国　伊普斯维奇博物馆（右）

图3-65　柜（chest）　保加利亚　国立民族学博物馆（左）

这种结构是中世纪以后产生的，17世纪至18世纪，从北欧至东欧各国都非常盛行。正面用线条雕刻了圆、圆弧、直线等构成的几何学图案，用白色颜料涂色。这种线条雕刻，不仅在前面提到的罗马尼亚现代婚礼用柜上曾出现过，而且在后面将要论述的匈牙利衣柜（图4-46）上也可见到。

西欧箱、柜子（chest）的制作

前面论述了日本箱柜类容器的制作，下面我们来稍微看看西欧的手工艺者。精通木材加工技术的木匠，制作所有的木制品。长期以来，家具也属于他

图3-66　15世纪的乔伊纳（即木匠）及其家人　R. Delot: Life in the Middle Ages, Phaidon, London, 1974, p.329.

们的制作范畴。但是，随着时代的发展，木匠的分工逐渐出现了分化。在德国，在卡洛林王朝统治初期的1037年，专门制作箱子和柜子(chest)的工匠们拿到了最早的基尔特许可证[1]。这与用加工好的板材制作箱子这一技术革新的兴起基本是同一时期。

基尔特是相同行业的手工业者组成的团体，在中世纪末期的英国称之为"同业公会 (mistery)"，当时包含了几个与箱子制作有关的同业公会。其中之一就是制作包有皮革的小型柜子 (chest)、皮椅、凳子等的保险箱生产商，这一名称首次出现在1328年伦敦市内的同业公会名簿上[2]。1373年，公会从同业者中选出两名管理员 (wardens) 和监督员 (surveyors)，向市当局请求允许他们对徒弟的雇用和产品质量拥有核查权。管理员的职责是找出不合格产品向市长和市参事员报告等等。这一制度为确保产品质量和耐久性提供了保障。

与箱子制作密切相关的另一个技能团体是制造细木器的木工——"乔伊纳"(joiners) (图3-67)。他们正如名称所示，利用木材榫接技术制作家具、装饰暖炉的架子、房间隔断等。他们也在1373年联合起来，向市当局提出了和保险箱生产商相同的申请。也就是说，同业公会是由身负某种技能并以此维持生计的人们组成的集团，为了一直垄断本行会的业务，当想秘密进行的工程被人抢走或是外来产品增多等这类威胁到他们既得权利的事情发生时，他们就会采取集体防御行动。例如，1483年，保险箱生产商的同业公会在佛兰德斯产的进口柜使他们的工作陷入危机时，就曾向英王理查德三世请愿。佛兰德斯当时拥有先进的家具生产业，那里的工匠创造出了新的家具装饰样式——折叠亚麻布图案。迫

---

1. Erih Klatt, Die Konstruktion alter Möbel, Julius Hoffmann Verlag, Stuttgart, 1977, p.15.

2. R. Edwards, The Dictionary of English Furniture, Barra Books, 1983, vol.2, p.108.

于公会的压力，英王下达命令，经营进口家具的人将剥夺其会员的资格，在这一条件下，终于达到了禁止进口的目的。这虽然在短时期内具有一定的效果，但是英王去世后，这一规定就失去了其实质性作用。

图3-67　乔伊纳的作坊　挪威，1568
Peter Anker: Chests and Caskets, C. Huitfeldt Forlag, Norway, 1982, p.24.

"乔伊纳"公会的规章之一，记载了制作餐柜、桌子、椅子、凳子等所需的准确木材数量。而且明确强调公会成员以外的人不准制作木器家具，也不准经营制作家具所需的材料。但是，他们的工作范围与木匠的工作很难划出明显的界限，1632年，两者之间就产生了纠纷。于是，英格兰和爱尔兰的市参事会员法庭在辩论之后制定了六项规定。规定内容是，基本以榫接方法为主制作的家具、门、门框、楼梯、室内铺的镶板等的专营权归"乔伊纳"所有。在箱子的制作方面，"乔伊纳"享有用糨糊粘贴或用木钉接合的框架结构制成的所有箱柜、用同样方法制作的所有种类的橱柜、箱子 (box) 盒等的专营权[1]。也就是说，他们与手工粗糙的木工不同，通过燕尾榫接、斜接等高水准的工艺来制作美观的框架，以及用便宜的材料制作框架和基础，然后在其表面装饰上用锯锯出的昂贵而又漂亮的木材薄板，即所谓的粘接技术的使用者。

"乔伊纳"公会与车工之间也产生了权利争夺上的纠纷。这是

1. R. Edwards, The Dictionary of English Furniture, Barra Books, 1983, vol.2, p.272.

因为，在英国，自古以来利用车工工艺制作的产品作为家具的构成部件一直占有重要的位置，尤其是很多桌子和椅子都是使用车工工艺制作的。争论的结果，确定了各自领域的专属性，虽然使用的是榫接方法，但是床柱和榫接木凳等多使用车工工艺制作的家具，被归为车工的工作范围。这一判决也是由英格兰和爱尔兰的市参事会员法庭作出的。17世纪，在挪威的卑尔根，"乔伊纳"和木工也产生了纠纷，于是规定了各自工种的区别。但是在地方上，房间隔断等大规模的框架仍然由木工制作[1]。

我们再来看看师傅与徒弟的关系。虽然不同的行业存在着若干差异，但是师傅 (master, Meister) 是自由人，他们拥有自己的住所，有雇用徒弟、靠自己的技术制作物品、贩卖物品的自由。徒弟的雇用年限最低是7年。这是因为若想熟练地掌握技术，就至少需要7年的时间，师傅有责任把徒弟培养成一名合格的工匠。另外还规定除了徒弟被合理解聘的情况外，师傅不可以雇用其他的徒弟和用人[2]。他们的工作时间随季节的不同而变化。14世纪，伦敦的冶炼厂在11月至1月昼短夜长的这段时间，徒弟要从早晨6点工作到晚上8点；在2月至10月昼长夜短的这段时间，要从拂晓工作到晚上9点，基本上是从日出工作到日落。正如在柳编工艺部分叙述的那样，日本律令制规定，日头短的阴历10月至正月这段时间为短工，日头长的4月至7月这四个月为长工，介于中间的那段时间为中工，以此来规定工匠一天的工作量，这个规定与欧洲的情况相同。当然，西欧中世纪时期有油灯、火把、蜡烛等，徒弟有时也在这些照明设施下工作。但是，人们坚持认为顶级的工作必须在充足

1. Peter Anker, Chests and Caskets, C. Huitfeldt Ferlag, Norway, 1982, p.28.
2. 约翰·哈维著，森冈敬一郎译，《中世纪的工匠》，原书房，1986，p.77—78。

的日光照射下才可以进行[1]。低水平的工作应该受到严格的惩罚，这是行会公认的哲学。

虽然同业公会采取了各种抵制措施，但是在英国，外国工匠制作的家具被视为"高级家具"而不断地进口到国内。到16世纪末期，国内生产的家具只能作为填补进口家具的缺口而存在[2]。在亨利八世和伊丽莎白女王执政时期，王室御用工匠的账单证明，不仅是国王，就连执掌王室家政的人们，虽然仅是一部分，但使用的也是非常昂贵的进口柜子 (chest)。例如，保险箱 (coffer) 上装有西面包金的四联抽屉，深红色的天鹅绒用镶金的铆钉固定，非常豪华。另外，在亨利八世手下做伦敦塔治安官的 J. 盖奇卿在1556年编写的家产目录上，记载了各种各样的用具。其中柜子 (chest) 的分类下，品目1是带腿的大保险箱 (coffer)，品目2是佛兰德斯产的外表包装了黑色皮革的带铁箍的保险箱 (coffer)，品目3是装亚麻布的"温斯科特"。"温斯科特"在德语里原指马车，现在指橡木纹理不匀整的木材，英国产的质朴的柜子 (chest) 也被称为"温斯科特"。1583年，在搬进凯尼尔沃思城堡的莱斯特伯爵罗伯特·杜德利的家产目录里，也记载了几个被认为是佛兰德斯产的外表包了皮革的柜子 (chest)。上流阶层根据不同的用途分别使用不同的柜子 (chest)，其中就包含了可称之为皮箱原型的包有皮革的保险箱 (coffer)，高级的保险箱 (coffer) 均产自佛兰德斯。前面提到的被称为所谓的保险箱的坚固的镶有铁板的保险箱 (coffer)，有名的也是德国产的，现在在英国还保存有很多这种箱子。

到了文艺复兴时期，人们开始对包括柜子 (chest) 在内的家具精雕细琢，于是之前被人们喜爱的橡木被淘汰了，胡桃木开始大受

---

1. 约翰·哈维著，森冈敬一郎译，《中世纪的工匠》，原书房，1986，p.120—121。
2. R. Edwards, The Dictionary of English Furniture, Barra Books, 1983, vol.2, p.10.

欢迎。然而，英国没有胡桃木，他们不仅从意大利和法国等国进口胡桃木，而且还引进种子人工造林。此外还进口波罗的海沿岸重量轻的云杉木材，用来制作抽屉和皮箱。人们对优质产品的强烈需求，使得公会对进口产品的限制难以奏效。英国保险箱生产商公会，后来被合并到制作皮包的工匠公会，1517年，又被经营皮革制品的商人公会所合并。包有皮革的保险箱(coffer)虽然仍然在制作，但外表用豪华的"那不勒斯产天鹅绒"等包装的保险箱(coffer)也用黄铜制的装饰性铆钉固定。铆钉本身就是重要的装饰元素，王冠等的图案上也钉有铆钉。另外，用科尔多瓦皮革包装的小箱也非常受欢迎，这种皮革用产自西班牙科尔多瓦的山羊皮制成。

　　不久，橱柜生产商组成的同业公会，作为与保险箱生产商、制造细木器的木匠、车工等不同的、独立的职业领域，得到了认同。英国于1660年组成了橱柜生产商的同业公会[1]。与制造细木器的木匠相比，他们拥有高超的木工技术，制作带有优美曲面的橱柜，把模仿古希腊多利安式和爱奥尼亚式柱子设计的半露柱和女神像组合到框架上，在插入框架的嵌板上雕刻徽章、人物像、圣经故事或绘制玫瑰、郁金香等，使用木块拼花工艺来装饰柜子。他们在雕刻家和画家的协助下，制作文艺复兴风格的柜子 (chest)。德累斯顿历史博物馆收藏了一份被推测曾是奥古斯特·冯·在亨 (1556—1586) 使用的工具目录，奥古斯特·冯·在亨是自由人并享有选举权，目录中列举了制作橱柜使用的161种工具、216种雕刻用工具、94种木雕用工具。其中包含了平刨、荒刨、刨削拼缝的刨子、刨削硬木的刨子、边刨、槽刨等专业工具[2]。

　　到了17世纪，英国藤椅生产者也提出要从筐的制作者公会中

1. R. Edwards, The Dictionary of English Furniture, Barra Books, 1983, vol.1, p.200.
2. Erih Klatt, Die Konstruktion alter Möbel, Julius Hoffmann Verlag, Stuttgart, 1977, p.16.

独立出来，组织自己的同业公会，这一要求得到了批准。不久，爆发了产业革命，随着商业资本运作下的远距离贸易的大幅开展，同业公会的垄断地位逐渐瓦解。17世纪以后，家具领域逐渐被橱柜生产所统一，18世纪初期安女王时代以后，橱柜 (cabinet) 一词成为箱形家具的总称。到了18世纪中期，随着家具生产的大规模化，之前存在的橱柜生产者、椅子生产者、制造细木器的木匠、用布包装家具的工匠等从事的工作被统一起来，形成了一个共同的组织。经营范围扩大，贴壁纸和贴金箔等工种也被吸收进来。开始了一种新的经营模式，即出版商品目录，以此来招揽顾客。其中著名的是1754年出版发行的齐本德尔编写的《家具指南》，在列举的名单中，可找到大约100家生产橱柜的企业[1]。1760年，由橱柜生产者和用布包装家具的工匠组成的协会创办了《情调高雅的家庭用家具》，并定期出版发行，直至19世纪。这些都是顺应新的时代而采用的新的流通方式。在这个商品目录中，几乎找不到柜 (chest) 和箱 (box) 之类的家具。橱柜占据了当时家具的主流地位。

---

1. R. Edwards, The Dictionary of English Furniture, Barra Books, 1983, vol.1, p.201.

第四章

信仰与箱

本章围绕人类的精神活动——信仰与箱的关系这一问题，分别就日本和西欧的情况进行探讨和研究，并介绍关于箱子的传说。

伊势神宫的祭祀与箱

伊势神宫主要由被称为正宫或内宫的皇大神宫和被称为外宫的丰受大神宫构成，此外还包括月读宫、月读荒御魂宫、伊佐奈岐宫、伊佐奈弥宫、泷原宫、泷原并宫、伊杂宫、土宫、月夜见宫、风宫等众多别宫、摄社、末社等。在这些神社举办的祭祀仪式很多，例如每年都要举办的神御衣祭和神尝祭、天皇继承皇位的仪式——践祚大尝祭、式年迁宫等。我们来看看在这些祭祀仪式上所使用的柜子和箱子的种类以及它们的用途。

神御衣祭与箱

"神御衣"是指向神供奉的衣服，伊势神宫在每

图4-1 织造"和妙" 伊势
神宫 摘自伊势神宫宣传册

年的春季和秋季举办神御衣祭,其重要性仅次于神尝祭,是有着古
老历史渊源的祭祀活动。其活动内容主要为以下一系列仪式:首
先在松阪市大垣内町的,一般称为"下机殿"的神服织机殿神社织
造"和妙衣"即绢布衣(图4-1),在距离该神社3公里的松阪市井
口中町的,一般称为"上机殿"的神绩麻机殿神社织造"荒妙衣"
即麻布(图4-2),然后将绢布衣和麻布配上针线等缝纫用具,把它
们供奉于十几公里远的皇大神宫(内宫)和它的别宫——荒祭宫。

　　神御衣祭的意义与后面将要论述的神尝祭意义相同,据说是
通过奉上新衣服等用品,祈求神能够焕发更加强大的威力,而且祭
祀活动举办的时间正好与季节变
化一致,似乎被理解为"替神穿的
衣服换季"。

　　《延喜式》中首先规定了织造
布匹的数量和规格。布匹分两种,
"和妙衣"长4丈,幅宽分1尺5寸、
1尺2寸、1尺三种,各8匹,共计24
匹。搬运这些布匹,需要2个韩柜。

图4-2 织好的"荒妙" 伊势神宫
摘自伊势神宫宣传册

一个柜子放"和妙衣"，另一个放长刀、短刀、锥、针等金属器具。其他的线和各种细绳放在编制的箱子里。书中对这个箱子没有任何记载，推测大概是与金属器具一起放在韩柜里。另外还预备了一个韩柜，用来放神绩麻机殿神社织造的80匹"荒妙衣"，以及刀子、针等物品。在荒祭宫也供奉"和妙衣"13匹、"荒妙衣"40匹。韩柜和编制的箱子的数量相同，举办神御衣祭使用的韩柜共计6个，编制的箱子2个。

接下来《延喜式》还详细规定了织布的规矩、神官们穿的衣服、祝词、将玉串[1]敬献到神前礼拜的规矩、将各种供品供奉到以正宫为首的各个神社，而且还规定了织布的两个机殿的装饰、需要使用的线、服务人员的食物等。织布的规矩是指，在前一个月的最后一天，也就是4月30日和9月30日下午，由神宫派三名神官前往神服织机殿神社，清扫机殿，翌日1号清晨，与织布的人们一起举办神御衣奉织始祭，并由此开始举办的仪式的细节。织布的人被称为"奉织工"，奉织工需要斋戒沐浴，身着白衣白裙，按照古法纺纱织布。这一代代相传的技术被指定为松阪市的无形民俗文化遗产。关于放置线和各种细绳等的编制的箱子、用于搬运的韩柜的尺寸和制作方法，《延喜式》中没有任何记载。因此，从神宫征古馆展出的展品来看，现在不只是线和细绳，就连织好的布也被放在编制的箱子里。这种编制的箱子是后面将要论述的柳箱，大号的12个，中等型号的3个，小号的2个，共计使用了17个柳箱。可见其数量要比古代多。

举办祭祀仪式的前一天清早，在两个机织殿神社，要把织好的布供上，把供神的币帛立起来，举办感谢圆满完成奉织任务的祭祀

---

1. 玉串是指献神用的杨桐树枝，带叶，缠以白纸和楮树皮纤维制作的白布或带子。——译注

图4-3 神御衣祭的
队伍 伊势神宫 摘
自伊势神宫宣传册

仪式。傍晚，装有供品的6个韩柜，由权弥宜和宫掌两位神官陪伴，
在前后两名卫士的保护下徒步穿过伊势街道向外宫进发。当天，
当地的人们会停下手中的农活，目送韩柜离开。运送韩柜的队伍
到达外宫，小睡片刻后，在5点赶到宇治桥。十几年前，布匹之类的
供品就是这样搬运的。现在因为是用汽车护送，所以只能在仪式
当天，在前往内宫参拜的路上才能看到抬辛柜的队伍(图4-3)，时
间是从正午开始。

　　各个神社都把这种用韩(辛、唐)柜搬运币帛的活动视为彰显
自己神社地位的仪式，因而对其极为重视。现在皇室也会向旧官
币社献纳币帛供品，福冈市的筥崎宫就备有一套辛柜、摆放币帛供
品的云脚台、绣有菊花家徽的豪华锦缎盖布，具体如图4-4所示。
在重要的祭祀活动上，放有币帛供品并蒙上了盖布的辛柜，将在众
人的注视下搬运。

神尝祭与箱

　　神尝祭是指为了向神奉献新谷而举办的祭祀仪式，在10月17日
举办的仪式上，天皇要将当年收获的新谷供奉到伊势的皇大神宫。

图4-4　辛柜和云脚台　福冈筥崎宫

《延喜式》中详细记载了仪式的举办情况。供品首先是以前面提到的御衣为首的绢、线、棉、布、木棉、麻等为织造五彩币帛而准备的布。其次是腊肉、小沙丁鱼干、鲣鱼、鲍鱼、盐、油、海藻、米、酿酒用的米、神酒等供品。其中不包括年糕、豆类、鸟兽、蔬菜、糕点等，数量虽多但种类少，非常简朴。接着又规定了需商量决定带穗的稻捆由属于神宫领地的哪个村子提供以及所需的数量，还列出了装饰神殿的物品，首先是挂在门上当帷幔使用的丝织品，其他还有装饰神殿的布、帖、短帖、席子等物品，大瓮、浅瓮、酒盏、高盘、平盘、酒壶、素陶酒杯等多达4 500个盛放供品的器皿。而且还记载了摆放这些物品所需的案子10个、切案10个、高案8个、大案10个等。仪式所需的箱子有著足折柜80个、折柜200个，可见祭祀仪式之隆重程度。但是，《延喜式》里没有记载这些箱柜的尺寸和制作方法。这与陶器之类的容器由住在附近的、神宫属地的村人制造这一记载形成了鲜明的对比。也许是出于某种原因，没有记载的必要性。折柜虽然很多，但《延喜式》中出现的有关著足折柜的记载仅此一处。其样式有可能是《鸟兽戏画》中描述的在折柜的侧面安装了腿的柜子，或是图4-5所示在底部拼成十字形的木板台子上放置了柜体的、原色木料制作的食案。另外，《延喜式》中虽然没有列举辛柜，但是仪式上需要供奉数量如此之多的供品和币帛、线等，所以必然也会用到辛柜。

践祚大尝祭与箱

"践祚"的意思是即位，"践祚大尝祭"是天皇继承皇位后首次举办的向神敬献新谷并亲自食用新谷的仪式。《延喜式》卷七神祇七记载的就是践祚大尝祭，其开头部分写到，7月以前即位的天皇于当年举办践祚大尝祭，8月以后即位的天皇于翌年举办践祚大尝祭。现明仁天皇是平成元年1月即位，但其践祚大尝祭却是在平成二年11月举办的，可见在漫长的历史发展过程中践祚大尝祭也发生了变化。

山仓盛彦对举办仪式的意义作了如下阐述[1]。古人认为太阳是所有生命的本源，太阳每年在冬至那天死去，然后再复活，永不灭亡。新尝祭是为了祈求太阳复活，而供奉具有养育生命符咒力的食物。另一方面，天皇被认为是天照大神的后裔，是神的后代，是太阳之子。所以，天皇每年也要"尝新"，即食用当年收获的新谷，以此来获得新的力量，继承皇位后首次举办的尝新仪式被特指为大尝祭。

我们来看看《延喜式》对大尝祭中箱子的使用方法是如何规定的。正因为是与天皇即位有关的仪式，所以书中列举了以大尝殿的木料为首的大量的物品和人。然而，令人感到意外的是列举的箱子却很少，只是把与酿酒有关的4个明柜、22个折柜、2个韩柜、1个大明柜、2个其他用途的明柜与臼、酒槽、案子等列举在一起。此外还列举了2个在大尝殿用来放币帛的柳箱、2个似乎是用来放被子等

---

1. 山仓盛彦，"大尝祭的本质"，《即位大尝祭及其周边》，东京经济，1989，p.8—11。

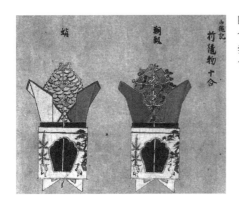

图4-5 大尝祭上使用的折柜 山仓盛彦，"大尝祭的本质"，《即位大尝祭及其相关事项》，东京经济，1989，p.27。

布类物品的柳箱。没有明确记载这些箱柜之类物品的样式。

　　其中较多的就是盛放供品的柳箱，乌贼、河豚、鲑鱼、鲣鱼、海带、海藻、海苔等海产品，柿饼、熟柿子、栗子、梨、柚子等水果，大豆和小豆馅的年糕等总共28种供品被盛放在542个柳箱里。《延喜式》中记载的其他箱子还有放小刀的折柜2个、修理箱、布手巾箱、御枚手[1]箱、饭箱、鲜物箱、干物箱、筷子箱、糕点箱、放大殿供品——16块布的柳箱2个。图4-5是《即位大尝祭及其相关事项》[2]中出现的供品和盛放供品的器皿，该书翻印了描绘江户时代仪式情景的彩色画卷。原色木料制成的器具所具有的简朴的纯洁感，是人们尊敬神灵、向神灵祈愿、表达感谢之意的外在表现。

供品的搬运

　　规模大的神社，正殿和制作供品的神馔所分别位于不同的建筑内。伊势神宫，在被称为"忌火屋殿"的神馔所制作供品（神

1. 御枚手：盛放供品的祭祀用具，用细竹钉把几枚槲树叶子固定制成的盘子形状的容器，后世把这种形状容器称为"御枚手"，也有木制和陶制的。——译注
2. 山仓盛彦，"大尝祭的本质"，《即位大尝祭及其相关事项》，东京经济，1989，p.27。

图4-6 供品的搬运 伊势神宫 摘
自伊势神宫宣传册

图4-7 辛柜 伊势神宫

馔·大御馔)，做好的供品被放在辛柜里，并排摆在建筑物旁边一
个略微高起的地方，即被所，举行被除仪式。这样经过人手触碰的
柜子，就会转化为洁净的柜子。这些被拦上稻草绳以保持洁净状
态的辛柜，如图4-6所示，被运往各个神社。这些大量的辛柜必须
准确无误地送往级别不同的各个神社，为了避免中途打开盖子查
看里面的供品，据说人们在盖板上制作一个斜的切缝，把写有供品
内容的纸条插在里面。这种不引人注目的搬运供品的工作，每天
重复进行，据说已经持续了一千数百年。下雨的时候，会在辛柜表
面苫上一种被称为"雨皮"的具有防水功能的盖布。

　　图4-7就是所用的辛柜。丝柏木制作，采用榫接的方式，用溲
疏制作的木钉接合，没有着色，是原色木料制成的柜子，盖子和柜
体的棱角处模仿银杏果的外形加工成圆弧状。辛柜每使用一年，
就要换新的。

式年迁宫与辛柜
关于式年迁宫和辛柜

　　众所周知，伊势神宫的"式年迁宫"是指每隔20年就要重新修

建神殿迁移神体。这一制度的起源可追溯至天武朝,昭和四十八年年是第60次迁宫。对于其意义,一般认为是因为宫殿老化而进行重建。但是,大量的神社宝物之类的物品也要重新制作,在第60次迁宫时奉献的神社宝物和装饰之类的物品数量很多,2个正宫以及14个别宫所用装饰525种1 085件,神社宝物189种883件,共计714种1 968件[1]。这些都被放在箱子和柜子里,安放在神殿深处,因此很难想象经过20年就老化到无法使用的程度。虽然没有伊势神宫要求的那么严格,但是也有一些神社具有式年迁宫的传统。也许人们在内心深处存在着像在新尝祭部分所说的为神灵更新换季的想法。20年的时间间隔,与人类创造新生命的周期相同,据神社宝物的制作者说,若想把如实地再现这种极其精致的神社用具的制作技术传承下去,其周期最多不能超过20年。

祭祀活动从在山里砍伐树木的山口祭开始,之后还要举办带着工具砍伐正殿中心柱的祭祀仪式、地镇祭、为了制作把神灵迁移到新宫时使用的容器——"御船代"而举办的祭祀仪式等,这些大量的祭祀活动整体上被称为"式年迁宫",《延喜式》神祇四中对此有详细的记载。在这一系列的祭祀活动中,柜子和箱子的使用情况大致可分为3类。

第一是神殿的装饰,也就是作为在神殿里供奉各种宝物的容器而使用的箱子。《延喜式》中对于装饰太神宫的箱子,首先列举了3个柳箱。因为柳箱的作用格外重要,所以我们将在别处详细讨论。其他的箱子还有辘轳箱、本色箱子2个、韩柜8个。此外,在记载各个神社的装饰时,在布匹之外还同时提到了箱子,其中必备的就是梳子箱。梳子,在古代还被认为是神灵的代替物。这种梳子,

---

1. 村濑美树,"装束神宝与承办沿革",《神宫》,小学馆,1975,p.211。

图4-9 御梳箱 伊势神宫 "永久四

图4-8 御镜箱 伊势神宫 "承安迁宫御装束图" 年正迁宫御神宝绘卷"

四个为一组，放在一个箱子里。很多神社都只有一个箱子，但是供奉了两尊神的伊佐奈岐宫、伊佐奈弥宫、月夜见宫拥有两个箱子。

辘轳箱的样式在《类聚杂要抄》中可以查到，是一种像木碗似的用旋床旋成圆形的带盖的容器。箱子的做工非常精细，表面粘贴了锦缎，里面粘贴了深红色的绸子，带有8条长5尺的扎发髻用的紫色细绳，里面放置了两枚镜面。图4-8是"皇大神宫承安迁宫御装束图"(1171年) 中所示的御镜箱。下一个本色箱子不知道是什么，外形是一个1尺见方的箱子，里面放有用生绢粗布制作的双层袋子。

第二是韩柜的使用方法，8个韩柜在迁宫时被放在从旧殿迁往新殿的御船代里，柜里放置神灵迁宫时用来铺在路上的布匹23反[1]3丈，以及各宫的所有装饰，用来搬运这些物品。

第三是被称为"迁宫辛柜"的柜子，把在京都制作的神社宝物和装饰类物品放在里面，把它们运送到伊势。运送路线不一定每次都固定，在路上一般都是4天3宿或5天4宿。根据神宫司厅的记载，昭和四年迁宫时准备了83个迁宫辛柜。这些柜子的样式、做法、尺寸 (内侧的尺寸)、里面放置的神社宝物和装饰之类的物品、供奉的地点 (名称使用略称标记) 如表4-1所列。图4-9、4-10、

---

1. "反"是布匹的计量单位，1反布的长度是10.6米，幅宽是34厘米。——译注

图4-10 马鞍柜(左)
"永久四年正迁宫御神宝绘卷"
图4-11 胡籙柜 "永久四年正迁宫御神宝绘卷"(右)

4-11分别是"丰受大神宫永久四年正迁宫御神宝绘卷"(1116年)中所列的御梳箱、带腿的马鞍柜、底下带台子的胡籙柜。昭和四年迁宫时,占总数一半以上的47个柜子都是这种底下带台子的柜子。正仓院收藏的底下带台子的涂漆小柜 (图4-12) 就是这些柜子的先例,这个涂漆小柜据说是举办大佛开光仪式时由圣武天皇敬献

图4-12 底下带台子的涂漆小柜 正仓院宝物 正仓院事务所编,《正仓院的木工》,日本经济新闻社,1982,p.24—25。

的,里面装有碧琉璃杯和琉璃碗[1]。台子 (几案) 可以说是向神佛表达崇敬之意的装置。

柜子虽然是制作水准最高的漆器,但它在一系列的祭祀仪式中充其量也只不过就是一种容器,据说在仪式上使用一晚后,大多数都会被烧毁。在明治二年迁宫时使用的皇大神宫东御地基上,出土了红漆辛柜的柜腿,由此可知这些柜子有时也会被埋在土里,所以不会流传下来。后来,随着仪式的简朴化,柜子的制作

1. 正仓院事务所编,《正仓院的木工》,日本经济新闻社,1982,p.24—25。

表4-1　迁宫辛柜一览　伊势神宫

略称
　皇=皇大神宫,丰=丰受大神宫,荒=荒祭宫,读=月读宫,魂=月读荒御魂宫,
　岐=伊佐奈岐宫,弥=伊佐奈弥宫,泷=泷原宫,并=泷原并宫,杂=伊杂宫,
　祈=风日祈宫,多=多贺宫,土=土宫,夜=月夜见宫,风=风宫 (尺寸单位:尺)

■ 辛柜 (带腿)　34个
　朱22个　皇3,丰10,荒、泷、并、杂、祈、多、土、夜、风各1个
　黑12个　皇8,读、魂、岐、弥各1个
　　以上用来收置御神宝 (神社宝物) 和装束 (装饰)
　　尺寸:$3.1l \times 2.2w \times 1.35h$
　　板厚4分5厘
■ 辛柜 (带腿)　2个
　朱1个　皇　奉座杨箱
　黑1个　皇　放置御衣箱
　　尺寸:$3.6l \times 1.9w \times 1.6h$
　　板厚4分5厘
■ 辛柜 (无腿)　47个　台子各1
　朱8个　皇,丰　纳御刀
　　尺寸:$5.2l \times 1.0w \times 0.59h$
　　板厚4分5厘
　朱15个　丰,荒2,读、魂、岐、弥、泷、并、杂、祈、多、土、夜、风各1个　放置御刀
　　尺寸:$4.4l \times 0.8w \times 0.5h$
　　板厚4分5厘
　朱7个　皇　放置御弓
　　尺寸:$8.3l \times 0.8w \times 0.5h$
　　板厚4分5厘
　朱14个　丰,各别宫各1　放置御弓
　　尺寸:$7.9l \times 0.8w \times 0.5h$
　　板厚4分5厘
　朱1个　丰　放置御胡簶
　　尺寸:$3.4l \times 2.0w \times 0.95h$
　　板厚4分5厘
　朱2个　皇,丰　放置御琴
　　尺寸:$9.3l \times 2.2w \times 1.3h$
　　板厚5分5厘

(参考)

■ 漆柜5个
　朱2个　放置菅御笠
　　尺寸：$6.2l \times 6.2w \times 2.3h$
　　板厚7分
　　内侧尺寸：$5.7l \times 5.7w \times 1.4h$
　黑3个　台子各2　放置御黪
■ 桧木柜4个
　3个　放置御皮套
　1个　放置御皮套
■ 原色木料箱56个
　纳御盖　御笠　御皮套　御胡簶　御矛　御盾
■ 马鞍柜3个
　朱1个　丰
　黑2个　读，岐

地点改为神宫，一部分柜子不再刷漆，变成了原色木料制造。

前面提到迁宫用的辛柜用完后要烧毁，但是被烧毁的不只是辛柜。殿内神圣的物品中，能烧毁的都会被烧毁。正常情况下，举办神尝祭时，一般使用的供奉供品和币帛的神馔案以及币帛案、长把杓子、桶、放供品的辛柜等木器都会被烧毁，换成新的。焚烧时，在底下堆上扁柏木，在琵琶木上钻木取火点燃，伊势神宫称之为"忌火"，意为无上纯洁之火。这一习俗与"点火把送神灵"和"正月十五集中焚烧过年装饰用品"有相通之处，可以说是一种烧光旧物祈盼新生的仪式。

明治二十二年，内务省下设造神宫使厅，管理柜类物品的制作事宜，"御装束神宝古仪调查会"对古柜的复原展开研究，制定了制作方法说明书，记载了包括木材接缝细节在内的一整套细致的刷漆工序等方面的内容[1]。伊势神宫把没有腿的柜子也称为辛柜。在

1.《神宫》，小学馆，1975，p.197。从大正期到昭和初年，日本政府就复原古代神社装饰和神社宝物的诸多相关问题进行了审议。

图4-13 迁宫辛柜 神宫
征古馆

祭祀仪式上与辛柜一起使用的作为参考列举的漆柜,简单地称为柜子,这种柜子不包含在迁宫辛柜的范围之内。至于这么称呼的理由和朱、黑两种颜色漆柜的使用区别,只能说是遵循古礼,详细情况目前还没有调查清楚。

　　下面我们来看看迁宫时使用的柜子的实例。图4-13是昭和四年第58次迁宫时制作并使用的柜子,作为借鉴品现被保存在征古馆。制作材料是扁柏木,盖板和侧板分别是由4块和2块木板用"实核接"(参照图6-7) 的方式接合而成,也就是在两侧木板横断面上分别抠出凹槽,对接后用光叶榉之类的硬木制作的细长木楔从上插入,刷上漆使之牢固地连接在一起。盖子设计成和缓的向上隆起形状,除盖子和柜体的棱角处刷了黑漆外,其他整个都刷了朱漆。柜子里面贴了层和纸,和纸上又粘了一层绿色的熟绢。其制作方法与前田育德会收藏的重要文化遗产《神宫神宝图卷》(应永十七年,即1410年) 上记载的御韩衣柜的做法相同。腿与柜体的安装方法,是在侧板上抠出燕尾形凹槽,从上部插入,把腿镶嵌在凹槽里,再分别用三个铆钉把腿固定在柜体上。铆钉和锁具等金属零件都是精致的镀金铜制品。

图4-14 迁宫辛柜 神宫征古馆

图4-14也是征古馆的藏品,是昭和四年迁宫时,在京都制作的放置弓的柜子,是迁宫使用的辛柜之一。带有台子的这种柜,被供奉在丰受宫以及其他13个别宫。放置菅御笠[1]的其中一个漆柜的尺寸是$6.2l \times 6.2w \times 2.3h$(内侧的尺寸,单位:尺),其他的尺寸是$5.7l \times 5.7w \times 1.4h$(尺),均为长宽相等的方形结构,其柜体之大令人吃惊。《神宫》中所列的昭和四年制作的菅翳,刷了黑漆的竹制骨架上,蓑衣草的叶子呈放射状排列,用麻线螺旋状转圈缝制的伞面中间插着一根刷了黑漆的伞柄,伞面直径3尺3寸,是雨天在户外举行仪式时为显贵们挡雨的工具。收纳与此相似的物品,需要使用大的方形柜子。

迁宫仪式与辛柜

我们来看看与这些辛柜有关的仪式。"川原大祓"是为以新制作的并用来供奉神灵的御装束、御神宝(即神殿装饰和神社宝物)为主的物品和为迁移神灵而服务的神官长以下诸人举行的祓除凶垢的仪式,仪式在位于五十铃河畔的川原祓所举行(图4-15),从早晨4点开始。根据各种资料上的介绍,临时神官长以下诸人列队排列,放有仮御樋代[2]、仮御船代[3]、御装束、御神宝等的所有辛柜也都

---

1. 菅御笠是指用蓑衣草编制的大伞。——译注
2. 仮御樋代是从旧殿搬往新殿时临时容纳神体的容器。——译注
3. 仮御船代是从旧殿搬往新殿时临时容纳仮御樋代的容器。——译注

图4-15　川原大祓与辛柜　神宫征古馆

整齐地摆放在碎石子上。宫掌主持修禊仪式，手执神符、御盐，口念咒语，为辛柜和诸人被除凶垢。仪式结束后，辛柜被抬到正宫和新宫的御垣内。但是，辛柜很少会被放在殿内。对于这些事情，曾参加了第60次迁宫仪式的西山德是这样讲述的，"迁宫的御物被安放在正殿地板下，其他的御物被抬放到新殿地板下。正当低头跪在正殿后面时，听到身着礼服的临时神官长以下诸人拍了八次手，站在两端面向正殿礼拜的声音，那声音就犹如从遥远的地方一直传到这边似的"[1]。"御饰"是指在为移神而准备的新正殿内摆放新献纳的御装束和御神宝的仪式。推测大概是在这个时候打开安放在地板下的辛柜，从里面取出新制作的各种器物，并把它们搬进殿内。这样，新的神座就准备好了。

　　"大御馔"是指在前面提到的忌火屋殿前面旁边的祓所，为神馔和诸人举行祓除凶垢的仪式。神馔辛柜被搬到御赘调舍，在制作了为神准备的膳食即神馔后，把神馔放进辛柜，抬到瑞垣御门前。门前已经摆好了案子，由弥宜把神馔恭敬地摆在案子上。仪

---

1. 西山德，《增补上代神道史的研究》，国书刊行会，1983，p.453—458。

式结束后,神馔被撤到辛柜里搬走。

"奉币"指的是天皇派来的敕使趋谒并奉上天皇敬献的币帛的仪式。敕使以下诸人和神宫长从斋馆正门参谒,众人和一路被抬到这里的币帛辛柜要在中途接受被除凶垢的仪式,最后到达玉串行事所。有趣的是,这些仪式在院子里点燃的微弱火光和亘古不变的星光照射下在空气纯净的黑夜里举行。

以上,根据《延喜式》和《神宫》中有关式年迁宫举办的各种仪式的解说以及神宫司厅的介绍,总结了辛柜在迁宫仪式中所起的作用。在众所周知的重建神殿和重新制作神社宝物之类物品的过程中,使用了大量的精心制作的柜子。

美保神社的辛柜

美保神社位于岛根半岛尖端的港町美保关,是以供奉惠比寿[1]而出名的历史悠久的神社。美保神社原来供奉的是女神御穗须须美命,她是出云人的祖先,后来从京城传来了对三穗津姬命的信仰,三穗津姬命从高天原为人们带来了稻穗,被尊为稻穗女神。后来美保神社又供奉了一尊男神——大国主神之子、事代主神,事代主神又被称为惠比寿。这个供奉了两尊守护神的特殊的神殿现在已被定为日本的国宝。而且,带有山形屋顶的柜子和献纳的乐器等,也被指定为有形民族文化遗产。

在有关美保神社的研究中,较为著名的是和歌森太郎的《美保神社的研究》[2]。但他似乎对本书所关注的屋顶形的柜子不感兴趣,只是在祭神仪式的程序中简单地将之记载为辛柜。因此,笔者认

1. 惠比寿是日本七福神之一,原来是海神,后来又成为商业神、财神。——译注
2. 和歌森太郎,《美保神社的研究》,国书刊行会,1975。

为有必要对其进行深入研究。

实例研究

神馔辛柜（大）

图4-16是在第二章独木舟中提到的在举办"诸手船神事"时使用的大号神馔用辛柜，这个柜子由屋顶形状的盖子和格子状的柜体以及内箱三个部分构成，材料是扁柏木。柜顶是开放式的四角形，两个短侧面装有三角形侧板，盖子的望板用钉子固定在三角形侧板上，盖子上安装了两头向上翘起的脊檩。盖子的两面均装有6根木条，用钉子固定在脊檩上。柜体为格子状的框架结构，下部是非常结实的略微向外翘起的腿。框架两个长侧面的上部榫接了与房顶望板形状相同的木板，并装有挂环。把盖子扣在柜子上，望板就会嵌进柜体侧板里，使柜体与盖子重合在一起。转动挂环，柜体和盖子就会闭合，穿上扁担，屋顶形的盖子就与柜体连为一体。柜体纵深长的三角形侧板与屋檐短的外形，大概是为了便于将之顺利搬进末社神殿而把屋檐切短的。柜体下面的框架上有木槽，底板搭在木槽上，并用钉子固定。放进外框里的内箱，是付印盒盖型箱子，箱体使用的是榫接（3个榫头）工艺，用竹钉固定。里面放有木板边缘钉有细木条的用于盛放神馔的简朴的木制器皿。这个柜子不放在神船上，用于在陆地上搬运神馔。

图4-16　神馔辛柜·大　美保神社

神馔辛柜（小）

图4-17是"诸手船神事"使用的小号辛柜。这个柜子与上一个柜子有很多相似点，如使用扁柏木制作、盖子呈屋顶形状、带有向外翘起的腿、格子状的柜体内设有内箱等。但二者在细节构造上却存在着很大的不同。屋顶形的盖子构造比前者更复杂，架有横木。因此，望板铺设的方向是反的，并用钉子连接在横木上。此外，横木的横断面被人字形侧板堵住。在这个侧板内侧安装的三角形木板，当柜子被吊起来时，就会与柜体连成一体。脊檩略微有些上翘，压着望板的木条呈平角，而且数量也少于前者。箱状的框架结构上，竖木条直接延伸到地面，成为柜子的腿，与支撑底板的横木条用相嵌的方法连接在一起。

图4-17　神馔辛柜·小　美保神社

御供辛柜

图4-18是"青柴垣神事"使用的杉木柜子。带有三角形屋顶这点与神馔辛柜相同，但它的柜体由细格子组成，从内侧铺了一层6毫米厚的薄板，外观看起来就像是装上了细格拉窗。因此，看不到里面。柜子的上面带有屋顶形状的盖子。屋顶的构造、人字形侧板、压着望板的平角木条、把扁担从挂环里穿过去等，这些都与小神馔辛柜相同。但是，它的底部没有腿，只是四个角的竖框端部稍微伸长了一点点。

御币辛柜

图4-19是"青柴垣神事"使用的另外一个柜子，即御币辛柜。这个柜子虽然也带有屋顶形状的盖子，但是在很多地方都与前面

图4-18　御供辛柜　美保神社

提到的柜子不同。首先，屋顶由刷了黑漆的两块木板组成，这两块木板用合页连接，所以可以折叠。其望板被绳子绑在钉于柜体上部的向下弯的折钉上。柜体用15毫米扁柏木方子做四角的竖框，中间拼

图4-19　御币辛柜　美保神社

成格子形状，上部安装了与屋顶坡度一致的侧板。在脊檩稍微向下的位置开了个四角形孔，用来穿扁担。底部的薄板将四角的竖框连起来，在榫接了竖格的横木上，铺了一根起承托固定作用的木条。柜子各处钉上了加固金属零件，格子最后采用"春庆涂"工艺刷了漆。

青柴垣神事与柜类器具

本节开头部分讲了美保神社供奉的神灵。根据《古事记》上的记载，高天原的统治者——天照大神派使者到出云国谈判，让对

方交出统治权。于是大国主神将这一消息告知他的儿子、事代主神，并征求他的意见，事代主神当时正划着诸手船在美保碕捉鱼。事代主神回答"太恐怖了，还是把这个国家敬献给天神之子吧"，于是踏翻乘船，使用"天逆手"这种与普通的拍手相反的奇妙的拍手方式施咒后，把船变成青柴垣，将身形隐藏在那里。《日本书纪》里也记载，事代主神"随即踏翻船舷侧板，拍天逆手，隐身于青柴垣中"，这与《古事记》中的记载基本相同。这就是让位的故事，表达奇迹之处。有关"天逆手"的说法众说纷纭，大多认为是神教的符咒，靠符咒的威力把乘坐的船迅速变成青柴垣，隐身到海底深处。祭祀仪式上，虽然如后所述再现了青柴垣，但是船上临时设置的小屋，不禁让人联想起临时放置死者骸骨以此来祭祀亡灵的古老的送葬"丧屋"。这种习俗，不只日本才有，位于挪威首都奥斯陆的海盗船博物馆展出了20世纪初出土的奥塞贝丽号船。奥塞贝丽号在1 000多年以前沉没在挪威海岸边的峡湾，甲板上建有临时设置的埋葬小屋。里面除了大量的殉葬品外，还有两具女性遗体[1]。

　　青柴垣神事是根据在和平情况下实现国家统治权变更这一故事而举行的祭神仪式，又被通称为御船祭或四月祭。3月31日晚从被称为"当屋"的同祀一个氏族神的人们当中选取两位神主，闭居在神社内，斋戒祈祷，祭祀仪式自此拉开了序幕。第二天，即4月1日，神社将戈、鱼叉、旗等各种祭祀用具交给当屋。其中还包括前面提到的2个御供辛柜、6个大圆桶、28个小圆桶等。另一方面，在一个被称为会所的建筑物里搭建大架子。这是用来摆放供品的架子，用圆木搭建骨架，前面用粗制的苎麻绑缚两根青竹，挂上粗草帘子，这是一种极为原始的制作方式。顶棚上苫了草帘子，这大概

---

1. 阿纳·埃米尔·克里斯坦森，《海盗船博物馆指南》，比格迪，奥斯陆，1984，p.24—25。

是在户外举办的祭祀仪式留下的传统。然后分别在供奉的两尊神灵面前拉上纯麻帐幕。

举行祭祀仪式的前一天，属于同祀一个氏族神地区的木匠们，将渔夫们提供的四艘捕捞沙丁鱼的渔船分成两艘一组，进行组装。然后把被称为"宫板"的板子挨个铺在船上以此来制作甲板，在四角立起用多根被称为"楮"的带皮杂树捆成的柱子。在前端系上杨桐树枝，柱子之间用"楮"连接在一起，形成框架。这一连串的工序被称为"楮络"。框架的三个侧面和天井用席子覆盖，天井上再苫上一层草帘子。在这样制成的小屋周围拉上帐幕，围上稻草绳，在宫板上面铺上席子。然后再在被称为"大龙"的棒子前端插上数十根模仿龙的形状制作的装饰和五色旗帜。这个简朴的6张榻榻米大的小屋，据说是用来代表前面提到的青柴垣（图4-21）。青柴垣是以青叶之柴所造之垣，被认为是一种神篱（祭坛）。

4月7日举行祭祀活动的当天，在神社前举行祭祀仪式后，神官和当屋们，将御币辛柜和收纳供奉在大架子上供品的御供辛柜等恭敬地捧出来，分乘到两艘神船上。同时，将装满了酒壶、酒杯、乌贼、海带等供品的被称为"斋锡箱"的箱子和饭匣等也装在神船上。不久，御神乐船开始演奏神乐，在众多年轻人的大力拖拽下，两艘神船被拉到海面上。船内，"斋锡箱"的盖子被打开，开始举行向神灵附体的当屋敬献御酒、默祷礼拜的仪式。这时，盖子被当作食案使用。当激烈的鼓声再次响起，两艘神船被竞相一口气拉回到神社前的沙滩。在这一系列的祭祀仪式进行过程中，神官和当屋会一直守护在御币辛柜旁，对其小心呵护。御供辛柜作为放供品的容器，是搬运"斋锡箱"和盛放红小豆饭的浅盥状"半切桶"的工具，里面放置供参加仪式人员享用的酒饭。

图4-20　神船与青柴垣　美保神社　　　　图4-21　青柴垣神事绘卷　美保神社

对美保神社辛柜的考察

美保神社辛柜的特点是，带有屋顶形状的盖子、由外框和内箱构成。与这些柜子有关的研究资料，只有昭和八年左右绘制的《神事绘卷》六卷 (图4-21)。根据横山宫司所述，这些柜子是美保关的人们按照先例制作的，本书关注的屋顶状柜子，是在户外使用的，大概是为了防雨。这一说法虽然姑且可以接受，但是以伊势神宫为首的众多神社使用的都是普通的辛柜，下雨时在柜子上苫上一种被称为"雨皮"的防水布，所以笔者认为必须综合考虑其他原因。首先，我们来探讨御币辛柜和神馔辛柜等的不同。如前所述，诸手船和青柴垣两个祭神仪式上使用的柜子都是原色木料所制，并围有稻草绳。与其相比，只有御币辛柜刷了油漆，而且屋顶的构造也不同。另外，还盖有锦缎盖布，在外框和放御币的内箱空隙之间插有杨桐树枝，木板制作的牌子上用墨笔写着"波剪御币御辛柜"。这一特殊的处理方式，大概是因为人们相信里面放置的"波剪御币"能起到镇住波涛、保佑航海安全的威力，是一种表达最高信仰的符号。

其次，我们来研究屋顶形状的盖子以及通透的格子和内箱这种双层结构。在下一章内容中列出的大名行列绘卷上描绘了一种与之非常相似的屋顶状柜子，透过格子可以看到里面用美丽的锦缎包裹的箱子。格子不只是用来保护内箱，还可以防止人们触摸内箱，是一种从精神上起到隔离作用的装置。也就是说，其作用是为了禁止人们随意触碰放有神圣的御币和神馔的箱子。然而，《诸手船神事绘卷》里的御币辛柜没有覆盖锦缎，据说这一规定是从二战后开始实行的。因此，若想蒙上盖布，大概就只能像诸侯行列绘卷中出现的柜子那样，把盖布蒙在内箱上。在此，我们以福冈县筑后市乡土资料馆收藏的器物柜（图5-20）为例进行说明。器物柜上的屋顶形状的盖子装有合页，可以折叠。三角形的侧板上钉有折钉，钉子上挂着写有柜子主人姓名的名牌。要想打开盖子，就必须得先抽出扁担，这种开关方法与御币辛柜完全相同。但是，倾斜的盖板接缝处，装有像隔扇接缝处使用的那种脊檩。再仔细观察绘卷，发现御币辛柜上绘制有现在已经消失了的似乎是脊檩的部分。因绘卷中描绘的与其他柜子的细节部分都相同，由此判断其对柜子的描画是准确的。因此，御币辛柜以前很有可能曾装有脊檩，也许它看起来比现在的屋顶更加美丽。

从以上这些很难说是偶然相同的各个事例可推断，御币辛柜也许是格子形状器物柜的原型。原弘指出[1]，战国时代为了背受伤的武士而把长刀横放在腰部，让负伤的武士把脚放在刀面上蹲坐在背他的人的背上，这就是用来背"小忌人"[2]的"守木"的原型。

---

1. 原弘，"守木"，《美保》，1985。
2. "小忌人"是指在大尝祭等重要的祭祀仪式上经过最严格的斋戒后为祭神仪式服务的人。——译注

后来，长刀被木棒所代替，东北地区100多年前曾有用"守木"把新娘背到婆家的风俗。"守木"来自武士的礼法，装满酒、酒杯、下酒菜等的斋锡箱，与近代的茶箱创意相似，也可以说是武士的用具。由此可以判断，美保神社的辛柜，与以参勤交代为契机发展起来的搬运用具有一定的关联，在下一章我们将进一步对其展开研究。

柳箱的技术和造型

延喜式里的柳箱

前面以正仓院的藏品为例，论述了用来编织柳箱的柳树材料和柳箱的规格及其制作方法等。总而言之就是外形大多为方形，一般都是中等大小的浅箱。查阅详细记载了古代祭祀仪式的《延喜式》各卷后发现，柳箱里收放了以绢和线，以及镜子、梳子、枕头、脚穿的东西、在杨桐树枝上装饰了下垂的彩绢并系上铃铛的"阿礼"等。但是，《延喜式》里的"缝殿寮式"和"内藏寮式"中记载，柳箱里还放置了"御服料"等，由此可推测，柳箱还被作为各种各样的容器而出现在贵族的日常生活中。

《延喜式》中把柳箱大多写成"柳筥"，此外还各出现了一例被写成"杨筥"的柳箱。平安时代的《明月记》里将之写成"柳叶"。这也许是今天将作为台子使用的柳箱盖称为"柳葩"的先例。另外，如后面所述，古典文学中用平假名将其写成"やないばこ"、"なやゐばこ"、"やなぎばこ"等。然而，伊势神宫的"神御衣祭"中提到的柳箱，却与古代的编制容器完全不同，其技术的变迁，值得人们深思。

御神宝用柳箱

我们在前面讲过，举办式年迁宫仪式时，御神宝和收纳御神宝的柳箱都要重新制作。在有关柳箱制作方法的研究资料中，记载了宽正三年 (1462年) 举行的第40次迁宫仪式的《内宫御神宝记》颇为有名。书中记载"出座御装束……锦御枕式枚……收纳白柳箱壹只方1尺5分、深2寸、赤地唐锦折立、帛袷御袜八条……收纳白柳箱壹只方1尺5寸、深2寸、打敷色纸二张……"。"赤地唐锦折立"是指"里面粘贴了红地儿唐锦"，可见制作之精心和豪华。"白柳箱"大概是强调柳条白的程度。图4-22是年代更久的永久四年 (1116年) 第23次迁宫时编写的《丰受大神宫正迁宫御神宝绘卷》[1]里记载的柳箱 (杨筥)。图4-23是记载了承安元年 (1171年) 第26次迁宫时御装束的《皇大神宫承安迁宫御装束图》。二者都与《内宫御神宝记》里的"出座御装束"相对应，收放有锦御枕。从附记来看，都带有盖子，并粘贴了红地儿锦缎。永久四年的柳箱尺寸是1尺6寸，承安元年的是1尺6寸5分，深2寸，两幅图的轮廓都是直线型，呈直角，各个面上绘有与细线垂直相交的虚线。推测细线是冲成细条的柳树枝，虚线是把它们编在一起的线。但是，两个箱子侧面的结构明显不同，永久四年的柳箱，两个侧面是竖线，而承安元年的一个侧面是横线，另一个侧面是竖线，里外似乎都夹了一根木条。为什么侧面看起来会是这样的呢？大概是按照在第二章讲的柳条箱的制作方法，将细柳条像编帘子似的编织，使两端立起来。把长出来的底部的细柳条弯折过来做成侧面，从两侧夹上木条。正面是横线、侧面是竖线这种横竖方向的搭配，在后面将要论

---

1. 是江户末期旧壬生官务所藏本的摹本，同时还摹写了承安迁宫的装束图，于昭和四年10月作为神宫迁宫纪念别卷出版。

图4-22　杨筥(柳箱)　伊势神宫　《永久四年正迁宫御神宝绘卷》

图4-23　柳筥(柳箱)　伊势神宫　"承安迁宫御装束图"

述的现在的御神宝用柳箱中也可以见到。盖子有可能是与箱体同一形状的带沿儿盖子，也有可能是后面将要论述的像台子似的结构的扣盖。

　　永久年间制作的柳箱侧面只是由竖线构成，距离中间稍微靠上的位置，一条横的虚线绕箱子一周。这条虚线大概是盖子与箱体的接缝处。推测是用薄板制作的印盒盖样式的箱子，表面编织了一层柳条。盖子表面的虚线很有可能是露在外面的用来编织的线，侧面的虚线也有可能是编织的线。假设如此，那么就会令人联想到与承安年间编制的柳箱全然不同的、盖子是扣盖、箱体用细柳条纵向排列编织而成的现代柳箱的构造，有关这部分的内容我们将在后面进一步论述。

台子的系列

　　下面将要论述的作为台子而使用的方式是研究承安年间御神宝用柳箱构造的突破口。《延喜式》在表述柳箱与物品的关系时使用的最多的一个词就是"盛る"，而且还给汉字标注了假名"いれる"。此外，还使用了"納める"一词。《日本国语大辞典》中解释，"盛る"的意思是：①（往容器里）装满，（往容器里）堆满；②堆高

（其他略）。从箱子的形状来考虑，其词义应该是①，与"納める"同义。然而，《增镜》八·飞鸟川中记载"里面敬献给神佛的供品，在纸屋上包裹黄金，置于柳箱内，由头弁[1]手持"。《徒然草》二三三段中也记载"在柳箱上放置物品，视物品的不同，有横向纵向之别"。也就是说，其使用方法是"すえる（放、置）"。

另一方面，《明月记》二十四·元久二年12月15日记载用于举办元服仪式的"首先是冠（置于柳箱盖上放在座位右侧）其次是"坏"[2]（没有台子，将柳箱置于座位左侧）"。《徒然草》中二三三段记载，"三条右大臣大人说'卷轴等要纵向摆放，用纸捻从木头缝隙之间穿过系牢，砚台也要纵向摆放，这样笔就不会滚动'，而勘解由小路家的书法家们却绝不将这些物品纵向摆放"。

"すえる"和"おく"的用法明显与"納める"不同。《明月记》中摆放在座位右侧的不是柳箱的箱体，而是箱盖，上面"摆放"了冠和"坏"等。《增镜》和《徒然草》中也是将盖子当作台子使用。那么，柳箱的构造究竟是怎样的呢？关于这点，《徒然草》中的记载可以给我们提供一定的暗示。"すえ方"（摆放方法）有横向和纵向之别，具有细长这一共同点的卷轴和笔要纵向摆放，以"不滚动为宜"，由此可判断箱子的构造是有方向性的。

对于这种柳箱，一直以来存在着众多的解释。《贞长杂记》中列举了图4-24，明确地将之解释为"柳箱即柳箱之盖，足即支撑柳箱盖之木条"。图中，在并排排列的三角形细木下安装了用来支撑的木条，这种构造被很多辞典类书籍转载。古代的木条较矮，而近代的木条较高。江户中期的《臂喻尽》对其描述得稍微详细些，指出是用纸捻编细木。此外还记载，木条的数目有吉凶

---

1. 头弁：日本官制中对兼任弁官的藏人所长官、即藏人头的称呼。——译注
2. "坏"：类似高座漆盘和酒杯等的大肚陶器。——译注

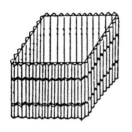
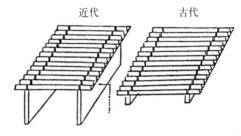

近代　古代

图4-24　柳箱　《贞长杂记》

之别，奇数为吉事使用，偶数为凶事使用。纸捻是用系头发等使用的纸搓成的绳。而且，记录了江户中期京都府南部地志的《雍州府志》七土产，在阐述了制作方法、细木数量的吉凶、上面摆放的物品等与《臂喻尽》相同的见解之外还指出，除扁柏木器店外，制作木笏和浅黑漆木鞋的店铺也制作柳箱，他们根据用途的不同，用剥了皮的柳树制作各种不同尺寸的柳箱。古代的柳箱被书写为"柳筥"，这与作为台子使用的"柳筥"（即柳箱）书写方式不同。关于使用的树种，有文字记载，因柳树树干外皮洁白所以先是用的柳树，近来开始使用扁柏木，"另一种说法是，在上古时代，还不懂得把木头切割成木板的人们把树枝砍下来，将它们并排编在一起"。

　　由此不禁令人想起春日大社和伊势神宫使用的一种被称为"楉案"的用于供奉神馔的台子，"楉"是指一种带皮的小树，这在前面已经讲过。图4-25是春日大社的"黑木御棚"，$120l ×$ 宽 $60w ×$ 高 $100h$（厘米）。将大约12毫米粗的带皮树枝，用青藤的藤蔓捆缚，这一质朴的构造非常适合于在户外铺设席子举办的仪式。顶部的面的制作方法是，在两根树枝上并排摆放10根树枝，用青藤的藤蔓绑缚。伊势神宫使用的"楉案"被称为"桧叶机"，外形稍小，树枝的直径较粗。据《雍州府志》记载，这种质朴的台子就是

图4-26 "柳莚"
与龟卜 对马历
史民俗资料馆

图4-25 裙案 国学院大学神道资
料室

柳箱以前的制作方法。此外，作为台子而使用的方式，也可以说与衣箱盖子变成的方形带边托盘相似。在寺院里，也被当作摆放供品的台子而使用。

图4-26是对马历史民俗资料馆收藏的"柳莚"，上面摆放的是"御龟卜（卜甲）"，用火灼烧龟甲背面雕刻的方形区域，观察龟甲表面产生的龟裂，由此来占卜吉凶。"柳莚"分上下两层，用来摆放自古以来就一直充满神秘色彩的占卜用品；下层的腿的顶端造型非常细腻。

近代的柳箱

前述《贞丈杂记》明确指出，古代的柳箱"带盖，有箱体，用纸捻将三角形木条编在一起"。这一解释，虽然似乎可以理解为江户时代编制的箱子已经消失了，但是图4-27所列的据说是曾在东本愿寺使用的江户时代的柳箱。收藏者是现代柳箱的制作者之

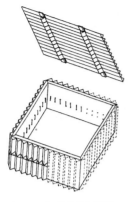

图4-27　江户时代的柳箱
京都市·和田伊三郎

一、京都市的木工艺家和田伊三郎。盖子是扣盖，174×152（毫米），比箱体稍长，向左右两侧突出。其构造为将15根三角形木条一字排开，在背面稍微向里垂直摆放两根木条，用纸捻绑缚。箱体用4毫米厚的薄板组合而成，钉上了箱底，整体上为木箱结构。木箱的每个侧面，分别纵向排列了12—13根三角形木条，用纸捻将木条绑在一起。纸捻在箱子的内侧呈等距离纵向间隔排列。因此，只有盖子的构造与前面提到的台子相同，箱体上的三角形木条，成为箱子表面的装饰。这种方法可以非常容易地制作箱子，虽说外观相似，但是遵照原始构造制作的柳箱，还是要数后面将要论述的收放币帛用的箱子。

现代的柳箱

现在制作的柳箱有两种样式。一种是供奉币帛用的箱子，另一种是举办式年迁宫仪式用的箱子。图4-28是国学院大学神道资料室展出的供奉币帛用的箱子。伊势神宫，在二月份举办的祈年祭以及神御衣祭、神尝祭等祭祀仪式上使用这种样式的柳箱。正宫、即皇大神宫以及丰受大神宫使用的柳箱较大，别宫使用的箱子较小，箱子的尺寸根据供品的大小而决定，其制作样式也稍有不同。这些箱子的规格如表4-2所示。其构造是，将三角形木条一字排开，把两根同为三角形状的木条垂直放在下面做支柱，用丝线绑缚制成箱子的各个面。现代箱子四角使用的木材，是把方柱削去四分之一制作而成，所以两个侧面看起

图4-28　柳箱　国学院大学神道资料室

来都像是同样的三角形列柱。也就是说，在继承原始构造的同时，还对其进行了美化装饰。盖子以及箱子底部的支柱，两端约长出4毫米。而与支柱接触的箱体部分，则相应地按照支柱的厚度削短，所以把支柱嵌进里面就会固定盖子。用丝线绑缚三角形木条的构造，与前面提到的"椊案"的设计理念存在着某种相通之处。

表4-2　柳箱的尺寸与材料

		正 宫 用	别 宫 用
尺寸		$450l \times 28w \times 278h$ (mm)	$45l \times 232w \times 190h$ (mm)
材料数			
箱体	长侧面	19根 ×2面：38根	16根 ×2面：32根
	短侧面	14根 ×2面：28根	8根 ×2面：16根
	支柱	2根	2根
	角部的木材	4根	4根
盖子	本体	14根	10根
	支柱	2根	2根
	本体	14根	10根
	支柱	2根	2根
合计		100根	76根

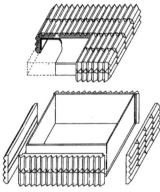

图4-29 装御神宝的柳箱 《神宫》,小学馆,1975。

图4-30 柳箱的构造

　　图4-29是举办第60次式年迁宫仪式时收纳锦御枕、锦袜、锦鞋、陶猿头形砚台等御神宝的柳箱。其构造与之前讲述的箱子不同,在10毫米厚的木板上抠出三角形的槽,把它们组装在一起,插入底板。图4-30是根据制作者的讲述类推出来的构造。木板虽然是柳木,但它与柳属的细杞柳不同,是使用直径50厘米以上的白杨系大树伐成的木材。材料使用的是神宫提供的仔细拣选的木材。但是,白色的木质非常重要,用刨子刨光,如若出现虫蛀等现象,则只能换新的板材。制作工序中重要的一项是,抠出构成盖子和箱体各个面的间隔距离相等的三角形槽。同时,还要在内侧的面上抠出丝线通过的槽。抠完槽后基本上按照规定的尺寸横切。图4-31是从NHK"有稻草绳的城市"节目中再现的、伊势市的田端义彦用边刨制作谷形槽的情景。用刨子刨完后,木材正反面的面积发生改变,容易弯曲变形,所以需要马上组装。然后将削好的各个面连接在一起。制作盖框时,三个方向的棱形和谷形聚合在一起,要想使它们协调一致,就需要最高水平的木工技术。其中三角形槽的方向非常有趣,这个箱子与承安年间制作的柳箱相同,盖框和箱体

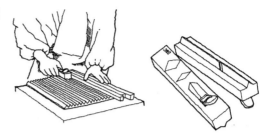

图4-31 装御神宝的柳
箱的谷形切削和边刨

的槽与盖子表面槽的排列方式保持一致,垂直相交的侧面的槽,呈
纵向排列。

伊势神宫将刻有槽的木板称为"编木形",规定连接的原则是
"在编木形的谷槽处榫接"。这样就形成了刻有三角形槽的箱体框
架,在上面钉上12毫米厚的底板。然后在谷槽部分,用锥子扎出穿
丝线的孔。背面也刻有为处理系上的线而留出的细槽。线是"用
三股顺时针拧制的白色"生丝。然后铺上3毫米厚的薄板,箱体的
薄板要比箱子边大约长出11毫米。长出的部分被称为"牙"。而盖
子的薄板则比边缘要短,与箱体的"牙"咬合在一起,形成印盒盖样
式。箱子的外形虽然看起来像是用线把三角形木条缀合在一起,但
是线在这里仅是起到了装饰的作用。也制作有没捆线的柳箱。

《内宫御宝记》里记载的"唐锦折立"也需要有非常高超的制
作技术,从距离粘在内侧的薄板边大约2毫米的地方开始粘贴厚约
3毫米的折起来的锦缎。当然,箱角部分不能出现褶子。这种精致
的装裱,据说只有平时从事昂贵的日本式线装书籍裱糊的京都工
匠才会。

柳箱的制作技术和造型

追溯柳箱从古代到现代的演变过程,人们在继承了用剖开的

柳树枝编制容器的质朴技术的同时，还创造出了无上洁净的容器。

相反，"楉案"却一直保持了一贯朴素的构造，与上述发展潮流形成了鲜明的对比。其被继承的原始性可以视为已转化了的神圣性。之所以用柳树编织柳箱，是因为它的树干外皮洁白，枝条不仅粗细均匀而且还比较直，适于用来编织容器。可以说现在人们依然继承了这一传统。但是，《秋斋间语》[1]指出日本也曾使用扁柏木编制容器，江户末期的《孝经楼漫笔》[2]也指出，原来曾将柳树的小枝条剖成两根编制容器，但现在全都使用扁柏木编制。这大概是因为编制的材料变成了削制的三角形断面，所以才选取了容易弄到的扁柏木。而且，用线来编织的方法，很难制作出精密度高且耐久性强的箱子，所以才演变成了细木器。

柳箱的另一个特点是它的三角形木条。从技术上来看，"楉案"是用具有圆形断面的小树枝与小树枝垂直交叉而成，严格地说只在一点上产生交叉，所以不够稳定。作为解决方案，大概曾经有一阶段把小树枝剖成两半，使之垂直交叉，以此来扩大接触面，增加稳定性。并且，如果把两面都削掉，就形成了三角形的木条。三角形更易于用绳子把它们绑缚在一起，比棱角多的四角形稳定性好。在刨子出现以前，人们使用刀和枪刨削制细木条。这些工具都是成田寿一郎博士所指的自由工具，削切的深度和木料表面的光滑度都要靠工匠的技术来掌控。是一项需要极其高超技术的、意志性强的工作。《秋斋间语》将这种技术发展的必然性解释为"大概是模仿古代不削除棱角的做法"。据推测，这一时期大概正逢《明月记》和《徒然草》等著作面世，《明月记》等书中记载，把柳箱的盖子当台子使用。

---

1. 岸上操编，《秋斋间语评》，博文馆，1892，p7—8。
2. 《孝经楼漫笔》，博文馆，1892，p7—8。

即便把上述内容视为将柳箱的木条刨成三角形的理由，这种三角形柱子，对于包括房屋柱子在内的日常生活环境来说，也是非常少见的。民俗学家指出，日本在送葬时有戴三角形黑漆帽的习俗、正式的食物中三角形状的食物较多、用从三角形农田收获的稻谷制作神馔、谷神会降临在三角形农田因此把三角形农田设为祭祀的场所等。这些物品和行为具有很强的特殊性。用这种特殊形态的三角形木条制作的柳箱，作为放置供奉神灵的币帛和御神宝的容器，非常相称，工匠们也更加注重追求三角形的美[1]。

木条的数量也有规定。奇数代表"阳"数，偶数代表"阴"数，这一习俗起源于中国古代，是根据日本从飞鸟时代开始奉行的阴阳道而提出的阴阳之说，其基本概念是运气的好坏和兆头的吉凶。它涉及的范围非常广，柳箱也被纳入其范畴之内。金光惶尔指出，二战前的柳箱也有样式看起来"颇为返古"的箱子，"把木板表面雕刻成三角形木条排列的形状，不用编织，用钉子把箱子腿钉上，刷上漆或是绘上描金画等"[2]。

洁白的三角形柳木条整齐排列，闪闪发光的丝线斜着往返交叉，这种富有韵律的结构非常优美。其构造和形态，可以说在全世界的箱子中也是独一无二的。

教会与柜子 (chest)

募捐箱

翻开《旧约圣经》，会发现里面有各种与柜子 (chest) 和箱子有

---

1. 铃木秋彦，"对三角形殡葬和祭祀用具的基础性考察"，《近畿民俗》89号，1981，p.10—28。殡葬和祭祀用具以及正式场合的食物均采用三角形状，人们相信三角形具有魔力。
2. 金光惶尔，《新祭式大成调度》装束篇，明文社，1942，p.233。

关的故事。例如以色列国王想修理寺院，向每个人征收半舍克勒（古巴比伦的货币单位）的人头税。但是由于以官位高的神职人员为首的所有人都不同意国王的这一决定，于是就寻求让大家都满意的集钱方法。"列王纪"第二章12中记载，"祭司约雅达拿来一个箱子，在箱盖上开了一个洞。他把箱子放在祭坛旁边、圣殿入口的右侧。守在入口的祭司把信徒敬献给圣殿的钱都放在箱子里"。这个箱子就是募捐箱，是在本书第一章提到的"约柜（ark）"。这种方法被采纳，国民相互争着或一起往箱子里投入金币和银币。空箱子被投满后，律法学者和大祭司们就会在国王面前清点钱数，而空箱子也会被放回原来的地方。他们每天都要重复这件事情。钱被交给监督修理圣殿的管理人员。管理人员又将钱交给木工和石匠，让他们去采购木材和石料。将收入的一部分敬献给神灵的最合适的地点就是祭坛附近，毫不在意地放在入口的箱子，唤起了人们些微的善意。

　　这种金钱与箱子和金钱与教会之间的关系，再现于中世纪的基督教社会中。英格兰教区教会有关配备柜子（chest）的最早的权威性法规，是由大主教艾瑞克（Eric，995—1005）提出的。在国王亨利二世统治下的1166年，应路易七世的要求，为募集十字军东征的钱款而下令在所有的教区教会设置"神圣的箱子"。箱子上装有三把锁，其中的一把钥匙由教区的牧师掌管，剩下的两把由大家信赖的教区信徒保管。图4-32是圣伯侬教堂的剜木型柜子（chest），H.W.卢尔和J.C.沃尔坚信这就是"神圣的箱子"[1]。为忏悔罪过而被认为是神放在那里的朴素的柜子（chest），一定打动了很多人的心。这样募集来的金钱，在几番周折的最后，终于为释放被萨拉森人俘

---

1. H. William Lewer, J. Charles Wall, The Church Chest of Essex, Talbot and Co., London, 1913, p.42.

图4-32 神圣的箱子
H. William Lewer, J.
Charles Wall: The Church
Chest of Essex, Talbot
and Co., London, 1913,
p.42.

虏的基督教徒起到了作用。

募捐的命令屡次下达，1199年12月31日罗马法王英诺森三世发布的敕令，其影响波及现在的几乎整个西欧国家。敕令对募捐箱的管理方法进行了改革，三把锁的钥匙分别由主教、教会牧师、教区民众代表保管。这种管理方式使得立场不同的三个人只有都聚集在一起的时候才能打开柜子 (chest)，明确表示募集来的钱款不会被私吞，以图博得民众的信赖。

募捐的传统被以慈善箱的方式继承下来，慈善箱又被称为施舍箱 (alms box)、济贫箱或赈济贫民的箱子 (poormans' box)、募集箱等。箱子的设计样式有很多种。图4-33是埃塞克斯郡厄普兰德教会的施舍箱，盖子内侧刻着"请想起贫穷的人们"[1]。

图4-33 施舍箱 Fred Roe: Ancient
Church Chests and Chairs, B.T.
Batsford Ltd., 1929, p.50—51.

圣经里所讲的charity被翻译为博爱·慈善·布施等。除了前面提到的募捐钱款之外，17世纪还大规模地布施面包。救济食品柜 (Dole

---

1. Fred Roe, Ancient Church Chests and Chairs, B.T. Batsford Ltd., 1929, p.50—51.

cupboard) 是放置这些面包的架子。圣埃尔邦斯教堂，从1628年至20世纪初，一直坚持每周向20名女性布施面包[1]。位于伦敦郊外的米德尔塞克斯郡的路易斯立普教堂使用的箱子是17世纪初制作的，被认为是盛放食物的食橱 (livery cupboard) 的原型。17世纪末，伦敦的一位市民J.布赖特捐赠基金，永久性地每个安息日向贫穷的人们布施价值2先令的面包。位于架子木板下面的旋涡状雕刻上刻有记载这件事的文字，根据教区主教代理的遗言，布赖特赠送的礼物被一直派发给穷人[2]。

教会使用的柜子 (chest)

在西欧的中世纪社会，平民生活困苦，而教会和僧院却被赋予了种种特权，如被免除纳税的义务等。因此，教会的富裕程度远远超过社会上的富裕阶层。他们蓄积共同的财富，具有充裕的经济能力和充分的思想准备，为容纳这些财富而扩建教堂，从物质条件上悉心钻研安全地保管财富的方法。在这一背景下，就形成了包括柜子 (chest) 在内的家具类物品产生的基础。在夺回圣地的宗教热情开始低落的1287年，在埃克塞特召开的宗教会议上达成了一项协议，命令各个教会不再使用神圣的箱子，设置柜子 (chest)，用它来妥善保管圣经、法衣、为举办弥撒而使用的工具等。教会需要保管的物品还包括记录了国王赐予的各项权利等的特许证、与信徒有关的记录、现金、账簿、埋葬记录以及后面将要论述的圣遗物等。把很少使用的物品放置在专门用来保管物品的空间，非常便利，特许证被存放在一种特殊的柜子 (chest) 里，这种柜子 (chest) 被称为特许证柜子 (chest)。图4-34是皮戈特绘制的1860年出版

---

1. Fred Roe, Ancient Church Chests and Chairs, B.T. Batsford Ltd., 1929, p.24.
2. Fred Roe, Ancient Church Chests and Chairs, B.T. Batsford Ltd., 1929, p.7.

图4-34　教会的仓库和特许证柜子（chest）Fred Roe: Ancient Church Chests and Chairs, B.T. Batsford Ltd., 1929, p.21.

图4-35　特许证柜子（chest）英国　公共档案馆　Early Chests in Wood and Iron, Her Majesty's Stationery Office, 1974, fig.6.

的《哈迪里的历史》[1]中的一页。萨侯库夏教区教会法衣室上面的仓库里放有一个特许证柜子 (chest)。图4-35是伦敦公共档案馆收藏的与画面上的柜子 (chest) 样式相同的特许证柜子 (chest)。盖子是利用木头的自然弧度制作的，表面向上高高地隆起。包括盖子在内，箱子整体覆盖了一层铁板，这种柜子 (chest) 又被称为保险箱。当然也有平盖的柜子 (chest)。这种牢固的构造反映了它里面收藏的物品的重要性。装有内置型锁1把、卡子以及与它连在一起的可拆卸型锁5把，箱子里面划分了秘密的小区间。侧面装有用两根杆子连接的环，这个环被用来穿木棒搬运箱子。图4-36是1835年左右J.C.维克尔绘制的位于哈茨郡亥麦尔教区教会法衣室上面的仓库[2]，在巨大的房梁下面摆放着一个整个用铁箍加固了的大型柜子 (chest)。如前所述，里面放置的是教会的贵重物品。

---

1. Fred Roe, Ancient Church Chests and Chairs, B.T. Batsford Ltd., 1929, p.21.
2. Fred Roe, Ancient Church Chests and Chairs, B.T. Batsford Ltd., 1929, p.22.

图4-36 哈茨郡·亥麦尔教区教会法衣室上面的仓库 Fred Roe: Ancient Church Chests and Chairs, B.T. Batsford Ltd., 1929, p.22.

保存圣遗物的容器

圣遗物 (relics) 是指与教会渊源很深的圣者的遗物，其包括的范围较广，如圣者的遗骨、遗发、生前穿过的衣服和使用过的日常生活用品等，也就是广义上的棺椁。英国文献资料中出现的有关这种柜子 (chest) 的古老记录是，1104年为躲避丹麦人的入侵，将

圣卡斯伯特 (Cuthburt) 的圣遗物放入朴素的、用一根木头刳制的柜子 (chest) 里，将之转移到其他教区[1]。当然存放圣遗物的容器不一定非得指刳木制成的柜子。随着时代的发展，更加精致的柜子 (chest) 不断出现，成为世俗社会柜子 (chest) 模仿的范本。

图4-37是13世纪德国的柜子 (chest)，是图1-6所示的根据盖子形状进行分类的各类柜子中具有棱线

图4-37 屋顶型柜子 德国 H. Kreisel: Die Kunst des deutschen Möbels, Verlag C.H. Beck München, 1968, Vol.1, fig.17.

---

1. Fred Roe, Ancient Church Chests and Chairs, B.T. Batsford Ltd., 1929, p.19.

图4-38 圣遗物柜 H. William Lewer, J. Charles Wall: The Church Chest of Essex, Talbot and Co., London, 1913, p.42.

的屋顶型无腿柜子。棱角处用圆头钉子固定铁箍，柜子表面装饰了以植物的茎和十字架为主题设计的铁艺图案。屋脊处的铁腰子用合页连接，倾斜的盖子前面可以打开和关闭。侧面绘制了圣保罗的画像。花瓣和涡形花纹，在整个中世纪时期都受到人们的喜爱，被用于装饰大门和西洋风格的门扉等，利用锻造和铸造两种工艺中的任何一种都可以制作。细节部分的设计存在着流行因素，以具有确切建筑时间的建筑物上所使用的装饰花纹为基准，利用这些流行因素可以推算出家具的制作年代。

图4-38是英国温彻斯特大教堂圣坛摆放的六个柜子 (chest) 之中的一个，是主教亨利·德·博伊斯 (1129—1174) 为存放韦塞克斯地区的大量撒克逊国王的圣遗物而下令制作的柜子[1]。盖子的一面绘制了繁茂的叶子。两个侧面带有舒缓曲线的带状线条内铭刻了埋葬者的姓名，里面存放的是人的骸骨。这个柜子 (chest) ，在主教霍克斯 (1501—1529) 的命令下，被放入同样屋顶形状的更加豪华的外箱里，所以它被保存得极其完好，色泽鲜艳。

流浪的画家们不只准确地描画了柜子 (chest) ，还描绘了它

---

1. Fred Roe, Ancient Church Chests and Chairs, B.T. Batsford Ltd., 1929, p.31.

图4-39　赫里福德郡　金斯兰利教堂（King's Church）Fred Roe: Ancient Church Chests and Chairs, B.T. Batsford Ltd., 1929, p.19.

图4-40　白金汉郡　大马洛（Great Marlow）Fred Roe: Ancient Church Chests and Chairs, B.T. Batsford Ltd., 1929, p.20.

所放置的场所。图4-39是《英格兰和威尔士的美》中的插图[1]，是19世纪初C.谢泼德绘制的英国赫里福德郡金斯兰利教堂内部的铜版画。北侧大殿中央安放着被认为是存放了圣遗物的保险箱。台座上的富丽堂皇的保险箱，令人想起罗马时代的石棺。在它的旁边，摆放着一个箱盖呈半圆形的、用铁箍加固的旅行箱。图4-40是1812年出版的《建筑的古遗迹》[2]中的一幅图，描绘的是位于白金汉郡大马洛的教堂和古老的礼拜堂。画面前方可看到一个柜角用铁箍加固并安装了三把锁的哈奇。与这个哈奇形状非常相似的有牛津大学梅尔顿学院图书馆的柜子（图4-41），这个用橡木制作的柜子，其特点是带有拱形柜腿，这与学院初期的历史和样式相一致，推测其制作年代大概是1280—1300年[3]。

如上所述，教会里保存了很多柜子（chest）。中世纪频繁的大规模掠夺所造成的不安定的社会状况，导致了这一现象的形

1. Fred Roe, Ancient Church Chests and Chairs, B.T. Batsford Ltd., 1929, p.19.

2. Fred Roe, Ancient Church Chests and Chairs, B.T. Batsford Ltd., 1929, p.20.

3. P. Eames, Medieval Furniture, The Furniture History Society, 1977, p.155.

图4-42　接受弥撒的柜子(chest)　牛津大学图书馆　H. William Lewer, J. Charles Wall: The Church Chest of Essex, Talbot and Co., London, 1913, p.13.

图4-41　柜(chest)　牛津大学　P. Eames: Medieval Furniture, The Furniture History Society, 1977, p.155.

成。因此,人们费尽心思保管贵重物品,将柜子(chest)寄放在安全的教会那里。这与基督教权威的渗透有很大的关系,即便是盗贼,在袭击教会时也会有所迟疑。但是,在漫长的岁月中,有的人忘了把柜子寄存在教会,有的人因某种原因而无法取回柜子,还有人作为答谢将柜捐赠给教会,如此一来,教会里就汇集了很多的柜子。另外,世俗社会的普通人家经常会为了生活上的便利而处理一些物品,而教会却不能轻易地处理物品,这也是教会里保存了很多柜的原因。

图4-42是牛津大学图书馆收藏的工笔画(1338—1344年)[1]。人们正在把用铁箍固定的坚固的钱柜(money chest)放到建在地下室地面上的台子上。神职人员围在柜子的四周,牧师单手拿着圣经正在念咒。大概是对意图侵犯柜子的人所念的咒语。由此可知,对盗窃所采取的措施,除了实质性的防御手段外,还借助了神职人员们的力量。

---

1. H. William Lewer, J. Charles Wall, The Church Chest of Essex, Talbot and Co., London, 1913, p.13.

西欧的屋顶型柜子

屋顶型柜子的原型

东西欧广泛分布着教会和家用的屋顶型柜子。调查这种柜子(chest) 的由来后发现,它与枢 (coffin) 有着密切的关系。

古埃及人持有独特的生死观,他们认为人在现世的生活只是暂时的,肉体毁灭后,会在另一个世界再生复活,从而获得永恒的生命[1]。棺材是在那个世界居住的房屋,棺材的内侧刻上了死后生活所需的咒语,以便于死者诵读,此外还绘制了在那个世界使用的各种用具。柜子 (chest) 的历史非常悠久,埃及的工匠们,从公元前15世纪至公元前13世纪就已经利用从齐里亚和其他地方引进的无花果树、橄榄树、雪松等木材制作了漂亮的有腿型柜子 (chest) 。柜子的结构属于哈奇型,在四根竖框里嵌进侧板以防止变形,这种样式的柜子是欧洲最常见的柜子 (chest) 的原始形态。随着社会文明的发展,以前绘制在图画上的用具变成了真正的实物。图4-43是埃及国王凯和王妃梅瑞特葬礼上使用的柜子 (chest) (公元前1350年左右),里面放的是衣服[2]。此外还有带有同样屋顶形盖子的木块拼花工艺的衣柜和宝石箱。这些柜子都是死者在另一个世界使用的家具,具有非日常性特点。

送葬的习俗虽然因时代、民族、阶层的不同而形式多样,无法笼统地概括,但是埃及周边地区也有制作存放死者遗体的屋顶型棺枢的习俗。图4-44是塞浦路斯岛阿玛苏斯出土的石棺,收藏

---

1. 森口多理,"埃及绘画",新规矩男编,《大系世界的美术》第二卷,埃及美术,学习研究社,1963,p.194。
2. 键和田务,《西洋家具集成》,讲谈社,1980,p.13。

图4-43 带山形顶盖的柜子（chest） 埃及博物馆 键和田务，《西洋家具集成》，讲谈社，1980，p.13。

图4-44 石棺 塞浦路斯岛出土 《大系世界的美术》第四卷，古代地中海美术，学习研究社，1988，p.34，p.83。

于纽约大都会美术馆。制作时间被推测为公元前7世纪至公元前5世纪[1]。石棺长232厘米，本体模仿的是哈奇型结构，石棺正面和背面的浮雕分别描绘了不同的战斗场景。屋顶形盖子的两边，有一部分遭到了损毁，图像看不清楚，似乎装饰的是天使肖像。这种装饰被称为山墙饰。其屋顶的形状，被希腊和罗马的石棺所继承。而且，中世纪存放与教会有渊源的圣者遗体和遗物的柜子（chest），以及像上一节叙述的德国柜子（图4-37）那样的教会用来保管各种器物的柜子和casket（小盒）也继承了这一样式。

---

1. 新规矩男编，《大系世界的美术》第四卷，古代地中海美术，学习研究社，1988，p.34，p.83。

随着时间的流逝，屋顶形状所蕴含的特殊意义逐渐被人们所遗忘，这种样式也开始被用于家用柜子 (chest)。制作材料根据地区的不同而有所差异，如阿尔卑斯地区使用冷杉、霜降松[1]等木质软的木材，而德国北部、英国、斯堪的纳维亚半岛则使用橡木。

西欧的屋顶型柜子

我们来看看这类柜子的实例。图4-45是14世纪初期德国的柜子 (chest)，这个柜子 (chest) 充分体现了前面所述的这一类型柜子的特点。盖子侧板上独特的雕刻痕迹也许是前面提到的山墙饰的遗风。又被比喻为马鞍形状的厚厚的侧板，覆盖在箱子侧面上。侧板与后面的竖框用木钉连接在一起，可以转动。这根木轴被称为枢轴铰链或销铰链，是完全用木头制作的开闭装置，没有使用贵重的金属材料。屋顶的脊檩有棱线，没有接缝，由此推断是用厚厚的木块削制而成。侧板被插在宽宽的竖框上雕刻的木槽里。有关这些削制轮廓并接合的制作方法，我们将在第六章"民族技术与箱"的部分深入探讨。

图4-45　柜（chest）　德国　S. Muller Christensen: Alte Möbel, F. Bruckmann, 1948, p.20.

图4-46是19世纪前半期匈牙利的柜子 (chest)。盖子为屋顶型，脊檩上带有棱线，看不到接缝的痕迹，大概是用一块厚板削成的V字形状。两侧较长

---

1. 霜降松：五针松的一种，松叶为白绿色，仿佛挂了霜一般。——译注

的侧面刻有木槽，向木槽里插入盖板。盖板边缘的搭手，与我们在刳木型部分列举的蒂罗尔的柜子相似。左右两侧的盖框用35—40毫米的厚板制成，如图所示，制作了两个与山墙饰类似的突起，往侧面的槽里插入盖板。盖框下面的三个方向也都抠了槽，比竖框稍高的侧板嵌在槽里。盖子的开闭，依靠后面竖框的枢轴铰链。柜体结构

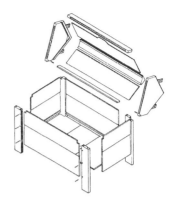

图4-46　匈牙利衣柜的构造　国立民族学博物馆

与普通哈奇型相同，竖框上刻有大约30毫米深的槽，插入侧板，用木钉固定。柜子外部在黑的底色上用彩色线条雕刻出圆形、半圆形、直线等图案。

屋顶型小型容器

　　我们来看看带有屋顶形盖子的小型容器。正如在前面章节所叙述的那样，小盒(casket)的制作样式较为豪华，既有平盖的，也有山形盖、四面坡形盖、圆顶形盖，还有很多精雕细刻的柜子。这些柜子被用来存放圣骨和十字架的残片等，被视为信仰的对象。其中也有像挪威的主保圣人——奥拉夫的casket(精美小匣)那样、著名的象征奇迹的柜子。修道僧和骑士们随身都携带小型的盒子。他们从怀中取出小盒进行祈祷，或是将小盒伸到对方面前，证明自己的清白，发誓。也有与信仰无关的小盒，里面放置与自己关系亲密的人的遗物，或宝石、信件、文具、调羹、蜡烛、香料等。

　　图4-47是13世纪建造的挪威圣托马斯教会以前收藏的存放

图 4-48　保管贵重物品的箱子　印度　国立民族学博物馆

图 4-47　小盒（casket）　挪威（左）Peter Anker: Chests and Caskets, C. Huitfeldt Ferlag, Norway, p.20.

圣遗物的容器，现收藏于卑尔根历史博物馆。因外形较小，所以将之归于小盒 (casket) 一类。其外形模仿了挪威的木造教堂，山形屋顶的脊檩上装饰了金属制龙形雕刻和小亭。两个侧面上的罗马风格连环拱廊，表明其制作于 13 世纪 [1]。

　　带有山形或四面坡形等屋顶盖子的小型箱子数量很多，数不胜数。图 4-48 是国立民族学博物馆收藏的保管贵重物品的箱子，这个箱子来自印度泰米尔纳德邦。暗褐色硬木制作的箱子，装饰有豪华的黄铜零件，与前面讲述的小盒 (casket) 非常相似。此外，笔者亲眼见到的还有扎伊尔和菲律宾的生活用具、苏联少数民族用猛犸象牙制作的保管贵重物品的箱子。

　　佛教中与基督教的圣遗物相对应的是佛舍利，也就是释迦牟

1. Peter Anker, Chests and Caskets, C. Huitfeldt Ferlag, Norway, 1982, p.13.

尼火化后留下的遗骨。佛舍利被分给各个地方，除印度之外，还途经中国、朝鲜被带到了日本，修建了供奉、祭祀佛舍利的佛塔。成为佛教信仰对象的佛舍利，被存放在多层容器内。最外层的容器，大多带有模仿佛寺和佛塔的屋顶制作的盖子。

屋顶形盖子所蕴含的意义

如前所述，屋顶型柜子里存放的是教会的祭祀用具和圣遗物以及宝石等，具有静态的特点。另一方面也论述了西欧专门用圆顶形盖子的柜子 (chest) 搬运物品，而美保神社带屋顶形盖子的辛柜则被认为是全天候型运输工具。那么，西欧屋顶型柜子的特质究竟是什么呢？首先，在使用椅子的生活空间里，柜子 (chest) 的平盖可以作为辅助桌子的台子来使用。但是屋顶形的盖子 (圆顶形的盖子亦是如此) 上面不能放东西，不能当台子使用。换句话说，就是断绝了与其他家具之间的关联，具有独立性的特点。

那么，屋顶的形状又代表了什么呢？ H.施米茨指出，中世纪的屋顶型柜子继承了古希腊和古罗马石棺的样式[1]。相反，P.安卡尔没有使用"屋顶型"这一名称，而是将其称为"屋型 (House Shaped)"，明确地指出"它是死者居住的房屋 (Dwellings of the Dead)"[2]。当然，这是以分布在欧洲的屋顶型柜子为对象进行的研究。此外，安卡尔还指出，永远以完整的形态保存的屋顶型石棺 (sarcophagi)，价格昂贵，大概起源于木制的屋形棺材。《百科全书·美国史料》里著者对"coffin"一项的解释是，美国印第安人的某个种族偶尔会给遗体穿上死者生前穿过的衣服，将之放入模仿房屋制作的小型"死者之屋 (house of the dead)"内。

1. H.施米茨著，仓田一夫译，《西洋古典家具》，大空社，1983，XV 页。
2. Peter Anker, Chests and Caskets, C. Huitfeldt Ferlag, Norway, 1982, p.11—12.

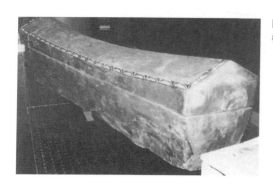

图4-49 印度尼西亚的棺椁 国立民族学博物馆

对于这种说法，以教堂为首的、英国威斯敏斯特教堂里的加冕宝座的靠背被设计成三角形状，橱柜等也被制成屋顶型等，由此可判断这些也是受哥特式的影响。但是，如前所述，屋顶型柜子 (chest) 在古代就已经存在了。图4-49是国立民族学博物馆收藏的印度尼西亚苏门答腊岛北部山区多巴·巴塔克族的"刳木"型棺椁，盖子上有明显的翘曲棱线，看起来像是模仿了他们居住的房屋。另外，似乎还有人认为它模仿的是船的形状。收集者吉田集而指出，这种棺椁被摆放在家门前的广场，用以举办隆重的葬礼。利用"刳木"技术可以加工出各种形状，因此其盖子的形状大概包含了人们强烈的意志。把仍留有树木弧形结构的厚厚木板接合在一起制成的中国棺椁，盖子上也带有会令人联想到屋顶的棱线，也属于屋形结构。

《百科全书·美国史料》中记载，对于居住在河岸和海岸附近的人们来说，独木舟和小船就是房屋的象征，他们把遗体放在小船内搬运。对于这一点，《不列颠百科全书》并没有把小船解释为房屋的象征，书中认为小船大概是为死者在另一个世界使用而准备的。

就算"屋形"柜子是仿照"死者居住的房屋"制作的，那么干燥地带的房屋也是屋顶型吗？实际上那里也有只有墙壁而没有屋顶的房子。但是，远眺游牧民居住的帐篷，也不能说它就不是三角形或屋顶型。从人死后在异次元的世界生活这一观念出发，模仿在现世居住的房屋制作存放遗体的容器，或把它看成为去往那个世界而准备的"船"——这种说法也可以理解。模仿神佛居住的房屋来制作小盒 (casket) 和存放舍利的容器，也可以视为类似观念的产物。

前面提到的屋顶型所具有的强烈的独立性和在柳箱部分论述的三角形的非日常性，二者是一致的。可以说它们给存放宝石等贵重物品的容器赋予了恰如其分的生动的表情。屋顶型柜子，从利用制作柜子的最原始的技术制作的刳木器，发展到可以解体的柜子，再到细木器等，种类繁多。有关这部分的内容，我们将在第六章"民族技术与箱"进一步深入探讨。

古代传说中出现的箱

神社的起源与箱

围绕箱的起源这一问题存在着种种争议，棺枢大概就是其中之一，这点可以从出土文物得到证实。民俗学者柳田国男在《木思石语》中讲述了箱与神社的起源之间的关系，即，使用箱子这种精巧复杂容器的最主要的原因是一种信仰上的行为，尤其是为了搬运灵魂[1]。在伊势神宫的迁宫仪式上使用的"御船代"（图4-50），也具有象征性意义。《大神宫仪式解》中记载，神灵被供奉在一种被称为"御樋代"的"圆器"即圆桶里，用"木头雕刻的船形""御

1.《定本柳田国男集》五卷，筑摩书房，1968，p.459。

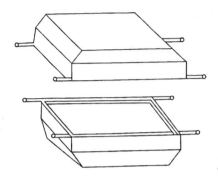

图4-50 御船代 "贞和御饰记", 《神宫》,小学馆,1975。

船代"搬运。图4-50是《贞和御饰记》(抄本)中所列的丰受大神宫的"御船代"。附记中记载"长6尺1寸5分,宽2尺4寸5分。或长7尺6寸,之中6尺4寸,身手崎各6寸云云,宽2尺5寸,高2尺5寸",虽尺寸稍有不同,但外形很大,刳木制成,侧面的厚度大约1寸4分(约42毫米),盖子和柜体的单侧都分别装有两根木棒制成的把手。用"御船代"移驾神灵是一项非常神秘的仪式,连搬运的人在内都要用丝绸制作的帷幔遮挡起来,而且还要在深夜里举行。

柳田国男用下面这个传说来证明他前面所说的观点,即在佛像和御币被使用以前,神是坐在柜子和箱子之类的容器里一路漂流至此的。据说《明治神社志料》里就有这样的记载[1]。很久以前,一个放着异光的石块漂到这个村子的海边,"牟茨库"的当地渔民将石块放在盛食物的器具里带回家,把它当成御神体供奉起来,这就是土佐国安艺郡秋津村八王寺宫的由来,据说那个将石块带回去的渔民,他的子孙世世代代都担任神官。当在地貌上难以描绘神灵漂流的路线时,就采用神灵是坐在箱子里"降临"人世的说法,据说箱山岳(若狭郡)或备后双三郡三良坡御箱山的由来就是

1.《定本柳田国男集》五卷,筑摩书房,1968,p.461。

如此[1]。另外，石垣岛据说还流传着这样一个传说[2]。从前，因岛上没有铁铲、锄头、镰刀等农具，所以兄弟二人到萨摩的坊泊去采购。这时突然出现了一位白发老人，问他们："你们岛上供奉神了吗？"二人回答"没有"。老人说"那我就赐给你们一位神吧"，于是给了兄弟二人一个盖子盖得严严实实的柜子。老人吩咐二人，这个柜子到了海上也许会发出响声，按照响声的方位行船就会顺利地回到岛上，到了岛上再拜托其伯母打开盖子。兄弟二人马上开船，于是像老人所说的那样，柜子真的发出了响声。二人觉得不可思议，于是打开了盖子，可是柜子里却什么也没有。这时，突然风向发生了改变，船被吹回了坊泊。先前出现的白发老人站在那里，兄弟二人违背诺言的事情败露了。但是，老人依然原谅了他们，让他们再度发誓，顺利地回到了岛上。二人按照老人的吩咐，拜托其伯母打开盖子，发现里面放着神谕，二人把神谕供奉起来，这就是石垣岛神社的起源。在这些传说中，箱子与神被一体化了。

神话、传说与箱

只要是日本人，就都知道浦岛太郎和宝盒的故事。故事讲述的是，龙宫的仙女将宝盒交给浦岛太郎，让他发誓一定不打开盖子。然而，再次回到家乡的浦岛太郎发现，仅仅时隔三日，村子里的人和村子里的情况完全都变了，无计可施的浦岛太郎最后打开了盖子。在龙宫城度过的三天，相当于尘世的数千年，这个说法对于孩子来说，根本无法理解，他们只是被模糊的感觉所驱使。这种在仙境体验超自然的时间的传说，在日本分布得很广。话虽如此，浦岛的原型在《万叶集》和《丹后风土记》等文献中均有记载，其

1.《定本柳田国男集》五卷，筑摩书房，1968，p.481。
2.《定本柳田国男集》九卷，筑摩书房，1968，p.7—8。

古老的程度可称傲世界。但是，这些文献中记载的不是宝盒，而是前面提到的"玉匣（箧）"，即"玉梳笥"，"玉"的意思是"魂"，这一说法较为权威。

但是，柳田国男却为大家讲述了室町时代中期的文献资料《卧云录》中记载的传说。一个叫"铃御前"的巫女携带了一个五六寸见方的箱子，箱子里似乎住着神仙，里面传出像是人说话的声音，如果她违背神的意志，箱子就会从她的手里掉落下来。而且，神似乎喜欢喝酒，打开盖子悄悄地敬酒，神会轻松地喝掉一升[1]。

在被称为西欧文化宝库的希腊罗马神话里，也有几个以箱子为题材的故事[2]。雅典娜是古希腊最高的神——宙斯的女儿，是奥林波斯十二神之一，以战争和各种技艺的守护神而著称。女神将大地生下的婴儿放入箱中，将箱子交给刻克洛普斯的女儿们，严令她们绝对不可以打开盖子。但是，刻克洛普斯的两个女儿受好奇心的驱使向箱内窥视，发现里面有一条蛇（也有说法是长有蛇尾的孩子，或被蛇缠着的孩子）。刻克洛普斯的两个女儿大惊之下，从雅典卫城的山丘上跳下来摔死了。女神将婴儿取出，在帕特农神庙将之养大，婴儿长大后成为雅典国王。根据其他的传说，雅典国王没有腿，下半身为蛇形。

希腊神话中潘多拉的盒子，也非常有名。宙斯为了惩罚人类，创造了具有年轻美貌、狡猾、背叛等特性的潘多拉（图4-51）。普罗米修斯愚蠢的弟弟埃庇米修斯娶潘多拉为妻。众神交给潘多拉一个封着的盒子，里面放着会带给人类灾难的所有不好的东西。里面唯一好的东西就是"希望"，它被放在盒子底部。普罗米修斯警告埃庇米修斯，一定不要接受宙斯的礼物。但是生来就带有强烈

1.《定本柳田国男集》五卷，筑摩书房，1968，p.462。
2. 迈克尔·格兰特等编，西田实等译，《希腊·罗马神话事典》，大修馆书店，1988。

好奇心的潘多拉，违背嘱咐打开了盒子。于是悲伤、疾病、打架、苦恼等从里面飞了出来。虽然赶紧盖上了盖子，但已经来不及了，只有希望被永远地封在了盒子里。从那以后，人类为了生存，就不得不辛苦工作。

"约柜 (ark)" 的故事也非常神秘。关于这个词有各种不同的说法，它所代表的器物也因国家和地区的不同而存在很大的差异。《牛津英语词典》中的第一个意思是，这个词是通用的条

图4-51　拿着盒子的潘多拉　伦敦泰特美术馆　迈克尔·格兰特等编，西田实等译，《希腊·罗马神话事典》，大修馆书店，1988。

顿语，来自意为柜 (chest)、箱子、保险箱 (coffer) 的拉丁语arca。在北方的语言中特指放食物、面包、水果等的大型木制容器。第二个意思是犹太教信仰的象征——"约柜"。第三个意思是《旧约圣经》的故事里出现的著名的"诺亚方舟"。《旧约圣经》原文为希伯来文，"约柜"被拼写为aron。aron被认为来自埃及语，意为箱子或保险箱。人们似乎把aron理解为拉丁语的arca。我们在前面讲过，arcere的意思是"放到……里边"或"关上"。

放有摩西十诫的约柜，被视为耶和华神的住处，规定由秘密集会点和神庙保管。《旧约》"出埃及记"第25章详细记载了神下令制作约柜的故事。约柜要用金合欢木制作，长2肘尺半，宽1肘尺半，高1肘尺半。内侧和外侧要用纯金包裹。周围还要镶上金边。要铸造4个金环，镶在柜子四条腿的上方。用金合欢木制作用来搬运的木棒，木棒上也要包上金。抬柜子的时候，把木棒穿进柜子内侧的环里，木棒必须一直插在柜环里，不可抽出。也就是说，约柜是一个包括木棒在内的、金光闪烁的柜子。1肘尺大约相当于1.5

英尺，所以柜子的大小为长112.5、宽67.5、高67.5（厘米），作为两个人抬的柜子大小正好合适。由聪明、智慧、达观并擅长用金、银、青铜等制作物品的手工艺人——比撒列制作。

图4-52是圣经画家古斯塔夫·多雷绘制的"约书亚记"第6章第20节中"攻打耶利哥城"情景中出现的约柜[1]，人们从约柜的底部穿过木棒，将之高举过顶，以示敬畏之意。

《旧约圣经》的故事里生动地描写了约柜的"力量"。例如"民数记"第10章记载，过约旦河时，将约柜放在队伍的最前头，于是立刻出现了河水干涸的奇迹。此外，"约书亚记"第6章还记载，在令以色列人苦恼的耶利哥战役中，人们把这个柜子放在队伍的最前头，绕着城墙转了七圈，在大家的齐声呐喊中，那么坚固的城墙竟然发出巨响崩塌了。

图4-52　约柜的搬运　《古斯塔夫·多雷圣经画集》，座右宝刊行会，1973，p.51。

约柜具有如此不可思议的力量，因此耶和华自己也非常惧怕它的威力，对它崇拜有加。"撒母耳记"第2章第6节记载，到了拿康的脱谷场，因牛步态不稳险些弄翻约柜，所以乌撒赶紧伸手去扶盖子。于是，耶和华因为乌撒触碰了圣物而大怒，当场将其击杀。跟随约柜列队行进时，因一旦触碰圣物就会有性命之忧，所以必须与之保持大约2 000肘尺的距离。

1.《古斯塔夫·多雷圣经画集》，座右宝刊行会，1973，p.51。

另外,"约书亚记"第3章还记载,因不明原因的灾难而导致很多人被杀,所以亚比拿达派他的儿子侍奉约柜。"撒母耳记"第1章第5—6节记载,以色列人被非利士人打败后,在逃跑时扔下了约柜,以致约柜被掳走。因这一罪责,致使3万步兵死于疫病。另一方面,掳走约柜的非利士人也遭受到了可怕的灾难。感到为难的非利士人,让祭司和占卜师制作新车,选了两头还未被套过辕的雌牛拉车。而且还没忘记在皮袋里装满供品。于是,雌牛一路"哞哞"叫着径直奔向以色列人居住的村庄。

这些故事使后面将要叙述的有关存放三种神器的唐柜的故事变得更为神秘。向神敬献年轻男子的故事,令人联想起日本的神道。日本皇室出于对神道的信仰,曾派未婚的皇女前往上贺茂神社和伊势神宫,在那里侍奉天照大神。用未曾套过辕的雌牛拉新车的故事,表现出潜藏在人们意识深处的、神圣性与纯洁性密不可分的观念。

约柜最后的结局也充满了谜团。"撒母耳记"第2章第6节记载,耶和华的约柜被运到各个迦特人的家中,在赐福他们全家后,被所罗门王运到他的都城,被安放在为此而建的帐篷正中。不久后,帐篷被重建为壮丽的圣殿,似乎为强化王权的政治目的所利用。也就是说,约柜是人们的精神支柱,虽然用肉眼看不到,但却是拥有绝对力量的神实际存在的具体体现,它为以色列人忍受艰苦的流浪生活、实现部族的团结发挥了重要的作用。曾经是移动的圣殿的约柜,在人们定居下来,并修建了壮丽的圣殿后,大概就失去了它存在的价值。"耶利米书"第3章记载"他们对上帝的约柜,不再提起,不纪念,不追思,不调查,也不想再制作新的柜子"。最终产生了一个传说,即约柜去了天堂,在弥赛亚再世之前一直留在那里。在这一背景下,史蒂文·斯皮尔伯格导演拍摄了轰动一时的电影《失落的约柜》。

近代自由主义思想的学者认为，约柜 (ark) 的起源是犹太教僧侣们称颂的"占卜箱"[1]。但是大约在公元前850年，在重视摩西律法的潮流下，人们对占卜的指责日益高涨。于是，认为耶和华不是神，而埃洛希姆才是神的人们偷偷地把故事转换成柜子里面放置的是摩西十诫。圣经学者的研究表明，历史上似乎曾存在过几个这种柜子，对于里面放置的物品说法不一，有的说放置的是犹太民族的始祖约瑟夫的遗骨，也有人说放置的是盛放了吗哪的金罐、亚伦发芽的杖、刻有摩西十诫的石碑、耶和华位于西奈或希伯来的最初的住所里的石头崇拜物 (陨石)，等等。此外，公元2世纪的希腊地理学家保萨尼亚斯指出，约柜是放置王冠或圣蛇的容器。

箱的神秘性

日本最神秘的器物大概就是象征着继承皇位的三种神器。前面提到的备后双三郡三良坡御箱山供奉的神，在天神子孙降临时，就捧持着放有三种神器的柜子。这三种神器也遇到过几次危难。南北朝时代的史书《保历间记》记载，源氏在源平战争中获胜并率领军队回到京都后，其率领的士兵冲进了皇宫内侍所，打开了放在那里的辛柜。辛柜被打开后，士兵们的眼睛和嘴开始流血。"那是因为里面放着镜子，普通人随便观看是对神灵的不敬"。听到这话大家都惊恐地四散逃开。后来，源义经与被俘的平大纳言时忠商量，将辛柜 (图4-53) 恢复了原样[2]。柜子里放的是象征皇位的三种神器之一的宝镜，即"八尺镜"。

1.《不列颠百科全书》A 项，pp.364—366。

2.《保历间记》(群书类从第26辑) 续群书类从完成会，1956，p.32。另外，《平家物语》中将存放宝镜的唐柜记载为"玺之御箱"。《平家物语》下 (日本古典文学大系) 岩波书店，1967，p.344。

图4-53 玺之御箱
《平治物语》,《日本画
卷轴全集》,角川书
店,1969。

最近,人们曾争论是否应该打开神秘的柜子。昭和六十年6月,
昭和资产调查委员会在调查法隆寺的宝物时,在北面的仓库发现
了飞鸟时代的箱子,其制作时间大概是3世纪左右,外层包有中国
纺织品——蜀江锦。这个小小的箱子,被精心地保护在分别用纺
织品包裹的四重内箱里,外面又包裹了一层明代的纺织品。内箱
的捐献者为丰臣秀赖、江户幕府第五代将军德川纲吉的母亲桂昌
院等。根据寺里的要求,调查人员没有打开箱子,他们用X光检查
后发现里面放的是三卷卷轴。这个卷轴正是传说中圣德太子从长
野善光寺的本尊——善光寺如来处请来的。

我们再列举一个有关神秘箱子的例子。被称为长门一宫的国
宝——住吉宫,在正殿深处安放着一个大约一张榻榻米大小的柜
子。据说在修理屋顶等处时,因担心人位于柜子的上方,对神灵不
敬,所以每逢这时都要悄悄地移动柜子。即使是在神社服务的人
员,也不允许接近柜子,其具体情况一直完全保密。对于前面提到
的铃御前所持的箱子,柳田国男指出,大概是因为普通人看不出其
奇特之处所以才会出现这种奇瑞。否则,也许只能通过严格地保
守神秘性来达到使人相信其灵验的目的。长门一宫的柜子就属于

后者，将柜子一直藏在人们看不到的地方，以此来获得信仰的高度象征性。

　　上述箱子的共同点是具有神圣性，既不可以随便触碰，也不可以观看里面的物品。紧紧地盖着盖子的箱子，因不知道里面放有何物，而使人产生恐惧的心理，这使得人们对其愈发敬畏。但是在好奇心的驱使下，一旦违背禁忌，就会面临灾祸和发生各种不可思议的事情。在各种集团里，都存在这种被神圣化的柜子和箱子，而放置柜子的空间也变成了神居住的场所，即宗教建筑。值得关注的是，放置圣物的不是橱柜，而是箱子或柜子。橱柜只要打开柜门，里面的物品就会完全暴露出来。而箱子只有向内窥视才能看到里面的物品，仍然可以维持它的保密性。也可以说正是因为这种结构特点，所以才使箱子具有了象征性。

　　G.巴什拉在《空间的诗学》[1]中指出，"抽屉、箱子、锁以及橱柜里放置的物品，使我们再次与蕴含了无穷无尽的秘密的梦想相接触"，"要想打开衣橱，就会感到略微的发抖"，这就是封闭的空间与心灵之间的密切关联。人似乎需要秘密的空间、秘密的内部。与箱子有关的各种各样神秘的故事，均来自此。箱子会让我们回想起那些被遗忘的重要物品。

---

1. G. Bachelard 著，岩村行雄译，《空间的诗学》，思潮社，1986，p.112—127。

第五章

搬运与箱

箱子不仅是收纳用具，还是搬运工具。下面我们来研究这些箱子的典型样式与人们生活之间的关系。

日本的柜子与搬运

画卷中出现的柜子样式与搬运方法

12世纪后半叶至14世纪初的画卷里可以看到各种搬运物品的场景，其中可称之为柜子的是被称为"长柜"的大型柜子和被称为"运货唐柜"的吊在扁担两端的小型柜子。那么，画卷里描绘的是真实的柜子吗？对于这一疑问，有关美术史的各项研究大多给出了肯定的答案。画卷上尤其描绘了各种样式的长柜。《年中行事绘卷》的出版目的是为了给后世记录下已经开始出现衰退迹象的贵族社会当时的繁盛景象，被评价为具有高度的写实性[1]。其他画卷

1. 大石良材，"宫廷礼仪"，《日本画卷全集》第24卷，角川书店，1968，p.24。

中描绘的柜子也都具有共同的特点，里面收置的物品和搬运方法也非常相似，经得住仔细的探讨和研究。

图5-1是大约12世纪中叶绘制的《粉河寺缘起图》中，河内国的长者佐太夫正带领全家人前往纪伊国粉河寺参拜途中的情景。被抬着的就是长柜，以画面上的人为参照物，会发现这个柜子正如它的名字所说的那样，非常长。长者一家人跟在柜子的后面。里面放置的应该是旅行所需的物品。柜子侧面大致等距离地排列着竖线，两个腿安装在距离长侧面的盖子稍微向下的位置。短侧面上也安装了腿，腿上面穿着绳子之类的东西，绳子吊在扁担上。盖子上面也放着用布包着的大行李，这就是那时柜子的使用方法。这种样式的柜子，在同为12世纪中叶绘制的《年中行事绘卷》至14世纪初叶的《游行上人缘起图》中的很多画卷上都可以见到。由此判断，这种柜子是长柜的代表性样式[1]。

图5-2是14世纪初叶绘制的《石山寺缘起图》，根据图旁文字的介绍，圆融法皇命令仆人搬运敬献给琵琶湖南面石山寺的经书，画面上的仆人正在搬运经书。柜子侧面正中画有两条细线，这两条细线应该是木条，这种木条在12世纪中叶的《年中行事绘卷》至14世纪初叶的画卷中都可以看到。柜子的腿是优美的下端向外翘曲的样式，随着时代的发展，这种向外翘曲的幅度似乎越来越大。下面我们来看一种被放在地上的柜子。图5-3绘制的是被赶出镰仓的一遍上人 (1239—1290) 在山路上向人们施舍食物的情景。长柜大概是从附近运来的，里面可以看到盛在器皿里的类似江米团和菜之类的食物。放在距离长柜稍远位置的盖子，被翻过来当食案使用。这

---

1. 本项内容请参阅以下论文和报告。"长柜考"（《设计学研究》40,1983.3），"根据执政所抄进行的长柜复原制作"（《设计学研究》44,1983.11），"续长柜考"（《设计学研究》45,1984.3），"根据年中行事绘卷再现的长柜"（《设计学研究》48,1984.10）。

图5-1 长柜《粉河寺缘起图》《日本画卷全集》，角川书店，1969。

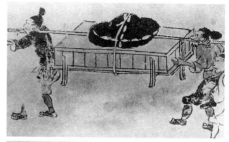

图5-2 长柜《石山寺缘起图》（同）

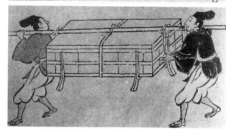

个柜子的四角是圆形的，在柜体上只能看到横线，样式比较特殊。

　　画卷上还绘制有很多形状各异的长柜。例如，《年中行事绘卷》在鹰司本八卷参拜春日大社的场景中，绘制了一种外形与图5-2的长柜相同的柜子，只是没有柜腿。这个柜子与运货唐柜一起被放在队伍的最前头，很难想象是画师忘了画柜腿或是省略了柜腿，很有可能是当时也存在不带腿的长柜。此外，《年中行事绘卷别本》在田中家收藏的二卷九段"大臣家的盛大飨宴"场景中，描绘了在寝殿假山的背阴处摆放着一个长柜，有人正在从柜里取出坛子。这个长柜与前面提到的长柜样式不同，没有竖线，长侧面和短侧面画了数条细横线（图5-4）。我们再来看《年中行事绘卷别本》一卷一段中绘制的"贺茂临时祭"里的场景。放在京都主路地面上的长柜的轮廓，是用两条线绘制的。有关这个柜子的详细内容，我们将在第六章"民族技术与箱"探讨研究。不能断言这种画

图5-3 长柜 《一遍圣绘》（同）

法就是一种简略的画法，只能认为是柜子自身结构的不同。从上述研究可以推断，长柜曾具有各种各样的结构。

我们来看文献中记载的长柜的使用方法。《土佐日记》（承平五年，即935年）中记载了搬运鱼类和贝类等水产品的情景，"以鲫鱼为首的各种河鱼、海鱼以及其他水产品，都被放在长柜里陆续送来"。此外，《续古事谈》二臣节中记载"宇治殿平等院修好后，在移驾庄园时，把各处收集来的米像沙子一样一点点地并排撒在长柜的盖子上……"。《看闻御记》中记载"永亨四年九月九日，夜自室町殿抑入小长柜一只，装有金属零件，内放装有松茸、甜柿子的小盒一只，赐之"。《竹取物语》中记载"（皇子）把玉枝装在一个长柜里，上面盖上锦缎，拿着走上岸来"。《雅言集览》中记载"长明无名抄中讲述了这样一件事，朝臣橘为仲结束陆奥守的任期后，在返回京都时，将宫城野的胡枝子装在12个长柜内带回京都"。以上文献资料显示，长柜里装的是饭、汤、鱼贝类水产品、米、胡枝子、松茸等相当沉重的容易弄脏的东西。

与此相对，文献中记载的唐（韩）柜里装的却是桑线、丝绸、宝镜、

图5-4　长柜　《石山寺缘起图》（同）

兵器剑、铠甲、黑漆帽子等。可以说，柜子里装的一般是衣服、金钱、书籍等华丽的、贵重的物品[1]。由此可知，平安时代已经把收纳和搬运工具区分开，长柜被用来搬运沉重并易脏的物品。经得住如此使用的长柜，大概是具有重量轻、结实、价格便宜、可以容易取得等特点的利用弯制技术制作的容器。详细内容我们将在下一章深入研究。

　　接下来，我们来看看运货唐柜。图5-5是《一遍圣绘》里绘制的去熊野三山参拜的神官和随从人员，随从扁担两头挑着的就是运货唐柜，里面装的大概是敬献神灵的供品。在12世纪后半叶至14世纪初绘制的画卷中，可以看到很多这种柜子。除了用扁担挑这一搬运方法之外，《伴大纳言绘词》还记载了另外一种搬运方法，即把它顶在头上，用手抓住柜子腿，以防止柜子滑落下来。《日本庶民生活绘引》将这些柜的名称标为"小型唐柜"，目前尚不清楚如此命名的依据[2]。《贞丈杂记》等后世的文献将之记载为"运货唐柜"。依笔者看来，二者虽然都装有柜腿，但唐柜是厚板构造，而运货唐柜则被推测与长柜同为利用弯制技术制作的容器，所以"小型唐柜"这一

1. 桑丝二百匹绀绢百匹（《吾妻镜》），铠甲、黑漆帽子（《大镜》三），钱百贯（《日本灵异记》），宝镜（《保历间记》），收纳兵器剑（《剑而渡御记》），兵法书一卷（《义经记》二）等。
2. 涩泽敬三编，《基于画卷的日本庶民生活绘引》三卷，角川书店，1957，p.16，p.33，p.34。

名称也许更形象。但是，在现在的
"葵祭"中使用的京都御所收藏的
柜子，柜子本体使用9毫米厚的扁
柏木榫接制成，用木钉接合，装有
下端向外翘曲的柜腿，盖子为一次
曲面的向上隆起型盖子。因此，这
是一个较小的唐柜，似乎也可以称
之为"小型唐柜"。

图5-5 运货唐柜 《一遍圣绘》（同）

　　运货唐柜外形小而且重量轻，一个人就可以用扁担挑着走，从
这一搬运方法来看，运货唐柜也可以说是后来出现的行箧的前身。
行箧更加先进，没有腿，在愈发减轻重量的同时，还增强了耐撞型，
把盖子和箱体连接在一起，并装有锁具。

　　图5-6是《一遍圣绘》第五卷中白河关附近的情景，图上画有
"行器"（食盒）。与方形的运货唐柜相比，"行器"是一种圆形筒状
物，有腿，既有刷漆的，也有原色木料制成的。用于盛放或搬运食
物。近畿地区有些地方现在还保留着将作为婚礼赠礼的糕点和红
白年糕装在"行器"里分送给宾客的习俗。"行器"的搬运方法与
运货唐柜非常相似，也是吊在扁担的两头挑着走。

　　除以上搬运方法之外，画
卷中还描绘了其他各种搬运
方法，如背在背上、用牛马驮、
装在牛车和船上运载等。其
中颇为引人注目的是，在柜子
表面盖上粗草席之类的东西、
将行李打包背负的方法，这种
方法可以解放人的双手，使人

图5-6 行器（食盒）《一遍圣绘》（同）

能够在山路等险要道路上长距离搬运。此外，在这些画卷中还零星可以看到用背负方式搬运的背箱。

圆桶和箱子之类的容器，如图5-7（《一遍圣绘》）所示，靠顶在头上搬运。即使是今天，在孤岛上的渔村等地，还有女子将箱子顶在头上，在车子无法驶入的窄道上行走，这种搬运方法似乎需要掌握一定的技术。

图5-7 把箱子等顶在头上搬运 《一遍圣绘》（同）

概观柜子的搬运方法，一个人能够搬运的是那种大小可以用双手抱住的柜子。以90厘米左右为上限，大于这个尺寸的柜子由两个人抬或吊在扁担上用肩扛的方法搬运。扛柜子的人数大部分都是两个人，但也有像后面论述的四个人的情况。这种搬运方法一直持续到近代中期取代人力搬运的方法出现以前。长柜和长方形大箱等大型柜子，是以从事搬运这一苦役的人为前提而存在的。

婚礼与柜

古代典章制度书籍中的柜子

日本的婚礼制度，从武家社会成立的镰仓时代开始，由之前的招婿婚转变为嫁入婚，婚礼器具也产生了变化。实行招婿婚时，男子仅携带身边少量物品到女方家入赘，而嫁入婚则改为女子自备所有生活用具嫁入男方家，所准备的物品非常多[1]。

新的婚礼方式，在伊势贞陆的《嫁入记》《嫁迎事》等书中都有

---

1. 江马务，"结婚的历史"，《江马务著作集》第七卷，中央公论社，p.263，p.270—271。

记载。这些书籍中所记录的出嫁用具有御贝桶[1]、黑棚[2]、运货唐柜、长柜、长方形大箱、御屏风箱、行器等。其中，令人关注的是长柜和长方形大箱的并存。长柜和长方形大箱，当时被作为可以搬运任何东西的容器而使用，但是没过多久，长柜就被淘汰了，人们开始制作各种各样的长方形大箱。

上流阶层的婚礼

○ 东福门院入内图屏风

江户幕府第二代将军德川秀忠的八女儿和子的婚礼，不仅在政治上，而且在美术史上也引起了世人的极大关注。当时14岁的和子，于元和六年(1620年)作为幕府对朝廷使用的政治筹码而被嫁给后水尾天皇。遗憾的是，当时的婚礼器具没有流传下来。由狩野派系画家细致描绘的"东福门院入内图屏风"，反映了当时婚礼的盛大场面。一对四扇屏风的大画面正中，画了从二条城出发前往皇宫的东福门院[3]乘坐的牛车。两头牛拉的车子顶部采用的是唐破风[4]样式，上面用描金工艺绘制了葵纹，脊檩和突出的椽子上装饰有黄金制作的零件，样式非常豪华，似乎在炫耀强大的幕府所拥有的权力。队伍的主要看点是各种柜子的搬运，其搬运的顺序和数目也被记载下来，例如用墨笔写的"第二十七号御装束唐柜一对"等，还添加了"用来装送给宫中的礼物"等的解释文字。在各种柜子中，仅长方形大箱和屏风箱的数量就分别高达260个和30对，可见其数量之庞大。根据《幸阿弥家传书》的记载，为婚礼准备的器具被统一制成"深色金星图案配带枝菊花"的样式[5]，长方形

---

1. 贝桶：放用来玩"贝合游戏"的贝壳的容器。——译注
2. 黑棚：整体刷了黑漆的三层或四层架子。女子用来放置身边用具。——译注
3. 1629年时后水尾天皇退位，和子被改称为"东福门院"。——译注
4. 唐破风："破风"的一种，两侧凹陷，中央凸出，呈弓形。——译注
5. 灰野昭郎，《婚礼道具》，至文堂，1989，p.32。

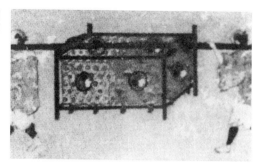

图5-8 东福门院入内图
屏风 《日本屏绘集成》第
12卷公家和武家的风俗,
纸本四扇一对,第一出版中
心,1980。

大箱和长柜等上面覆盖了绣有家徽的锦缎。图5-8大概是唐柜的
一种,是所有柜子中唯一被完全罩在带框盖布里的柜子。

○ 初音日用器具

江户幕府第三代将军德川家光的长女千代姬的"初音日用器
具",作为近世初期上流阶层使用的婚礼器具也非常有名,其名称
来自《源氏物语》中以"初音之帖"为题材创作的描金画。其精妙
之处,据说可以令人忘记时光的流逝,即使看一整天也不会厌烦,
因此又被称为"日暮日用器具"。这些婚礼器具包括以橱柜、黑棚、
书架为主的各种匣子、镜台,以及在第三章"房屋与箱"部分讲述
的编制的小箱子等。婆家是尾张德川家的第二代藩主德川光友,
婚礼定于宽永十六年(1639年)9月21日。幕藩体制的拥立期,大
名的正室均住在江户,幕府将军的亲戚——尾张德川家也居住在
江户城内的鼠穴宅邸。所以,"初音日用器具"从江户城西门出来
到鼠穴宅邸,搬运的路程非常短。而且,大量的器具在婚礼五天前
和两天前就已分两次搬进了鼠穴宅邸。据推测,为婚礼准备的日
常器具的大部分都装在长方形大箱里。婚礼当天搬运的有贝桶一
对、匣子一对、衣架一个、行箧一对、长刀两把、伞一把等。单独记
录的一个衣架,不知道究竟是如何搬运的。

婚礼队伍中，第一顶轿子里坐的是天胜院，第二顶轿子里坐的是千代姬，以下依次是英胜院和春日局。轿子两侧由武士监督官和负责防卫的武士等守护，此外还跟有重臣、大番士20人、步行士40人等严加警戒的武士们[1]。

○ 和宫公主的婚礼

近世末期豪华的婚礼，要数仁孝天皇的女儿和宫与幕府第14代将军德川家茂的婚礼。《日本婚礼式》中卷记载了婚礼的情况。和宫出生于弘化三年(1846年)5月10日，万延元年(1860年)下嫁第14代将军德川家茂。文久元年10月20日，从桂御所出发，通过中山道前往江户。中途停靠歇息的驿站有45个。11月15日，和宫乘坐的轿子抵达江户清水御宅邸。根据"御下向御行列书"的记载，从京都出发的婚礼队伍由以下柜子构成。

御衣柜5 御歌书柜1 御乐器柜1 御和琴柜1 御琴琵琶柜1 御筝柜1 抬物架6 御幕长方形大箱1 御用以内长方形大箱1 御用长方形大箱3 服装柜1 先箱2 役所多屉柜1 押同服装柜1 框式长方形大箱1 长方形大箱7 竹制长方形大箱3

走在队伍最前面的是京都町奉行组下级官员和武士监督官，在他们的后面是5个御衣柜，柜子的前后左右由押运者和搬运行李的壮工守护。抬物架是一种搬运工具，带有矮边框，呈格子结构，里面放置各种各样的物品，由两个人扛。资料显示，在所有的柜子中，只有服装柜有台子。

然而，从清水御宅邸出发前往江户城的婚礼队伍里却出现了5个御衣柜、1个御歌书柜、1个乐器柜、1个御和琴柜、1个琴琵琶柜、1个御筝柜、1个御辛柜。和宫公主结婚时也许跟千代姬一样，

---

1. 灰野昭郎，《婚礼道具》，至文堂，1989，p.21。

抬物架和框式长方形大箱等都是在正式举办婚礼之前就已经搬进去了。但是值得关注的是，御辛柜并未出现在从京都出发的送亲队伍里，很可能是装在某个长方形大箱里，到了旅程的最后阶段才取出的。由此可知，婚礼队伍虽说具有炫耀柜子数量的一面，但同时也显示出当时人们把柜子分为两类，一类是实用性的柜子，另一类是仪礼性的柜子。新娘由娘家带来的装饰房间的日用器具，大概都是装在抬物架和长方形大箱里搬运的。

下面我们来看一下这些名称各异的柜子。御衣柜，令人想起冲绳的衣柜 (图 3-15、3-16) 等。从御衣柜被放在队伍的最前面这点来看，柜子里大概放了为筹备婚礼而准备的各种物品中最重要的衣服，如和式罩衫等。那么，它与服装柜又有什么不同呢？关于这个问题，目前尚未调查清楚。御用以内长方形大箱，有可能是后面将要论述的用来装旅途中使用的被褥的柜子 (图 5-21)。乐器柜、御和琴柜、琴琵琶柜、御筝柜等的名称均来自其放置的物品。其大部分可能都有带沿儿的盖子，柜子的大小刚好能放下里面存放的物品。有关框式长方形大箱的名称由来，我们将在奉行[1]赴任部分深入研究。除此之外，还有御用御长方形大箱和竹长方形大箱等目前还不太清楚的柜子。如上所述，婚礼队伍中有各种各样的长方形大箱，它们被当作可以放置任何物品的集装箱而使用。多屉柜之类的柜子中，列举了役所多屉柜，有关这种柜子的详细情况目前也还未调查清楚。御歌书柜如图 7-14 所示，属于初期的多屉柜。

○ 勇姬的婚礼器具

豪华婚礼器具的例子举不胜举，细川藩第 12 代藩主齐护之女——勇姬 (1834—1887) 的婚礼上使用的长方形大箱，是研究长

---

1. 奉行：江户时代的一种官职。——译注

方形大箱设计样式的非常有价值的资料。勇姬，于嘉永三年（1850年）11月嫁给越前守松平庆永。熊本大学图书馆收藏的细川家的公文"勇姬御婚礼御道具帐"，详细记载了当时准备的婚礼器具。整理完三本婚礼器具清单后发现，被称为长方形大箱的柜子总数高达119个，此外还有行箧之类的容器7对、编制的雨衣柜15对等。这些长方形大箱的制作方法如表5-1所示。刷了漆的柜子有A—E五种，此外还有桐木和枞木制成的原色木料柜子各19个。柜子的大小分"长方形大箱、小型长方形大箱、大型长方形大箱、半长方形大箱、小半长方形大箱"五种。

　　长方形大箱上面盖了一种被称为油布的防水布。其制作材料分为两种，一种是丝绸，如缎子、绫纱（大概是在平纹织物上用斜纹织出图案的有光泽的丝绸）、绮（又薄又轻的绸子）等，另一种是布。在华丽的缎子、绫纱上面，再盖上一层染有藏青色家徽图案的布。

表5-1　勇姬结婚时使用的长方形大箱的制作方法（总数119个：制作方法不详）

长方形大箱的制作方法	1	2	3	4	5	6	7	8	9
刷漆的方法	A	A	B	C	D	E	F	G	—
金属零件	A	A	B	C	C	C	C	C	—
油布	A	B	C	C	C	D	D	D	—
数量	16	13	5	17	1	20	19	19	9

■刷漆的方法
A 刷黑漆（蔓藤式花纹和家徽·描金画）
B 刷黑漆（只有家徽用描金画绘制）
C 春庆涂工艺（家徽·朱）
D 春庆涂工艺（带镂空图案）
E 春庆涂工艺（无家徽）
■原色木料
F 桐木
G 枞木

■金属零件的制作方法
A 精雕细刻的蔓藤式花纹·镀金
B 铁镀金
C 铁
■油布的制作方法
A 缎子：家徽·刺绣，覆盖物：棉布
B 绫纱：家徽·染藏蓝色，覆盖物：棉布
C 绮：家徽·染藏蓝色
D 棉布：家徽·染藏蓝色

豪华的油布上还要再覆盖一层布。最高级的缎子制成的油布上绣有家徽。其他的油布都是在海昌蓝色的底儿上染出家徽。金属零件也分为三种,第一种是精雕细刻出蔓藤式花纹的镀金零件,第二种是没有雕刻的镀金零件,第三种是铁制的零件。以上,根据最后完工工艺和制作材料的不同准备了八种长方形大箱,在长方形大箱上又分别搭配了四种油布和三种金属零件。最高级的制作方法(表5-1中的做法1)是在黑漆柜子上用金箔拼出蔓藤式花纹和细川家的家徽"九曜纹",并在柜子上装上精雕细刻出蔓藤式花纹的镀金(也许是镀金的铜)零件。利用春庆涂工艺制作的柜子也分为三种,即用朱色绘制家徽的柜子、带镂空图案的柜子和没有家徽的柜子。笔者亲眼看到的冲绳县立博物馆收藏的衣柜就属于前者,柜子的外形非常优美,令人感受到同类颜色形成的协调之美。

把长方形大箱的制作方法与里面放置的物品对应起来会发现,用最高级的方法制成的柜子,里面放置的是橱柜等华丽的家具。而且,细川藩、锅岛藩、池田藩等的婚礼器具清单都把各种器具按照一定的顺序排列,其中放在第一位都是橱柜,这与冈田玉山的《婚礼道具图集》基本一致。

位于以上所列的长方形大箱之下的,还有平民使用的杉木制作的长方形大箱。根据制作材料和最后完工工艺所排列的长方形大箱顺序,虽说在防潮等实用功能上存在优劣之分,但究其根本还是按照豪华程度排的序,与制作成本的高低有很大的关系。这是因为绘制了奢华描金画的长方形大箱,比原色木料制成的柜子重,不易于搬运,而且原色木料制成的柜子也具有原色木料自身的美。

平民的婚礼与柜

○ 江户末期上层农民的婚礼

文政十一年(1828年)子正月15日记载的《欧斯阿婚礼诸道具

目录》，是研究江户末期上层农民婚礼器具的非常有价值的资料[1]。"欧斯阿"是三州额田郡阿知和村的手长、油屋内田家的女儿，"三州"指的是冈崎藩，"手长"又称"手永"，是为了强化幕藩体制而以20—30个村子为单位组成的管理机构，其最高责任者为"惣庄屋"。目录上记载的婚礼器具如下。

一、多屉柜一个　二、长方形大箱　三、抬物架一个　四、两挂[2]行箧一对　以下为衣服

婚礼举办的时间虽说比勇姬早22年，但是作为上层农民举办的婚礼，其器具显得有些简朴，这大概是因为当时颁布了奢华婚礼禁令的原因。引人注目的是，目录中列在第一位的是从近世中期开始被商人和手工艺者所称颂的多屉柜。

○ 大正时期平民的婚礼

下面我们来看大正初期日本各地平民的婚礼习俗。《风俗画报》(大正二年2月5日发行) 收录的各地一般婚礼器具的构成情况如下。

茨城　　多屉柜、长方形大箱、针线盒、匣子

岐阜　　多屉柜、长方形大箱、抬物架 (带家徽的油布)

山口　　长方形大箱、镜台、针线盒

伯州　　多屉柜、行箧 (放衣服)

信州　　多屉柜、长方形大箱

广岛　　多屉柜、长方形大箱、镜箱、木屐、伞

青森·小凑　箱笼一个、木柜一个

土佐　　多屉柜、长方形大箱、行箧

越后　　多屉柜、长方形大箱、成套号衣

---

1. 远藤武，"新娘礼服"，《别册太阳》，1975，p.136—137。

2. 两挂：江户时代旅行用的一种箱笼。把行箧挂在扁担两端用肩挑。——译注

　　万物简史译丛·箱

神奈川·厚木　多屉柜、长方形大箱

宫崎·日向　多屉柜、长方形大箱、小型柜橱、镜台、针线盒

东京　(中等)多屉柜两个、长方形大箱两个、梳子箱、镜台、琴、文卷匣

福井·胜山　多屉柜一对、长方形大箱一对、化妆盒、窄袖便服柜、屏风一对、抬物架两对、小多屉柜、针线盒等

上述资料是根据各地的汇报收集整理的，繁简差距很大。就算把这点参照进来，也可以看出，大正初期的婚礼器具中，多屉柜和长方形大箱占主要地位。婚礼器具的数量均为三、五、七这样的奇数。而且，在茨城使用的婚礼器具一般用马车搬运，神奈川·厚木也是用马或车搬运长方形大箱。此外，还有记载显示，婚礼器具的搬运与送亲队伍不是同步的，是分别进行的，由此可知，使柜子得以存在的"抬"这一习俗，当时已经开始被废除。

长方形大箱的各种类型

我们在第一章部分将一些柜子归为展示型。这些柜子包括用于搬运婚礼器具的长方形大箱在内，都是为展示给人看而制作的大型柜子。下面我们来列举这种柜子的典型事例。

图5-9是桐木制凤凰描金画长方形大箱，制作于桃山时代，大小是$82.8l \times 47w \times 52.2h$(厘米)。虽然比后世的柜子稍小，但可以确认它具有与长柜所不同的形态特点，属于长方形大箱。柜子整体刷了黑漆，

图5-9　长方形大箱　个人　东京国立博物馆编《东洋的漆器工艺》，便利堂，1978。

图5-10 长方形大箱 松江 松江·华藏寺

图5-11 长方形大箱 佐贺 佐贺县立博物馆

桐木上绘制了凤凰描金画,角部处理成幔帐面[1],制作样式非常豪华。

图5-10据说是松江藩主用过的长方形大箱。大小是$145.7l \times 59.2w \times 62.8h$(厘米)。盖子和柜体的正面、侧面均绘有金星泥金画,上面用金箔拼出葵纹。金属零件均为精巧的毛雕镀金铜件,底板的内侧和底框、盖子背面均刷了黑漆。其装饰方法继承了前者,样式非常豪华,对类推勇姬的婚礼器具可起到一定的参考作用。

图5-11是佐贺县立博物馆收藏的江户时代的组合长方形大箱,大小是$154.9l \times 63w \times 53.8h$(厘米)。杉木制作的柜体上贴有草席面,用带皮的竹片压在席面上,钉上钉子固定。柜子正面钉了一块板子,上面用墨笔写着"小代兵左卫门组合长方形大箱"。

图5-12是广岛县久井町立民俗资料馆收藏的带"托架"的外形稍小的长方形大箱,它非常形象地向人们展示了山村生活的朴素一面。柜子大小是$114.8l \times 45.9w \times 53.7h$(厘米)。使用厚松木板制作,做工精确。最后一道工序可能是刷了柿漆。

图5-13是国立民族学博物馆收藏的杉木长方形大箱,使用地点为青森县,大小是$160.5l \times 69.3w \times 72.2h$(厘米)。重29.8千克,

---

1. 幔帐面:请参照图6-21。——译注

图5-12　长方形大箱　广岛　广岛县
久井町立民俗资料馆

图5-13　长方形大箱　青森　国立民
族学博物馆

图5-14　长方形大箱　广岛　山田勝

较重。盖子是弧度相当大的二次曲面,最后用春庆涂工艺刷了漆。
使用的板子较厚,做工精细。装饰性的金属零件直线性较强,给人
以简朴的美感。推测是木匠师傅根据客户的要求定做的柜子。

　　图5-14是广岛县御调郡御调町山田勝家的长方形大箱,
根据山田家收藏的几个长方形大箱的新旧对比以及家谱图,
可推断这个柜子制作于明治三十年代。使用杉木制作,大小是
$159l \times 56.5w \times 58.5h$ (厘米)。侧板没有接缝,使用钉子固定。柜子
整体为朱红色,为使柜子看起来美观,还给棱角和开口部的木框刷

图5-15　长方形大箱　福冈　福冈县久留
米市乡土资料馆

图5-16　大箱　新潟县松之山町民俗资料馆

了黑漆，并贴了纸，可以说这是一种商品性强的制作样式。

　　图5-15是大正六年左右福冈县久留米市使用的柜子。大小是
174.8l×76.5w×100.4h（厘米），是本书所列的柜子中高度超过1米
的为数极少的柜子。前板使用的是整张杉木板，可看出其使用大块
木材的意向。长方形大箱的盖框较深，若要开关盖子就必须使柜子
与墙壁保持一定的距离。为弥补这一缺陷，把盖框改良为越往背面
越窄的样式，图5-15就是改良后的新款，柜子前后分别安装了带环
的框架。这种框架在搬运长方形大箱时，可以有效地减轻固定底板
的钉子所承受的重量，在放置柜子时还可以把它当作底座使用。

　　图5-16是以"暴雪地带"而著称的新潟县松之山町民俗资料
馆展示的大箱子。杉木制作，大小是109l×63.2w×67.1h（厘米）。
完全没有锁、装饰性金属零件、挂环等。根据采访得知，人们在深山

里使用的不是长方形大箱，而是图5-16所示的大箱子，他们在箱子上盖上席子，把箱子捆在背架上，一个人搬运。在冬季多雪的山村，人们大多在初春举办婚礼，由此可想象得出把柜子吊在木棒上由两个人抬是何等的困难。这大概就是在自然和社会环境条件的制约下产生的柜子。这种朴素的柜子在青森、岩手等地都能见到。

行列与柜

大名行列与柜

　　大名行列指的是江户时代诸位大名（诸侯）在一定的期限内到江户执行政务，然后再返回领地，即"参勤交代"时的队列。幕府虽然根据大名领地收入的多寡限定了队列的规模，但队列的规模很难改变，据说金泽的前田氏，其"参勤时"的队列人数高达2 500人，鹿儿岛的岛津氏也高达1 200人以上。队列一开始摆开的是备战队列。走在队列前面的是将前方行人撵走或是使之行跪拜礼的开路武士，其后面是长枪、步枪、弓、行箧、立伞、器物柜等。藩主在随从武士的护卫下坐在轿子里或是骑在马上，随后是"近从士"、长方形大箱、器物柜等。后来大名队列逐渐变得形式化，特殊门第出身的大名被允许在队伍前面使用绘有金徽的行箧等，行列变得更加华美。大名的出行，同时还要搬运数量庞大的物品，据说前田氏为了用金泽的水沐浴，还将其装在木桶里用马搬运。各藩的屏风图和画卷、古文献等都描绘了队列行进的情景。但大多只是流于形式上的表达，省略了搬运行李的人马等先遣队和后续队伍等的情况。

　　幕府末期来到日本的外国人，似乎对在公路上行进的队列非常感兴趣。西博尔德就是其中之一，他在《江户参府纪行》中描述了大名行列及其携带的物品。西博尔德对行列观察的非常仔细，根据他的描述，长方形大箱是"相当大的旅行用箱子"，意为长箱子，大多为长方形的木制箱子，偶尔也有编制的箱子。"规模盛大的行列会使用非常漂亮的漆制箱子，箱子上的金属零件是镀金的，并带有持有人的家徽。一般大多用来装礼物，尤其是放新娘的嫁妆"。行箧"制作得非常精致，带有刷了漆的金属零件，用一根木棒挑一个，在官位高的人们的前面或后面行走"。两挂是"长方形的比较小的箱子，由一个力夫用一根扁担在两头各挑一个，意为'两边各挂一个'，使用编织工艺和较轻的木材制成，箱子刷了漆"。"驮荷"指的是驮在牛马背上的行李，这种行李不放在长方形大箱或行箧里，而是用席子或油纸、涂有柿核液的双层包装纸包上，放在用竹子或柳条编制的箱笼里搬运，即使不轻拿轻放也不会弄坏。

这种大规模的长年累月进行的人与物的移动，势必促进了箱柜类容器的发展。图5-17是东京国立博物馆收藏的彩色"大名行列绘卷"的一部分，浮签上标注是"御器物柜"。外层的格子是原色木料制作，里面装了两只器物柜，器物柜的形状如图3-21所示，是柜身稍向外突出的深藏青色柜子。这种带有格子框架和屋顶形盖子的柜子，在金泽市立图书馆收藏的前田家的"大名行列绘卷"和佐贺县立博物馆收藏的肥前鹿岛藩的"大名行列绘卷"中都可以看到。柜子名称在两幅画卷里稍有不同，鹿岛藩的"大名行列绘卷"把两个人扛的带有屋顶形盖子和格子形状的柜子标注为"器物唐柜"，把一个人挑的两只柜子标注为"茶弁当"(茶道用具)。前田家的画卷里出现的大型柜子，屋顶形盖子上绘有两个金色家徽，非常豪华，格子里面似乎挂了衬布，布的颜色为海昌蓝。根据兵库县立历史博物馆展出的京都鸠居堂收藏的大名行列人偶的复制品，与图5-17类似的由两个人扛的带屋顶形盖子和格子框架的

图5-17　御器物柜　东京国立博物馆　"大名行列绘卷"　　图5-18　名称不详　江户时代　东京国立博物馆　"大名行列绘卷"

柜子,标签上写的是"着荷具足"(运货器物)以及"御茶道具",由一个人挑的两只柜子被标注为"茶弁当"。

　　前面提到的东京国立博物馆收藏的"大名行列绘卷"里,还描绘了一种更小的带屋顶形盖子和格子框架的用具。图5-18是一种背负式用具,带有格子框架和一面坡形屋顶,估计里面放的也是器物柜。图5-19是挂在扁担两端由一个人挑的两只柜子,这种柜子里面放的可能也是器物柜。与之非常相似的实例,是在美保神社的辛柜部分讲述的、福冈县筑后市乡土资料馆收藏的器物柜(图5-20)。格子形状的本体与内箱组成的结构、屋顶形盖子的构造,这些在前面都已经讲过了,此外还必须一提的是,原色木料制作的柜体外侧,用浅蓝色的麻布粘贴裱糊的鲨皮革,然后分别在中间用金箔拼出了家徽图案。

　　对马历史民俗资料馆收藏的用来装旅途中使用的被褥的柜子(图5-21),是两个人扛的带屋顶形盖子的大型柜子。柜子外形与图5-17相似,格子框架的本体上架有山形屋顶。屋顶的两块木板用合页连接,背面可移动的环被固定在格子框架外框的折钉上,短

图5-19　名称不详　江户时代　东京国立博物馆　"大名行列绘卷"

图5-20　器物柜　筑后市乡土资料馆

侧面的三角形木板插在格子框架上。望板和格子都刷了黑漆，重要部位还钉了角铁，做工精细，但里面放置的内箱却仍然很新，原色木料制作，较为粗糙。

虽然无法列举带一面坡形屋顶和格子框架的器物柜的实例，但图5-22是小诸市立博物馆展出的"战鼓"，四根方木制作的格子底部的腿向外微翘。战鼓被固定在格子框架里，其顶部安装了一个用木板制作的一面坡形屋顶。在背负时，为了不使之直接贴在人的后背上，在格子上安装了事先钻好孔的木板，并在木板上安装了用来穿绳子的环。这种结构在编制的竖藤箱等上也可以见到。

下面我们来重新探讨一下在美保神社的辛柜部分提到的关于柜子和放置柜子的框架这个问题。无需多论，内箱起到防止里面放置的物品散乱或掉落，对其起到保护的作用。如果没有这种需求，那么柜子就失去了收存的功能，仅剩下易于搬运这一功能。木棒（扁担）和绳子是用于搬运的最简朴的用具。我们来列举三例用具来说明从扁担和绳子的阶段发展到框架和内箱的过程。

图5-21 放置旅途中所用被褥的柜子 对马历史民俗资料馆

图5-22 战鼓 小诸市立博物馆

图5-23所示的抬物架，是用钉子把杉木钉在一起制成的框，框上绑有藤蔓，使用这种用具搬运物品，不用直接在物品上系绳，而且还可以保护物品底部不受伤害。图5-24是东京国立博物馆收藏的镰仓时代《因幡堂缘起绘卷》中的一个场景，外形小巧美观的箱子被放在框架里，框架虽然没有屋顶形盖子和格子，但却刷了漆，做工非常精细，在搬运过程中，放在

图5-23 抬物架 广岛县久井町民俗资料馆

框架里的箱子既不直接接触地面，又可与周围相隔离。抬物架虽然只有底框，但这种用具却具备一定的立体性结构。

图5-25是金泽市江户村大商家展出的"御道具搬运用具"，用春庆涂工艺制作的格子形状的框架上，安装了铁制挂环，并钉上了角铁。这种用具的底面和侧面都是格子结构，在保护里面放置的

图5-24　搬运用具（镰仓时代）　东京
国立博物馆　"因幡堂缘起绘卷"

图5-25　御道具搬运用具　金泽江户村

物品上远远优于前者。从上面装入或取出物品。虽然在搬运过程中，容易发生偶然事件，但这三种用具对里面物品的保护功能呈依次增强的态势。另一方面，通过框架还可以看到里面放置的物品。但它同时也起到了阻止人碰触里面物品的作用，可以说是一种在精神上使之与人隔离的装置。这大概是因为器物（铠甲）的作用是保护身居高位的人的生命安全，所以被格外重视。以上通过大名的参勤交代，考察了日本当地的各种箱柜类容器。

诏书的搬运

接下来我们看看更加谨慎周密的搬运方法。诏书指的是传达天皇命令的公函，松浦静山[1]在《甲子夜话》中详细记录了把诏书从京都运至江户的情景[2]。首先，写在檀纸[3]上并包在封套里的诏书被放在一种被称为"览箱"的具有带沿儿盖子的箱子里。然后，览箱被放到唐柜里，上面蒙上带菊花家徽的盖布，盖布的表面是已

---

1. 松浦静山：江户中期的大名，肥前国平户藩（长崎县）藩主。幼名英三郎，后称为壹岐守。——译注
2. 松浦静山，《甲子夜话续篇》1，平凡社，1979，p.169—172。
3. 檀纸：以楮树皮为原料制作的高级和纸。——译注

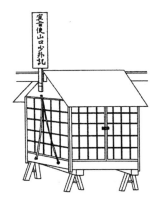

图5-26 装有圣旨的览箱和放置览箱的唐柜,装唐柜的容器 《甲子夜话续篇》3,平凡社,1980,pp.234—235。

经经过加工处理的布,里子是平纹丝绸。唐柜又被放在刷了黑漆的类似"山车"的容器里搬运,如图5-26所示。这种容器装有带锁的门,所以严格地说它不是柜子,是橱的一种。顶篷上蒙着海昌蓝色的毛呢,非常华丽,令人联想到前面提到的加贺藩《大名行列绘卷》里出现的柜子。在它的前面竖起一块写有"宣旨使山口少外记"的木牌,这个令人觉得过于谨慎周密的结构就最终完成了。《甲子夜话》里还记载了静山自身的经历。因重建江户的昌平圣堂有功,将军赏赐了静山一些物品,其中包括一柄刀。深为感动的静山,把刀装在箱子里,安放在台子上"放入外层带格子框架的长柜里,竖起一块木牌,上写'松浦壹岐守拜领御刀'"[1]。也就是把将军赏赐的刀放在柜子里,在队列里展示。木牌是宣扬藩主荣誉的移动广告牌。"外层带格子框架"这段文字,令人觉得它与上面提到的搬运诏书时使用的带屋顶结构的容器相似。

如上所述,格子框架和内箱的组合是一种非常周密谨慎的搬运方法,其目的是在搬运时,既展示给众人看,但又令其无法触

1.《甲子夜话》5,平凡社,1978,p.104。

碰到里面的物品，因此，可以说格子框架是为了保护内箱而设计的一种轻便装置。伊藤郑尔指出，传统建筑中常见的格子框架形成的"结界"，"虽然根据其种类的不同可见度有所差异，但是还是可以窥视到里面的空间。而结界的形成，就是格子框架所起的重要作用"[1]。格子框架里放置的内箱，虽然在视觉上可以看得到，但是却无法触摸，只能通过木牌来想象里面放置的物品。如前所述，屋顶是一种全天候型的装置。山形屋顶和格子框架，都是随处可见的建筑构成要素。西欧家具史中随处可见有关建筑对家具的影响这类内容的研究，这些一系列的格子框架的柜子，可以说是形象地诠释日本建筑对家具的影响的极为恰当的例子。

狩猎

除大名行列以外，还有各种武士的行列。在和平的江户时代，"狩猎"还兼具军事训练的意义，武士们排成整齐的队列进行狩猎。维瑟在《日本风俗备考》二中描述了队列的情况和所使用的柜子。

第一队是以"八名手持步枪和点燃了的火绳枪的枪手"为前导的御检使，他穿着绸子衣服，身上插着两柄刀。跟在后面的是"手持一杆枪的仆人"、"一个拿着两只行箧即衣箱的仆人"、"一个拿着两只里面装有雨衣外套的雨衣柜的仆人"、"都佩戴了两柄刀的仆人"，以及"佩戴了两柄刀的下检使"等。

第二队走在中间的是家老[2]，家老的后面是奉行[3]、町年寄[4]。随侍家老的是八个拿着两只雨衣柜的仆人和各拿两只行箧的其他仆人。奉行的随从人员是四个各拿两只行箧的仆人和拿着两只

1. 伊藤郑尔，《传统与形状》，淡交社，1983，p.88。
2. 家老：家臣之长。——译注
3. 奉行：武士的职务名称。指分担政务、负责一个部门政务的人。——译注
4. 町年寄：江户时代，江户、大阪、长崎等地设置的管理城镇政务的首席官吏。——译注

图5-27　三宅山御鹿狩绘卷　大分县竹田小学　"三宅山御鹿狩绘卷"

雨衣柜的其他仆人。从前排数第三位的御检使，在行箧之后还跟着"四个拿着精致的柳编箱笼的仆人，均由两个男子扛着的用壮丽的金色刺绣覆盖的盔甲箱，即四方形陈列架。同样装饰美丽的、分别由一个男子挑着的两只美观的漆制刀箱。在一根扁担的两端挂着的两只柜子……"。如上所述，即使是在临阵态势的队列里，身份高的武士也会携带几名随从人员，这些随从扛着放衣服的行箧和放雨衣外套的雨衣柜、放茶道用具的"茶弁当"等随侍左右。

　　雨衣柜，在葵祭等祭祀活动上也可以见到。关于"茶弁当"，西博尔德指出它是"身份高的日本人在旅行中携带的特殊用具。由牢牢地绑在一根扁担上的两只小箱组成，用于烹制喜欢喝的茶"，"茶弁当"的简朴与实用，令人大为赞赏。图5-27是描绘了竹田藩猎鹿情景的"三宅山御鹿狩绘卷"(文化十四年至文政七年，即1817—1824年，大分县竹田小学收藏)，画面上一个仆人在扁担两端挑着的带屋顶的格子形状的用具就是"茶弁当"。家境富裕的平民也会带着"茶弁当"到户外游玩。

武士的登城与行箧

武士在登城时也使用了行箧。《甲子夜话》续篇三中记载[1]，担任"御番众"的武士，在傍晚登城值宿时率领的随从由以下人员组成，即地位低的武士一人、拿行箧的侍从和拿草鞋的侍从。拿行箧的侍从和拿草鞋的侍从，是武士的家仆。行箧里装的物品虽然没有文字记载，但估计是在城内穿的衣服。登城途中与喝醉的町人发生争执时，最先出面交涉的是地位低的武士。

地位高贵的久保田侯在登城时被允许可以率领一名家仆挑着折行箧到中御门。后来，町人也开始使用行箧，他们让代理人和学徒挑着行箧，到老主顾处打招呼。这种场景在洛中洛外图 (室町至江户初期) 以及其他大量的浮世绘中都可以见到。富裕的农民还把行箧当婚礼器具使用。有研究表明，冲绳也把行箧当作婚礼器具之一而使用[2]。

下面我们来看看行箧的实例。图 5–28 (东京·家具博物馆收藏) 是前面提到的被称为两挂的小型行箧，大小是 $56.6l \times 36.2w \times 33.7h$ (厘米)。带沿儿的木制盖子上，覆盖了一层竹席，左侧的盖子盖在箱子上，右侧的盖子敞开着，大约占整个盖子的三分之一左右。箱体由木板和编成竹席的筐组合而成，贴了和纸，刷了黑漆，底部用木框支撑。木框不仅使柔软的竹筐更加坚固，而且还可以在上面安装挂环和卡子等。挂环的薄金属板垂直向下延伸，在箱底折叠过来，被固定在底部木框的下面，制作工艺精准，无丝毫多余之处。

行箧的种类很多，除前面提到的构造之外，还有单纯用木板制作的箱子，以及用杞柳枝编制的箱子等。其大小比箱笼和藤箱小，

1.《甲子夜话续篇》3，平凡社，1980，p.234—235。

2. 上江洲均，《冲绳民具》，庆友社，1973，p.49。

图5-28　行箧　家具博物馆

箱盖开合便利,易于放入或取出物品,用扁担担负,基本具备了搬运用具所应有的特点。柳田国男指出"把行李紧紧地绑在木棒的一端,把木棒斜着扛在肩头。……用这种方式搬运物品,可以超乎寻常地快步前进。……以前大名行列中拿行箧的侍从,必须保持与马奔跑同样的速度跟随队伍前进"[1]。可以说行箧比扛在肩上搬运的藤箱更方便。江户时代,在社会的各个阶层都有从事这种重体力劳动的仆从。如果没有他们,那么这些柜类容器也就失去了其存在的基础。

奉行赴任之旅

《岛根之游》详细记述了作者川路圣谟被任命为佐渡奉行后,在赴任途中经历的13天旅程[2]。天保十一年(1840年)7月11日,川路从板桥出发,经过涩川,翻越三国岭,从六日町宿的驿站旅馆乘独木舟沿鱼野川而下。独木舟的篷子(房顶)上铺着用茭白编的席子。7月24日,到达佐渡相川。书中记述了川路在旅途中

1.《定本柳田国男全集》五卷,筑摩书房,1968,p.481。
2. 川路圣谟著,川田贞夫校注,《岛根之游》,平凡社,1980。

被大雨所困，平时长着草的河滩上，泥水犹如瀑布般冲刷而下，因此被禁止渡河，刀柄上还长了霉等。一行人中，其家臣有用人[1]1人、给人[2]1人、近习[3]3人、经常在身边服侍保护的人等，他们携带了长枪、步枪等武器，以及长方形大箱和御用多屉柜等，为了运送这些人和物准备了7艘船。我们来看7月14日和15日的记载。"7月14日，阴，傍晚下了雨，藏衣用长方形大箱因盖子是半开盖的，所以在昨天下大雨时柜子里进了水。衣服全被弄湿了。贞助他们聚在一起，说从今夜开始整理衣物。""7月15日，阴，小雨，今天也发布了禁止渡河的命令，我们滞留在涩川。今天在检查长方形大箱时发现，半开盖的部分都进了水，包衣服的纸大部分都湿了。籴藏和贞助一起大费周章地整理衣物，现场一片混乱。"

川路一行人由南向北（左边是榛名山，右边是赤城山，从两山中间穿过）途经总社和八木原的各个村子，最后抵达涩川村。"昨天下的大雨"，指的是在这段旅途中发生的事情。这场降雨导致"藏衣用长方形大箱"里装的衣服被弄湿了。"藏衣用长方形大箱"的样式虽不甚清楚，但是从"半开盖"这一解释来看，它也许就是像鹿儿岛县黎明馆收藏的框式长方形大箱（图5-29）那样的柜子。这个长方形大箱是用竹子编制的，大小大约为 $111.8l \times 59w \times 66.5h$（厘米）。木框和竹编部分都刷了黑漆，正面上画了一个朱红色圆圈，圈里有个十字，这个图案是萨摩藩的家徽。正如外表所看到的，木框起到了保护柔软的竹编筐的作用，这与前面提到的行箧相

---

1. 用人：江户时代武家的官职之一，主要向臣下传达主君要办的事情和掌管庶务，地位仅次于家老。——译注
2. 给人：被藩主赐予领地的武士。——译注
3. 近习：在主君近前服侍的人。——译注

图 5-29　框式长方形大箱
鹿儿岛县历史资料中心黎
明馆

同，这种搬运用具重量轻，耐磕碰，容量大。盖子上带框，插入了三根木条，盖子的样式为挂盖式，表面为稍微隆起的二次曲面。柜子上装有可拆卸式的金属零件，通过这一装置可打开或关闭盖子，距盖子前方大约210毫米处安装了三个合页，可以把盖子向后掀开。这种分为两段的盖子的开关结构，在行箧上也可以看到。竹编的下面铺了皮革，用来堵住安装在盖框上的合页之间的缝隙，这种构造的柜子柔韧性好，密闭性强。用木材和竹编筐制作的这种柜子，具有重量轻的特点，这一特点暗示我们这种柜子曾在旅行时使用。虽然这种柜子很特殊，几乎见不到，但是它与在葵祭上使用的京都御所的柜子非常相似，由此推断这种柜子在设计样式和构造上都有一定的规范。

娱乐与柜

后台休息室与藤箱

看戏是平民生活中的一个娱乐项目。近世时期的都市建有戏园子，其中既有临时搭建的，也有常年固定开设的，人们竞相前去看戏。图5-30是屏风画"歌舞伎图"的一部分，上面描绘了江户中村座（戏院）的情景。是著名的浮世绘画师——菱川师宣（？—

图5-30 后台休息室的情景 "歌舞伎图",《日本屏风绘集成》12卷

1694) 晚年的作品,有研究表明这幅画大体上准确地描绘了元禄当时的情况。画面上,在后台的休息室里,很多人在忙碌地换衣服、化妆,为上台做准备。画面前方,一个藤箱的盖子被打开,仆从正在往里装华丽的衣服。舞台上使用的衣服、假发、小道具等演员个人的物品,都被放在藤箱里保管和搬运。除藤箱之外,还使用了长方形大箱和包袱皮儿。现在,演剧界的人把自己使用的藤箱称为"bote",在"bote"的侧面写上演员的艺名和所属的戏院等,这点与相扑的长方箱相同,但是在当时,人们似乎还没有在藤箱上写名字和所属戏院的习惯。

藤箱的搬运,是一种相当繁重的体力劳动。图5-31是"狂言好野幕大名"(1785)里登载的插图。掖着衣服下摆的仆人在肩上扛着一只巨大的藤箱。他一只手支着箱子的底框,另一只手抓着绳子,以此来保持平衡。正如在行箧部分叙述的,因为有了这些从事苦役的人,才使藤箱得以存在。这些藤箱是由编筐的工匠们制作的。

烟花巷与长方形大箱

烟花巷与长方形大箱,二者之间有着密切的关系。培养并管理艺妓的"置屋"备有长方形大箱,每当供客人饮酒作乐的妓院来迎接艺妓时,身着盛装的头等妓女就会穿着高齿木屐,踩着八字,带着仆从和装着寝具的长方形大箱在街上列队行走。这种独特

图5-31 藤箱的搬运 1785 "狂言好野幕大名",《日本国语大辞典》,小学馆,1975。

图5-32 置屋与长方形大箱 京都·岛原

的风俗被称为"进妓院",现在已经转变为为游客观光而举办的仪式。图5-32画的是岛原轮异屋的玄关,地上没有地板,靠墙敞开的格子门里面备有一个可以并排摆放四个长方形大箱的空间,它的前面是地板。长方形大箱上挂着木牌,上面用墨笔写着头等妓女的名字。另一方面,在角屋妓院,送到玄关的长方形大箱,其摆放位置是固定的。图5-33描绘的是妓院内的情景,旁边房间里的酒席已经开始了。靠近这侧的用拉门隔开的房间里,搬进了一个长方形大箱,大箱上盖着油布,油布上带有阴文印染的家徽,在长方形大箱的旁边还可以看到被子。

户外游玩

平民户外游玩的项目,一般有傍晚乘凉、观赏红叶等,其中最被人们喜爱的就是赏花。图5-34是庆长九年(1604年)8月丰臣秀吉七周年忌辰时举办的丰国大明神临时祭祀仪式图,画师是狩野内膳。据传是庆长十一年(1606年)的作品。画面描绘的大概是祭祀仪式结束后清水寺附近的情景。祭祀场地围着白色的幔帐,地上铺着深红色的毛毡。近前放的大概是多层方木盒,旁边可以看到用来搬运酒饭的原色木料制作的长方形大箱和绘制了泥金画

图5-33　长方形大箱与被子
《原色浮世绘大百科事典》5卷风俗，大修馆书店，
1980。

的长方形大箱。其中，原色木料制作的长方形大箱上钉有角铁，角
铁的位置与后世的柜子相似，由此可知当时长方形大箱的装饰技
术已经成型。如前所述，大约14世纪以前，曾使用长柜搬运酒饭，
后来长柜被长方形大箱所取代。

　　图5-35是《十二个月风俗图》中描绘的10月份"赏红叶"
(重要文化遗产) 的场景。据考证，画这幅图的画家是土佐光吉
(1535—1613)。画面上以红叶为背景，一群人围着一个又长又大
的柜子，他们有的喝酒，有的跳舞，有的伴奏，有的烫酒。柜子虽然
是跟长方形大箱同样的挂盖型柜子，但是它的四角是圆形的，看起
来像是弯制的柜子。柜子装有柜腿，短侧面的柜腿上穿着绳子，可
以用绳子吊起来。也许当时正处于从长柜向长方形大箱发展的过
渡期，所以才制作出了这种兼具两者特点的柜子。柜子里面放的
是黑漆和朱漆的泥金画盒子、像是用春庆涂工艺制作的多层方木

图5-35 赏红叶 "十二个月风俗图"，《近世风俗图谱》第1卷年中行事，小学馆，1983，p.115。

图5-34 丰国祭礼图 丰国神社 《近世风俗图谱》第9卷祭礼，小学馆，1983。

盒、似乎是原色木料制作的运货唐柜等。

　　利用柜子在户外进行的娱乐活动，虽然被形式化为每年9月12—18日举办的博多三大祭祀活动之一的福冈筥崎宫的放生会，但是依然被人们继承下来。这种活动被称为"幕出"，意为取出帷幔设置宴席。生于博多的幕府末期的儒学家奥村玉兰，在《筑前名所图会》中利用插图讲述了人们户外娱乐的情景，"在那么宽广的松树丛生的平原上，用帷幔围出一块地方，摆上酒席，奏起音乐，有人演戏，有人耍杂耍，还有人放烟花、玩射箭等，非常热闹，声音传至数里之外，聚集了很多人"[1]。众多的百姓，把帷幔、釜、锅等装进长方形大箱，把大箱搬到箱崎的海边，在松林里围出一块地方摆上宴席，饮酒，唱歌，欣赏初秋的美景。现在，原来的海岸已经被填海造地，松林也消失了。因此，这项活动被简化为人们扛着空的长

---

1. 奥村玉兰生于宝历十一年（1761年）。《筑前名所图会》由頼山阳作序，于文政四年（1821年）完稿。包括两张"放生会酒宴图"。文献出版，1985。

图5-36　放生会　福冈·筥崎八幡宫

方形大箱，喊着号子，绕神社院内一周，然后铺上席子，叫来外卖，举办宴会。图5-36是人们扛着长方形大箱走在路上的情景。

中型厚板结构的柜子

近世初期在京都五条大桥上卖东西的情景 (图2-32) 表明，箱子在做买卖上也发挥了重要的作用。这幅"洛中洛外图舟木本" (五扇中央) 绘制了大量的在神社院内、路上、桥上等地使用箱子卖东西的情景。这些箱子，不是藤箱和行箧之类的箱子，而是木制的箱子，挂在扁担的两端，由一个人扛着搬运。也就是说，其特点是中等大小，被用于收纳和搬运。下面我们来探讨一下各地实际存在的与这些箱子具有相似特点的例子，在此需要说明的是这些箱子与所列实例之间的直接关联目前尚不清楚。

图5-37是鹿儿岛县萨摩郡川边町文化中心收藏的柜子。柜子大小是 $78l \times 43.8w \times 53.8h$ (厘米)，杉木制作，表面用"木锛"加工完成。柜体的接合使用了榫接工艺 (外侧共8个榫头)，制作精良。大概是刷了柿漆的原因，经长期使用后，柜子内外整体磨损后呈褐色。柜子设有托座，用以承托开口部的木条，柜子的棱角没有进行

图5-37　柜　鹿儿岛县川边町文化中心

图5-38　鹿儿岛地区的渔具箱　鹿儿岛县
历史资料中心黎明馆

加工处理,也没有安装把手。绕开口部一圈的木条上开了两个L形孔,正下方底板的角有磨损。

　　与这个柜子的尺寸、比例、锁板的设计等都极其相似的柜子,在冲绳县、熊本县、福冈县、岛根县、岩手县、青森县都可以看到。细节部分还有使用燕尾榫接工艺的柜子和没有底框的柜子等。带底框的柜子,如前所述,与开口部的大小相对应,底框的正面和背面也开有两个角孔。

　　这些柜子的一般特点是,虽然大小约是长方形大箱的一半,但木板厚度为20毫米左右,比同等柜子厚,样式朴素,实用性高。此外,还具有可以在又厚又平的盖板上摆放东西、没有对棱角进行加工修饰、未安装装饰性金属零件、没有把手、装有锁等特点。

　　那么,开口部木条上L形的孔和底板四边的孔,以及磨损的痕迹又说明了什么呢? 鹿儿岛地区的渔具箱 (图5-38) 为解决这一问题提供了线索。渔具箱与前述柜子相同,绕开口部一圈的木条正面和背面开有L形孔,钉在底板上的木框上也基本在相同位置开了直孔,按照图上所画的那样,穿上绳子绑缚起来。由此推断,中等大小的柜子,也跟渔具箱一样,是用绳子绑缚的。接下来,我

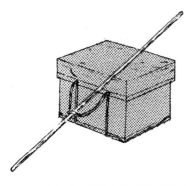

图5-39 柜与绳 京都东海庵"月次风俗画"

们来探讨使柜子底部产生剧烈磨损的搬运方法。

京都东海庵收藏的据说是近世初期的"月次风俗画"一对六扇屏风上，绘制了两个中等大小的木质箱子，箱子上搭着一根放倒的木棒 (图5-39)。有趣的是，从箱子底部稍微向上的位置伸出来两根绳子，绳子垂直向上一直延伸到盖子附近，并在顶端系成一个平缓的环。箱子左侧的环里穿着木棒，应该是一个人挑两个箱子。绳子从底板上方出来，表明绳子大概是从底框的孔上穿出来的。垂直向上一直延伸到盖子附近的绳子，突然系成一个平缓的环，这点也可以通过渔具箱的L形孔来解释。也就是说，从底部沿柜子侧面绕过来的绳子，从L形孔的下面穿入，再弯成直角穿出，然后打结。没有底框的柜子，因为绳子直接贴在底部的角上，所以容易磨损。

这些中等大小的柜子，虽然因使用了厚板所以重量较重，但是它既可以由一个人用木棒一次挑两个，也可以由一个人一次背一个。这点与由两个人搬运的长方形大箱不同。这种类型的柜子，在不拘泥于最后的制作工序这点上，也与长方形大箱产生了不同。另一方面，其大小和绳子的利用，虽然与箱笼、藤箱、长方箱等有相似之处，但是柜子本身制作得非常结实，可以上锁，在确保里面物品的安全上，与箱笼等有着很大的区别。从这一意义上，也可以说它类似于西欧的皮箱。前面提到的这种柜子的广泛分布，也说明它曾被用于船上。

西欧的柜子与搬运

用人力搬运柜子

　　柜子 (chest) 的一半功能是用来搬运。从它的结构可以了解很多有关搬运方法的内容。在上一章提到的约柜,柜子底部四角每侧安装了两个铸造的金环,从环里穿上表面包金的金合欢木制作的木棒,用木棒扛的方式搬运柜子。环被安装在柜子的底部,所以在搬运时要把柜子 (chest) 高高地举过头顶,以此来表达对约柜的崇敬之意,然而柜子的重心高,所以这种方式当时大概不易于搬运。而且,木棒必须保持一直插在环里的状态,不能抽出来,抬约柜的人还必须得是担任祭司的利未人等,这些规定都非常严格,具有强烈的宗教用具色彩。此外,约柜还曾用母牛拉的车搬运。埃及国王凯和王妃梅瑞特葬礼上使用的柜子 (chest) (图4-41) 也带有柜腿,底部装有用于搬运的两根木棒,由此推测它的搬运方法大概也与约柜相同。因柜子宽83厘米,所以大概每根木棒分别由两个人扛在肩上,总共由四个人搬运。

　　图5-40是埃及埃斯那神庙的壁画,上部侧面绘制了把装有长棒的柜子 (chest) 扛在肩上搬运的情景[1]。侧面图案是尼罗河的象征。在柜子 (chest) 上装环,穿上木棒搬运的方法,也被用于搬运大约是公元前13世纪克里特岛出土的棺盖为屋顶形状的陶棺。陶棺长侧面的上部分别安装了4个环,短侧面上部各安装了一个环。推测短侧面的环是用来稍微移动棺材时使用的,搬运时在左右4个环上穿上木棒,用肩扛。可以说这是一种稳定性强的搬运方法。

---

1. Fred Roe, Ancient Church Chests and Chairs, B.T. Batsford Ltd., 1929, p.13。

图5-40 埃及柜子(chest)的搬运 埃斯那神庙的壁画 Fred Roe: Ancient Church Chests and Chairs, 1929, p.13.

图5-41是中世纪英国的画,用角铁加固的柜子 (chest),吊在长棒上,由4个男子扛在肩上搬运[1]。柜子侧面装有用来穿木棒的环。日本的长柜和长方形大箱,虽然也同样吊在木棒上用肩扛着搬运,但一般都是两个人搬运。但是,沉重的装衣服的长方形大箱(图7-15)是由4个人搬运的。兵库县立博物馆展出的大名行列人偶中,就有由4个人搬运行李的。其搬运方法是,在木棒的两端系上与之垂直交叉的木棒,横向并排安排两个人扛在肩上搬运。中国用8个人或16个人搬运的沉重的棺柩和轿辇,虽有夸耀人数众多的成分在内,但其用来搬运的木棒结构是一致的。

图5-42是中国西安市东郊出土的盛唐时期墓葬的壁画上绘制的"搬箱·男侍图"[2]。墓主人薛思晸官至银青光禄大夫,行内侍员,卒于天宝四年 (745年) 3月,享年70岁。同年10月被葬于万年县长乐原。唐朝墓葬的壁画,多以府内的日常生活为题材。带有直腿的箱子底部装有两根木棒,两个男子用双手抓着木棒搬运。其

---

1. H. William Lewer, J. Charles Wall, The Church Chest of Essex, Talbot and Co., London, 1913, p.26.
2.《陕西省博物馆》,讲谈社,1981,p.17。

图5-41 西欧中世纪柜子的搬运 H. William Lewer: J. Charles Wall: The Church Chest of Essex, Talbot and Co., London, 1913, p.26.

搬运的样子令人联想到"网篮"的搬运方法。这种搬运方法，如果是短距离的话，要比扛在肩上更简便易行。为了减轻手的负担，还有系上带子挂在肩上搬运的方法。英国轿辇的搬运就采用了这种方法。

图5-42 搬箱 盛唐时期"搬箱·男侍图"，《陕西省博物馆》，讲谈社，1981，p.17。

用动物搬运柜子

示巴女王是阿拉伯西南以香料和宝石贸易而繁荣的古王国的统治者，她的美貌闻名遐迩。图5-43是12世纪阿尔斯泰肖绘制的示巴女王出行的队伍[1]。正要出城门的示巴女王骑在铺着毛毡的马鞍上，走在队伍的前面。跟在她后面的是一匹骆驼，驼背上捆着小型旅行箱。前几年播放的NHK"丝绸之路"剧目组在实地采访时，也采用了示巴女王的方法搬运摄影器材。马虽然可以搬运重量超过100千克的物品，但是马背两侧的重量必须均等，像单个沉重的柜子之类的物品很难搬运。沉重的柜子 (chest) 中，有的在柜底两

---

1. E. Mercer, Furniture 700—1700, Weidenfeld and Nicolson, London, 1969, p.43。

图5-43 示巴女王出行的队伍 12世纪 E. Mercer: Furniture 700—1700, Weidenfeld and Nicolson, London, 1969, p.26.

侧装有挂环。E.默瑟推测,这个环是用来把货物吊在两匹马中间搬运货物使用的[1]。但装卸货物最终还要靠人力来完成。

用大车和运货马车搬运柜子

众所周知,西欧中世纪的国王和贵族,出于在领地内征税和为处理纠纷而进行巡回裁判的需要,拥有多个城堡和城镇,经常要从这个地方前往下一个地方。根据对约翰王的记载,国王在一年之内要到从萨默塞特郡至约克郡之间的将近100个地方巡视,每个地方停留的时间一般不超过10天[2]。因此,金银餐具、宝石、织锦、厨房用具、家具等大量的什物家具和人,都要跟着国王一起搬迁。怕被弄湿的物品先被放进柜子(chest)里,然后再用一种被称为bahut的刷了油的鞣皮套子覆盖。这种双层包装导致行李重量增加,费用增多,于是产生了包裹了皮革的具有圆顶形盖子的柜子(chest),即皮箱。这些柜子的搬运,在领主家任职的不同人群都被严格地规定了不同物品的捆包方法和运货马车、载人车、驮马

1. E. Mercer, Furniture 700—1700, Weidenfeld and Nicolson, London, 1969, p.41.

2. E. Mercer, Furniture 700—1700, Weidenfeld and Nicolson, London, 1969, p.21.

的安排等。远征的领主们，为了在前线举办弥撒，还携带了移动式祭坛。那是一种保险箱 (coffer)，盖子上绘制了钉在十字架上的耶稣、玛利亚、约翰，柜子里面被分成几个部分，用来整齐地摆放做弥撒时牧师手里拿的圣像和祭坛用的瓶子，以及圣经、铺在祭坛上的布、祭服等所有用具。据推测，1517年，诺森伯兰公爵就曾拥有这种保险箱 (coffer)。

我们再来看看法国的情况。1447年，奥尔良公爵前往塔拉斯孔时因没有携带什物家具，所以只能向市民借家具。1538年，国王弗朗索瓦一世在本国南部地区旅行。从巴黎至尼斯，沿途所需的数量庞大的家具设备都由囚犯搬运[1]。也就是说，主人不在的城堡，等同于空屋，就只剩下种类繁多的备品、窗户下摆放的石凳、墙壁和天棚的装饰、壁炉台等无法搬走的物品。

法语"meuble"原指可移动的物品，其集合名词"mobilier"被用来指"家具"，这种词义变化产生的背景就是这种移动生活。吉迪恩指出，这种现象的存在是因为社会上和经济上都充满了不稳定感[2]。这种状况在进入17世纪以后仍然暂时持续了一段时间。因此，柜子 (chest) 在家具中占据了主要地位。这些柜子的搬运方法，可以通过当时的绘画资料类推。当然，人们从古代起就使用船和马车，到了中世纪，对马车的利用更是大幅增长。

图5-44是1460年法国手抄本上绘制的运送小件行李的四轮车和手推独轮车，独轮车上放着带有圆顶形盖子的旅行箱[3]。国王旅行时，大概使用大型带篷马车。图5-45是1568年印刷本的插

1. S.Giedion 著，荣久庵祥二译，《机械化的文化史》，鹿岛出版社，1977，p.266。

2. S.Giedion 著，荣久庵祥二译，《机械化的文化史》，鹿岛出版社，1977，p.265。

3. 查尔斯·辛格等人合编，平田宽等人翻译，《技术的历史》2，筑摩书房，1978，p.483。

图5-44 运送小件行李的四轮车和手推独轮车（1460年的法国手抄本）

图5-45 德 国 的 公 共 马 车（1568年的某一印刷本）查尔斯·辛格等人合编，平田宽等人翻译，《技术的历史》2，筑摩书房，1978，p.483。

图，图上的马车是后世公共马车的先驱[1]。旅行箱底部没有装腿，为了遮蔽风雨，盖子设计成屋顶形状或圆顶形状。同样用于户外搬运的日本的唐柜和长柜底部装有柜腿。其区别在于，唐柜等始终由人来扛着或抬着搬运，而旅行箱则用马车和船，或用马来长距离搬运。因此，箱子腿会妨碍搬运。当然，用马车和船来搬运必须铺修道路和修建码头。与之相比，用马背来搬运则受地形的限制少。我们在第二章曾经讲过，"trussing coffer"里的"truss"的含义是"牢牢地捆上"。这些柜子 (chest) 正是起到了牢牢地固定移动中的生活所需什物家具，确保其不被损坏的作用。

---

1. 查尔斯·辛格等人合编，平田宽等人翻译，《技术的历史》2，筑摩书房，1978，p.485。

图5-46　婚礼风俗
挪威　Peter Anker:
Chests and Caskets,
C. Huitfeldt Ferlag,
Norway, 1982,
p.76—77。

　　用于搬运的车辆并不仅限于乘坐的马车。图5-46是一幅来自挪威的画，画上描绘了新娘和新娘的父母以及用大车运送的婚礼柜子 (marriage chest) [1]。平时用来运送牧草、干农活的大车，只有在这特殊的日子里会被清洗干净。柜子里装的大概是新娘自己织布缝制的漂亮衣服。这是既朴素又严肃的农村婚礼。

西欧搬运型柜子 (chest) 的诸样式

　　下面我们来列举几个西欧旅行箱的典型例子。图5-47是威斯敏斯特教堂保存的旅行箱，证书上写着这个柜子里曾放过英国国王亨利二世 (1154—1189) 母亲的衣服。盖子为屋顶形状，大小是 $111.8l \times 50.8w \times 58.4h$（厘米）。橡木制作的柜子本体，外面包上了染成橘黄色的皮革，皮革上面加了铁腰子，用铆钉固定。柜子里面贴了布，装了3把锁。在前面讲过的中世纪的移动生活中，贵妇人的衣服被放在这种柜子 (chest) 里，从一个城堡搬到另一个城堡。

　　图5-48是英国德比郡哈德威克厅收藏的皮箱，制作于1660年

---

1. Peter Anker, *Chests and Caskets, C.* Huitfeldt Ferlag, Norway, 1982, p.76—77.

左右，用轻质针叶树木材制作的箱体上包有皮革。大小是$127l \times 69.9w \times 68.6h$（厘米）。表面包裹的皮革，用黄铜制装饰性铆钉密集固定。盖子是可防雨水的曲面，呈印盒盖样式，密闭性好。箱边安装了精巧的头部呈王冠形状的角铁，侧面安装了大型把手。

图5-49瑞士蒂罗尔地区船员使用的长方形大箱，1844年制作。大小是$95l \times 48w \times 44h$（厘米）。是河轮上的船员放置私人物品的柜子，黑底柜子上标示着所有者的姓名缩写字、1844年的年号，以及船员的守护神圣徒像。角部用铁制零件加固，非常结实，安装了用于装卸的把手。

从这些实例发展到了今天的旅行用衣箱或皮箱。LV（路易威登）是世界著名的皮箱品牌。其创始人路易·威登在巴黎歌剧院附近的包装用木箱制造店工作了大约20年以后，于1854年开设了自己的工作室。并以制作拿破仑三世的妻子——欧仁妮皇后的旅行用衣箱而一举成名。商品目录上显示的创业时的产品，与前面所述的旅行箱非常相似。特点是在木箱表面包上一种带有表面涂层的布料，即灰色帆布，1871年，路易把之前使用的素色布料改进为条纹布料，从而大受消费者的好评。皮箱的优势在于重量轻、结实、防水性好。路易·威登的箱子本体用白杨木制作。图5-50是国立民族学博物馆收藏的英国制造的柜子（chest），表面带涂层的布料是麻布，本体也是用软质木材制作，这些都与路易·威登的初期产品非常相似。

游牧生活与衣柜

蒙古和朝鲜半岛的衣柜

蒙古包里使用了一种样式独特的衣柜，衣柜的顶板被固定在

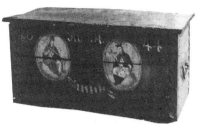

图5-47　旅行箱　英国　威斯敏斯特教堂　与图3-60相同。

图5-48　皮箱　英国　哈德威克厅　Ralf Edwards: The Dictionary of English Furniture, vol.2, Barra Books, p.19.

图5-49　船员使用的长方形大箱　蒂罗尔地区 K. Bettle: LanMobel Residenzverlag, 1976, p.46.

图5-50　旅行箱　英国　国立民族学博物馆

　　柜体上，前板的上半部分可以开闭。这些特点在朝鲜半岛一种被称为"半开"的衣柜上也可以见到。在地理上分布于中国东北部和朝鲜半岛、济州岛，二者之间似乎存在着某种关联。

　　我们先来看实例。图5-51是国立民族学博物馆收藏的蒙古衣柜。松木制作，大小是$78l \times 49.8w \times 65h$（厘米）。柜子结构是，在侧板上面搭上顶板，底板插在侧板的内侧，背板和前板也插在侧板内侧，没有接头，用钉子钉合。前板的上半部分，通过图上所示的装置来开闭。也就是说，门板的下部与固定的前板接合面呈"相嵌"的形式，把钉在门板背面的两根木条插进柜子内侧，推上门板，

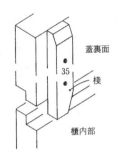

图 5-51 蒙古衣柜盖子的开关构造 国立民族学博物馆

盖裏面

35

棧

櫃内部

"相嵌"的两个部分就会咬合在一起关上。打开柜门时,抓住卡子向上抬起门板。样式虽然朴素,但是需要把门板边按照旋转的角度进行调整,这些都需要多年熟练的制作技术。柜子外部刷了油漆,在强烈的朱红色底漆上用黑、白、浅绿、金等九种颜色绘制了蔓藤花纹和菱形图案等。

我们再来看看"半开"。图5-52是北九州民艺村展出的"半开",推测出自庆尚道。树种不详。大小是97.5l×36w×71h(厘米)。被顶板和侧板围绕的前板的上半部分(门板),可向外翻开。顶板和侧板的接合使用的是细小的"燕尾榫",前面的角为斜角连接。背板用竹钉钉在侧板上,各个面用三个L形扁平锔子加固。底部在侧板延长线上安装了削成对称形状的挡板。门板靠两个燕尾形合页开关。锁头虽然外形朴素,但是非常考究,与多次刷漆打磨后呈现的漂亮木纹非常相配。顶板下面装有三联抽屉,没有架子。内部整个贴了旧纸,用来防潮。

图5-53是国立民族学博物馆收藏的"半开",松木制作,大小是106l×50.5w×71h(厘米)。柜子的结构是,侧板与前板和背板均使用细小的"燕尾榫"接合。用竹钉和铁钉将盖板和底板钉在已固定成型的柜子本体上,并用L形扁平锔子加固。柜子底部也与

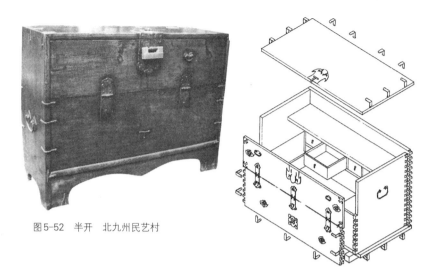

图5-52　半开　北九州民艺村

图5-53　半开　国立民族学博物馆

前者不同，下面安装了粗木条制成的柜子腿。门板靠端部安装的三个合页开关，合页为宝相花纹或不老草形状。关上门板，门板就会进入顶板下面。于是，门板的金属零件就会嵌进顶板前端中间安装的不老草形状的带有垫板的L形环里，锁上锁。两个侧面装有大型锻造把手。金属零件数量多，总数高达47个。有关柜子内部结构方面的内容，我们将在下一章论述。

　　"半开"是朝鲜李朝时代平民使用的收纳家具。除列举的实例以外，还有把底板与地板直接连在一起的柜子和装有底座的柜子等，种类繁多。制作材料除松木以外，还使用榆木和光叶榉木等。柜子内部，有的装有架子和抽屉，有的只装有抽屉，还有的什么都没装。门板也有利用木条来开关的。包括合页在内的种类繁多的金属零件，其设计样式根据地区的不同而不同，可用来推测其产地[1]。

---

1. 裴满实，《李朝木工家具与美》，普成文化社，1985，p.102—104。

蒙古包与衣柜

　　大致位于亚洲大陆中央的蒙古高原,气候寒冷少雨,有史以来人们就一直从事游牧生活。为寻找水草而定期赶着牛羊迁徙的蒙古人的生活,与他们居住的组装式帐篷(又称蒙古包或蒙古·格儿),二者都非常有名。蒙古包的侧壁由柳树或野榆树条编成的网格状骨架"哈纳"(Hana)组成,侧壁上搭上一种叫"奥尼"(oni)的椽子,椽子呈放射状排列,上面覆盖羊毛制成的毛毡。据说骨架的组装和解体由几个人在几个小时内就可以完成。蒙古包,与一个家庭所使用的所有家具什物用两台牛车就可以装下,便于搬运,防寒性强,非常适于游牧生活[1]。蒙古包之所以能够非常容易地组装、搬运,是因为其各个组成部分都是可拆卸组装的。一个"哈纳"大约宽2.5米,高1.2米,蒙古包的大小(直径)由使用几个"哈纳"来决定,侧壁的高度也是由1.2米的"哈纳"的宽度来决定(图5-54)。这一高度也体现在室内空间上,与蒙古人的生活和使用的家具密切相关。地板由直接铺在地上的两三张毛毡构成,中间设有地炉或火炉。沿着圆弧形的侧壁,摆放了以佛龛为主的工具箱、食品箱,以及装衣服、服饰用品、贵重物品等的衣柜等。衣柜的高度,如前所述大约65厘米,与顶棚之间大约空出50厘米的空间。这个空间被用来放喇嘛教的佛典和家人的照片以及其他物品等。

　　迁徙生活决定了人们不能随便增加家具的数量,各种物品都只能紧凑地装在柜子里。于是,人们就制作了兼具几种功能的家具。蒙古衣柜的顶板,同时也是放置物品的台子。其上半部分可以打开的这种封闭性强的内部空间,使得里面收放的物品既不会撒落出来,也不会轻易散乱。低矮的橱柜型容器,虽然可以利用顶板上面的空

---

1. 伊东恒治,《北支蒙疆的住宅》,弘文堂,1943,p.101—104。

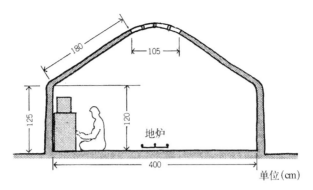

图5-54　帐篷的尺寸和衣柜　国立民族学博物馆

间,但其前面是可以全部打开的,所以在搬运时不仅里面放置的物品容易撒落出来,而且柜门也容易破损。从这点来说,蒙古的衣柜,非常适合于游牧这种生活方式以及为此而搭建的蒙古包内的空间。

朝鲜半岛的"半开",虽然在附加装饰性金属零件和通过合页来开关前板的构造等方面与蒙古衣柜有所不同,但其前面的上半部分可以打开的样式、70厘米上下的高度等,都与蒙古的衣柜极为相似。据说在济州岛,人们把被褥放在"半开"的顶板上[1]。

根据以上各点推断,朝鲜半岛的"半开"也许是受到了由汉人传入的蒙古衣柜设计理念的影响。朝鲜半岛上传统的民族服装"赤古里"(短上衣)这个词据说也源自蒙古语的发音,这也有力地佐证了上面的推断。

紧急状态下柜子的搬运

现在和过去所说的紧急状态,是指战乱和地震、大火等灾

---

1. 裴满实,《李朝木工家具与美》,普成文化社,1985,p.46—47。

图5-55　唐柜的搬运

图5-56　箱子的搬运
均出自"直干申文"，涩泽敬三，《日本庶民生活图引》，角川书店，1966。

害。人们拼命地想保住生命和财产，这种情况下随处都可以观察到柜子的搬运方法。《直干申文》是镰仓时代后期土佐派画家的作品，画家把在宫廷担任文章博士的直干所写的传记，按照当时的风俗以画的形式再现出来。画面上描绘了天德四年(960年)9月在那场皇宫发生的大火中，从宫里搬出各种物品的情景。巨大的唐柜被人抱着搬出来，似乎是刷了漆并有带沿儿盖子的长方形箱子被身穿水干[1]的男子和上半身赤裸的男子扛在肩上搬出来(图5-55、5-56)。唐柜看起来很重，一般情况下都是吊在木棒上由两个人扛，大概是在这种危急情况下才这么搬运的。

　　下面将要列举的紧急事态是著名的大阪城夏之阵(庆长二十年，1615年)，这场战役导致了丰臣家的灭亡。史料记载，德川军队斩下的敌方首级达14 600多颗，这场战役的战场是在大城市——

---

1. 水干：日本平安时代在宫廷任职的下级官员的服饰。立领、开裉的和服上衣。做法与猎衣相似，但前后身缝合接缝处都用"菊缀"加固，以细带接系领口，上衣下摆塞进和服裙子里。——译注

大阪，所以普通百姓遭受的损失简直无法想象。现存的很多屏风画都描绘了这一连串的战斗，其中以黑田屏风之名而著称的"大阪城夏之阵屏风"(大阪城天守阁收藏)，使用大约一半的画面描绘了百姓为躲避战火而东奔西窜的情景。图5-57描绘的是天满天神附近的情景，扛着有带沿儿盖子的长方形箱子和行箧逃命的男子，夹杂在为砍下败走武士的首级而四处寻觅的德川军队的武士和四处奔逃的妇人之间。该屏风还描画了渡过长柄川的难民。画面上可以看到在木棒两端挑着箱子和形状不一的行李的男子和在头上顶着用布包着的行李的女子。大概是怕被河水弄湿行李，还有人用双手举着行李过河。行箧的种类很多，除木制的以外，还有编制的等等。

接下来我们再来看看西欧画中描述的紧急事态下柜子的搬运。图5-58是年代记的插图，描绘了1405年将伯尔尼的街道化为废墟的那场大火[1]。城墙上可以看到试图灭火的人们，一个男子正背着巨大的行李从城门里跑出来。画面前方，在幸存的妇女和儿童旁边，放着一个装有大型锁板和长铁箍合页的侧面厚板至地型柜(chest)。两个男子把保险箱(coffer)横过来，在盖子把手上穿上木棒，用肩扛着搬运。这种不稳固的搬运方法，显示了当时事态的紧迫。柜(chest)可以理解为在紧急情况下收放和搬运贵重物品及财产的工具。

1666年的伦敦大火，也是在著名的城市发生的大灾害。伦敦市博物馆的透视画，制造出一种连观众室都燃烧起来并吹出热浪的效果，深受参观者的好评。当时32岁的海军秘书塞缪尔·皮普斯，在他的日记里生动地记述了四天四夜的大火烧毁了13 200间

---

1. R. Delot, *Life in the Middle Ages,* Phaidon·London, 1974, p.315.

图5-57 逃难的民众 "大阪城夏之阵屏风",《战国合战绘屏风集成》4卷,中央公论社,1980。

图5-58 伯尔尼大火 R. Delot: Life in the Middle Ages, Phaidon·London, 1974, p.315.

房屋的情景[1]。那么,他自己又是如何处理家具什物和贵重物品的呢?首先,他把铁制保险柜挪到地下室,再把金币袋子和账本整理成随时可以拿出的状态,放入保险柜。然后把金银器皿和高级物品用拉货马车运到郊外,寄存在朋友家里,在院子里挖坑,把葡萄酒桶和干酪埋进坑里。家具等其他物品装在驳船上运走。最后,夫妇二人从保险柜里取出金币袋,与仆从一起逃难。如果是木造建筑,那么火势就会迅速地蔓延,大概也来不及像他那样从容地安排好一切后再逃走。金币比任何物品都更重要,所以日记中生动地记述了付诸全力拿出金币的情景。

---

1. 臼田昭,《皮普斯氏的秘密日记》,岩波新书,1988,p.129—135。

第六章

民族技术与箱

民族技术这个词听起来也许有点耳生，其原词是法语"ethnotechnologie"，二战后传入日本，被翻译成"民族技术"。昭和四十九年6月，随着日本国立民族学博物馆的创立，第五研究部开始对其展开研究，之后，笔者也加入了以该馆名誉教授中村俊龟智为核心的研究团队。因此，下面从各个民族制作技术的不同出发，来概观前面章节论述的各种柜子和箱子。

从刳木器向细木器的发展

关于刳木器

我们在第二章讲过，刳木是制作木制容器的最质朴的技术，并列举了福冈县那珂川町出土的竹劈子形木棺。图6-1是在中国台湾鹿港市古老街道上见到的制作棺材的作坊。在灯泡照射下的阴暗的一角，立着多根粗扁柏木料，在木料的前面，工匠正在用小铁刨刨削60—70毫米厚的棺材底板。

图6-1　中国台湾的棺材坊　鹿港市

旁边基本完工的棺材，与中国清朝的棺材 (图6-2) 非常相似。一口棺材的价格大约是4个月的平均工资。均用大树锯开的木材制作，棺材盖和较长方向的侧板外侧还留有树木自然的弧度。短侧面的木板榫接在距长侧面木板边缘稍微向里的位置，所以棺材的两头看起来有点像竹节的形状。另外，底板的端部还削成了斜坡形状。

　　这让人想起了国立民族学博物馆收藏的八重山群岛的木箱 (图6-3)。木箱大小约 $60l \times 21.7w \times 20h$ (厘米)，重3.65千克，是明治十七年10月田代安定收集的。根据卡片上的说明，岛上居民除了往里面放苎麻线外，还把它当作各种容器来使用。除此之外，也存在其他的说法，这里暂不对其进行探讨[1]，只关注各部分构件的形状和整体结构。这个木箱的盖子和两个长侧面，都是杉木制作，其外部表层还保留着木材原有的弧度，平面的部分只有三个，即底板和两个短侧面。侧板，圆面冲外，距两端稍微靠里的位置抠有榫

1. 原始账本记载错误，是马绍尔群岛用来放跳舞时使用的草帽等物的容器 (江口)，从制作技术来看，这个木箱不是太平洋群岛的，应该是冲绳或韩国的 (石毛)。但是如本文所写，笔者认为原始账本的记载是正确的。

图6-2　中国的棺材　长崎市历史民俗资料馆

图6-3　八重山的木箱　国立民族学博物馆

槽。短侧面板子的两侧加工出榫头,将榫头插入榫槽。从表面钉上钉子,所以端部形成像竹节那样的形状。这些都与中国清朝的棺材完全一致。木箱盖板圆面冲上,扣在箱体上,为防止盖板滑落,使之紧贴在箱体上,在平整的盖板背面抠槽,并把侧板上部大约削掉一半厚度,使侧板上部正好嵌在盖板上。底板比侧板长,这是因为一侧的端部表面被削成了斜坡状。这点也与中国清朝的棺材相似,底板使用了8个粗钉子钉在侧板上。

　　中国清朝的棺材和日本八重山的木箱之所以都保留了圆木头的形状,是因为它们使用的木板都是将圆木头锯开得到的。端部类似竹节的形状,大概是为了在木材的横断面留出余地,以防木材开裂。如此看来,日本古代的竹劈子形木棺和八重山群岛的木箱,以及中国清朝的棺材,虽说在圆木头的直径大小和制作年代上存在差距,但是中间似乎存在着某种联系。另外,我们还注意到印度尼西亚的棺材和伊势神宫的御船代 (图4-50) 都是刳木制成的。而且,装殓昭和天皇遗体的仪式还曾被媒体报道为“入船之仪”,似乎带有乘坐船只启程前往彼岸之意。

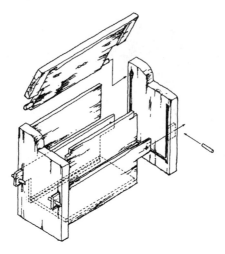

图6-4 盐箱 尼泊尔 国立民族学博物馆

解体型的存在

中国的棺材和八重山的木箱,其制作方法都是抠槽、组装,然后再辅以钉子。钉子的作用是防止插入的木板脱落,是否结实这点还要根据抠槽的好坏来决定。也许可以这样认为,剜木制成的柜子位于抠(槽)这一作业的延长线上。与此相对,细木器以高精度榫的加工为前提。我们假设古代没有这种技术。图6-4是日本国立民族学博物馆收藏的尼泊尔的盐箱,这个箱子是由刀状工具加工的各个部分粗糙地组装而成。但是,其长度为板厚的数倍之大,如果在小心地不使之开裂的情况下大量地使用细且结实的钉子,那么大概就不会出现这样的结构了。话虽如此,先要弄到铁,然后再把铁制成铁钉,其制作技术和所花费的工夫,都要与柜子的价值划等号。即使是把钉子换成木钉,也要先钻出与木钉大小一致的孔,然后再把木钉敲进去,而且还要保证木钉干燥后也不会脱落等等,这些都需要相当高超的技术和工夫。如果这两种方式都

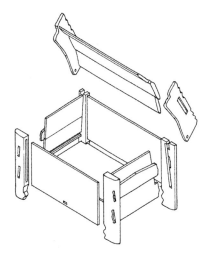

图6-5　屋顶型柜子的结构　14世纪

不具备实施的可能性,那么就只能形成像尼泊尔的盐箱那样的解体型构造。

在前面所述的柜子中,英国放食物的箱子 (ark) 也属于这种解体型构造。此外,保加利亚的餐柜 (图3-65) , 也可以说是侧板组装式结构。下面我们从这一观点出发,来探讨R.爱德华兹所列的14世纪的柜子(chest)[1]。图6-5是用另一种画法绘制的柜子结构图。这个柜子的特点是,位于四个角的竖框内侧较厚,外侧呈薄梯形断面形状;腿的下部削出了造型;竖框内侧抠有倾斜的槽,插入侧板后,形成柜子下边比上边宽的结果,等等。仿造之后得出的结论是,这个柜子的制作方法以削厚板为本,随处可见直角以外的角度,各部分构件的制作非常费工夫。也就是说,其制作工艺与组装平面木板的细木器不同,接近于刳木制成的柜子。在这点上,后

---

1. R. Edwards, *The Dictionary of English Furniture,* Barra Books, 1983, vol.2, p.127.

面将要论述的哈奇型柜子以木钉为转轴的开关结构和各部分构件的接合方法等，都与图6-5所示的柜子 (chest) 非常相似。由此推测，这些柜子 (chest) 都位于从刳木器过渡到细木器这一过程的中间技术阶段。换句话说就是，容器的制作技术，不是直接从刳木器过渡到细木器的，二者之间还存在着组装式这一过渡阶段。

通过细木器实现的箱型的发展

关于木板

制作箱子就需要使用木板。在还没有纵切锯的时代，人们依靠在放倒的圆木上钉楔子劈木头的方式取得木材 (顺着木头的纹理，用铁锤钉楔子劈开木头，日本称之为箭割)。要想让木板变得更薄，就采用在圆桶一项中叙述的削薄的方法。削薄前的厚板，英语称之为slub或planks，将厚板接合制成的容器称为"固定厚板结构"，这一名称蕴含了笨重和古老之意[1]。13世纪英国的保险箱 (coffer, 图3-60) 就是用橡木厚板制成的这种结构的柜子。但是，要想制作大型的箱子，就必须把几张木板拼接起来。其中，最简朴的方法就是"对接"。如图6-6所示，日本把米饭捣碎制成的"浆糊"刷在贴面上，用压力使之黏合在一起。虽然也用动物胶当黏合剂，但贴面的准确度要求高，温度管理困难，所以像长方形大箱那种贴面长的构件无法使用这种方法。此外，还使用了动物的血液和漆等。漆虽然是一种高性能的黏合剂，但是贴面会被染成黑色，所以原色木料制的柜子无法使用。在拼接木板的两侧等距离嵌入钉子的"合钉接法"(图6-7B)，可以有效地提高接合强度。日本利

---

1. John Gloag, *A Social History of Furniure Design,* Crown Publishers, 1966, p.144.

用这种方法制作的柜子大多使用竹钉。

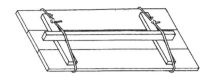

图6-6　木板的接合

"实接、核接"(图6-7C)是指在一块木板的横截面制作榫头(核),在另一块木板的横截面上制作榫槽,把榫头插在榫槽里,这种接合方法被用于长方形大箱盖板的制作等。"嵌榫拼接"(图6-7D)是在两个贴面抠槽,把两面拼合在一起,另外制作一块窄幅木板,把它当作榫钉插进槽里,伊势神宫装御神宝的辛柜就使用了这种接合方法,西欧使用厚板制成的柜子 (chest) 中也经常能看到这种方法。其他精细的接合方法还有"箭尾接"(图6-7E)。"箭尾"是指把箭搭在弦上的部分,模仿这一形状在贴面上抠制V形槽和倒V字形榫头,用"浆糊"黏合。当然也有同时使用"合钉接法"的,前面提到的屏风柜 (图3-39) 等很多柜子都使用了这一方法。

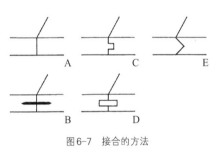

图6-7　接合的方法

接合的各种方法

角钉合接

下面我们来研究如何将木板安装在一起。"角钉合接"是指在接合面不抠制榫头和榫槽,直接用钉子把木板钉合在一起,这种方法自古以来就一直使用,现代省事的廉价箱柜上常常能看到这种接合方法。长方形大箱 (图5-14) 就是使用这种方法制作的柜子,上面留有为掩盖接缝处的木材横断面而贴了纸的痕迹。这种做法与《木材的工艺性利用》中"其特点是在木材横断面粘贴了深蓝色土佐纸"的记载相吻合[1]，该书记录了明治末期在东京制作长方形大箱的方法。柜底最简朴的安装方法，也是用钉子将底板钉在侧板下面，八重山的木箱就是这么制作的，这种制作方法被广泛应用至今。在第三章提到的牛津大学图书馆的大型柜子 (chest) (图3-61)，仅盖板就厚达49毫米，厚厚的软质木板使用"角钉合接"的方法接合在一起，并使用了无装饰性的铁箍固定，制作工艺粗糙。这个柜子 (chest) 是研究英国初期软木质柜子制作的重要资料。重量轻的云杉板材，从波罗的海沿岸进口，作为制作抽屉和皮箱的材料而深受欢迎。

嵌接 (scarf joint)

嵌接是将一块木板的横断面加工成锐角，在另一块木板的贴面抠出同样形状的槽，将二者嵌合在一起的一种榫接方法。构件的结构虽然简单，但木材横断面和槽的精准加工非常重要，需要有相当熟练高超的技术。西欧，在制作后面将要论述的侧面厚板至地型和哈奇型柜子时，其侧板和底板的接缝、侧板相互间的接缝等都广泛应用了这种接合方法，前面提到的13世纪英国的保险箱 (coffer) (图3-60, 6-8) 就是其中的一个例子。日本称这种接合方法为"倾斜接"或"削接"等，一般用于板材的加长和加宽，衣柜和长方形大箱盖板的加宽上就可以见到这种接合方法。但是，侧板相互间的接缝和侧板与底板的接缝则很少使用，只有极少数柜子使用了这种方法。这种方法在日本使用得少而在西欧使用得多的主要原因之一，是西欧主要使用阔叶树制作家具类木器，而日本则使用容易开裂的针叶树。

---

1. 农商务省山林局编，《木材的工艺性利用》，大日本山林会，1912，p.282。

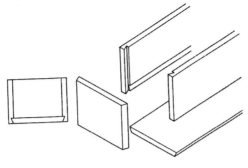

图6-8　嵌接

榫接

图6-9是以左侧为较长一侧的榫接构件的结构类型,前后木板和侧板分别削出相应的榫槽和榫头,将两个构件嵌合在一起,同时还使用了钉子。这种接合方法,从古代的倭柜到长方形大箱,在日本的箱子制作领域一直占统治地位。但是,在西欧和近邻诸国却基本看不到用这种方法制作的柜子。其主要原因,我认为与前面讲的所用木材的树种特点有关。具有带沿儿盖子的奈良时代的倭柜(图3-29)就使用了这种接合方法,杉木板如图6-9A所示上下两侧共有5个榫头,交叉嵌合在一起,并用钉子钉合。阿伊努族的宝物箱(图3-35)为3个榫头榫接而成,大阪的米柜(图3-41)是接缝处的端部长出侧板的5个榫头榫接而成。在实际见到的例子中,榫头最多的是青森的长方形大箱(图5-13),共10个榫头。

榫接还被用于印盒盖型箱子,冲绳的衣柜(图3-16)是

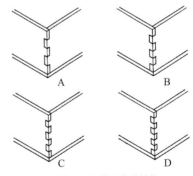

图6-9　从长侧面看柜体的构件结构

5个榫头榫接，属于图6–9A，付印盒盖型御判物柜（图3–34）也属于这一类型。整体上，偶数榫头基本属于例外，较长侧面的开口部和底部都不露出短侧面的横断面，这种结构是榫接的原则。

燕尾榫接

"燕尾榫"（图6–14D）榫头的形状被比喻成蚂蚁中间变细的身体形状，英语模仿鸽子和狐狸的形状称为"dove-tail、fox-tail"等，这种榫接方法不容易脱落，结实，榫的外形美观，制作精细。最近在正仓院收藏的残缺的紫檀和残缺的木画箱等上面都发现了这种接合方法，由此判明从古代起就已经开始使用这种接合方法[1]。在调查的例子中，中型、厚板结构的柜子和冲绳的衣柜上有很多细小的榫头，虽然在行箧等上面也可以见到这种榫接方法，但是在实际看到的长方形大箱上却完全没有使用这种接合方法。另一方面，这种接合方法在朝鲜半岛装线的柜子和"半开"上却较为多见，例如日本国立民族学博物馆收藏的"半开"（图5–53），其盖板和侧板使用燕尾榫接合，细小的榫头数目高达20个，并钉有竹钉。虽然也有使用"角钉合接"方法制作的"半开"，但是在笔者亲眼见到的6个"半开"中，却没有发现使用"榫接"制作的柜子。中国和西欧的柜子，很多都是使用"燕尾榫接"的方法。

底部的构造

下面我们来看看底板的安装方法。箱内物品的重量完全落在箱底，所以尤其对用于搬运的箱子来说，底部的构造是非常重要的。话虽如此，工匠们根本没有什么太好的对策，日本以倭柜为主的柜子一般采用的都是前面所说的方法，即"把柜底钉在侧板上"。

---

1. 关根真隆，"正仓院古柜考"，《正仓院的木工》，日本经济新闻社，1978，p.168。

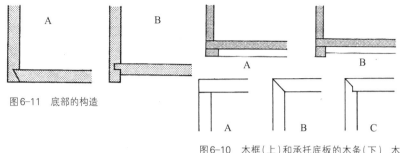

图6-11 底部的构造

图6-10 木框（上）和承托底板的木条（下） 木
框角的接合方法

其发展的产物就是沿底板边钉上木框（图6-10A）和在此基础上再插入承托底板重量的木条（图6-10B）。重要文化遗产书柜（图3-31）和前面提到的冲绳的衣柜，都属于图6-10A。图6-10下面画的是木框接头的平面图，其中使用正面不露出木材横断面的"对接"方法制作的柜子数量最多，而正面使用"斜接"、背面使用"对接"方法制成的柜子数量仅次于前者。屏风柜（图3-39）属于做工细致的"内包型斜榫接"。木框和承托底板重量的木条的接合方法，像盖框和防止盖子木材翘起的木条之间的接合那样，根据用途的不同，被分为对接、嵌接、燕尾挂接（图6-18C）等。

钉在底部的木框起到压边的作用，所以它比没有木框的柜底结实。另外，稳定性好，可确保与地板之间的缝隙，起到保护底板免受湿气和虫害侵蚀的作用。在木框上钻孔穿上绳子，代替挂环用来搬运或捆绑箱子。而且，像图6-10B那样插入承托底板的木条，还可以在很大程度上防止底板弯曲。因此，大型的长方形大箱都会无一例外地插入数根木条来承托底板，形成底板-承托底板的木条-木框这种结构。这种结构与地板-托梁-地板支柱上的楞木-地基构成的日本木造建筑地板的结构相似，这表明箱子的制作技术与建筑之间存在着某种关联。地脚是一种简单的底部构造，不仅在日本，而且在韩国至西欧的柜子 (chest) 中都广为利用。

图6-11B所示的在侧板上抠槽、将底板插入的接合方法，在日本的信匣和砚台箱等小型箱子上应用较多，而在柜子上却基本看不到这种接合方法，其为数不多的例子中就有金泽市立民俗文化财产展示馆收藏的放公文的柜子。从外观看，柜子侧板一直延伸到地板上，给人以齐整的感觉，但是木纹的方向与槽和钉子的方向相同，所以容易开裂，不够结实。

盖子制作技术的发展

盖子的功能，正如在第二章柜子的功能部分讲述的那样，大致分为对人的功能和对环境的功能两部分。对于前者，通过箱子本体结实的结构和上锁来解决；对于后者，盖子和箱体密闭性的好坏则成为问题的关键。根据盖框的有无和盖子与箱体之间的连接方法，盖子的样式被分为很多种。

盖子和箱体的构成方法

盖子与箱子本体的构成方法，如图6-12所示，被归纳为三种。A自由型结构，是指盖子只是扣在箱子本体上，可以自由地拿下来。B约束型结构，是指盖子与箱体之间用合页连接，不能把盖子从箱体上拿下来。西欧的柜子几乎无一例外都采用了这种方法，这大概是因为当时已经出现了——用合页将盖子和箱体牢固地连接在一起并加锁的——想法。C折中型结构是将在日本受欢迎的A和B两种类型的特点综合后产生的，通过可拆卸式金属零件，既可以把它当作约束型来使用，也可以卸下金属零件使盖子和箱体

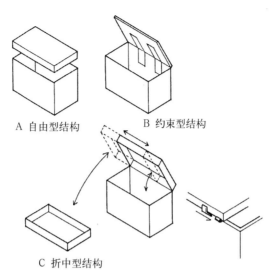

A 自由型结构   B 约束型结构

C 折中型结构

图6-12   盖子和箱体的连接方法

分离,成为自由型结构。

盖子的各种形式

扣盖型

在盖子的各种形式中,最简朴的是在冲绳木箱和圆桶型中列举的加拿大印第安人的食物箱 (图2-19) 等使用的扣盖。这些箱子利用抠槽和盖子的重量,防止盖子滑落,提高密封性。实木板制成的盖子容易翘曲变形,夹撑木和栈盖[1]起到防止盖子变形的作用。夹撑木,通过在盖板的木材横断面抠槽,插入木框,同时还可以达到隐藏木材横断面的作用。从正仓院收藏的赤漆文槻木御橱和黑柿两面橱等来看,日本自古以来就已存在这种技术[2]。图6-13所示

---

1. 栈盖: 在盖子的背面装有防止盖子变形的木条。——译注
2. 木村法光,"从正仓院的木器来看接合技术",《正仓院的木工》,日本经济新闻社,1978,p.170。

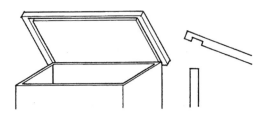

图6-13　盖子的细节图（印度尼西亚的柜子）

的印度尼西亚的柜子 (chest, 东京家具博物馆收藏)，属于没有盖框的约束型盖子，盖子与柜子之间用合页连接，在实木板制作的盖子内侧抠的槽，使之正好嵌在柜体的上端，提高了密封性。

　　侧面厚板至地型柜 (chest, 图6-45) 盖子所用的夹撑木，在西欧柜子中较为常见。夹撑木的使用方法是，将盖板侧面两端分别削掉一部分，制作榫头，中间各自留出一个90毫米宽的长榫头，在粗夹撑木的一侧抠槽，钻一小孔，将小孔对准长榫头，把夹撑木插入盖板侧面两端，然后再从上面钉入木栓。日本的制作方法虽然看起来外形美观，但是西欧的制作方法明显的结实牢固，这表明日本和西欧在夹撑木的接合方法上存在着不同。

栈盖型

　　日本的米柜 (图3-41) 和朝鲜半岛的米柜 (图6-50) 等都属于栈盖。栈盖的另一形式是，在盖板背面按照柜体内侧的尺寸钉上相应长度的木条，千两箱的盖子 (图3-40) 就属于这种。木条的作用不仅防止盖板从柜体脱落，还可以防止盖板翘曲变形，对用拼接方式制成的盖板还可起到加固的作用。西欧的阿尔卑斯山柜 (chest) 和哈奇型、嵌板型的盖子，都模仿的是门的制作工艺，即在框架中插入木板。

带沿儿的盖子

　　扣盖和栈盖都没有盖框，带沿儿的盖子以下的各种形式都带有盖框。盖框不仅使制作大型柜子成为可能，而且也大大提高了柜子的密封性。中国的柜子和经箱等东方的柜子，大多带有这种盖子。西欧除了宝石箱等小型箱子以外，柜子上都没有这种盖子。带沿儿的盖子属于典型的带盖框型盖子，被广泛应用于日本的箱子和柜子。但是，从世界性的角度来看，这种盖子属于少数派，似乎与不使用锁有一定的关系。

盖框的构造如图6-14所示。A是"对接"，如阿伊努族的宝物箱（图3-35）。B是"相嵌接"，两面露出木材的横断面，加在钉子上的力量也向两个方向分散，制作工艺比"对接"稍微复杂。"相嵌接"的配件构成，根据木框横断面的露出方式分为以下四种，如图6-15所示。有研究表明，正仓院收藏的100多个古柜中，A的数量最多，露出3个榫头的仅有两例[1]。倭柜属于类型A。本书调查的例子中，"相嵌接"和3个榫头接合的柜子各占一半，倭柜（图3-29）、铠甲柜（图3-30）、书柜（图3-31）、御判物柜（图3-34）等都属于用"相嵌接"的方法制作的柜子。3个榫头接合的柜子包括中型厚板结构的柜子和几乎所有的长方形大箱。可见，古代"相嵌接"占主流地位，随着时代的发展，3个榫头接合的柜子增多，尤其是大型的柜子采用3个榫头接合的较多。3个榫头接合的木材横断面露出方式，都是短侧面的木框横断面出现在长侧面上，除此之外的方法未曾见到。接头

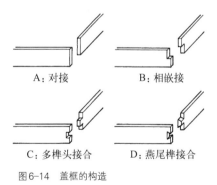

A：对接　　　　　　B：相嵌接

C：多榫头接合　　　D：燕尾榫接合

图6-14　盖框的构造

1. 关根真隆，"正仓院古柜考"，《正仓院的木工》，日本经济新闻社，1978，p.140—141。

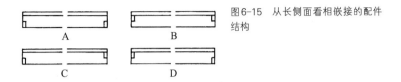

图6-15　从长侧面看相嵌接的配件
结构

的加工，一般是分为三等份儿，但也有中间稍宽，距离上下接头再多用一根钉子的。盖框用3个以上细小榫头接合而成的，一般都是使用较厚木板制成的柜子，如中型厚板结构的柜子 (图5-37) 就是5个榫头。柜体是燕尾榫接合的柜子，其盖框也同样使用燕尾榫接合，如冲绳的衣柜 (图3-16) 等。

印盒型

印盒型盖子虽然有各种不同的造型，但它们的特点都是盖子和柜体外形一致，外观线条流畅。使用较厚的木板制作，在盖框和柜体的板材上分别削下一部分，使二者咬合在一起。正仓院收藏的"赤漆桐小柜"就属于这种。这个柜子的盖子比柜体稍大，外观上看起来有些像带沿儿的盖子，结构特殊，非常有名。图6-16B是付印盒盖型，柜体内侧上部装有木框，木框正好嵌在盖框里面，如御判物柜 (图3-34)。装御神宝用的柳箱 (图4-30) 属于高度复杂的付印盒盖型，露在柜体外面的薄板被称为"牙"，这在前面已经讲过。

所谓的"逆付印盒盖"，是指在盖框上安装了嵌在柜体上的木框。这大概是因为盖子会变重的原因。与付印盒盖型相比，这种样式的盖子数量非常少。冲绳的衣柜 (图3-16) 是一种特殊的样式，带凹形边饰的浅口中盖，搭在柜子的开口部，盖框嵌在中盖上，形成印盒盖形状。

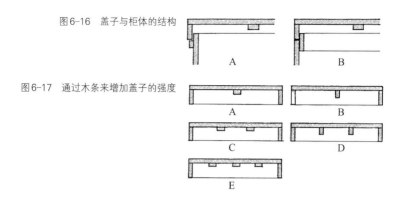

图6-16　盖子与柜体的结构

图6-17　通过木条来增加盖子的强度

柜子的大型化

若要把盖子大型化，就会出现强度的问题。虽然可以通过增加木板厚度来使盖子不被弄破，但是这样一来，盖子的重量就会增加，材料也会增多。于是，人们想出了通过插入木条来增加强度的方法。虽然还不清楚这种结构是从何时开始出现的，但是目前可以肯定的是正仓院收藏的柜子中没有这种盖子。

挂盖型

插入承托盖子的木条，带沿儿的盖子就会出现木条与柜体上端相接不稳的情况。图6-16所示的盖子与柜体的结构，可以避免这一弊病，并提高密封性。A是挂盖型[1]，承托盖框的木条比柜边稍低，这种样式在日本柜子中使用较多，从中型柜子到长方形大箱均有使用。这种样式在近邻诸国和西欧的柜子中都没有发现，我认为这是日本箱子的特色。印盒型虽然也可以插入承托盖子的木条，但其出现得较早，还不如说是为了制作出线条流畅的外观而下的工夫。

通过木条来增加盖板强度的例子如图6-17所示。A和B，都

---

1. 早川孝太郎，"福岛县南会津郡桧岐村采访记"，日本民族学会编，《民族学研究》五、六卷，1939，592—593页中称之为"挂盖"。

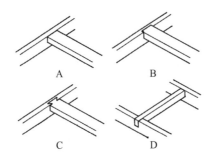

图6-18　盖框与木条的接合

是在盖板中央插入一根较宽的木条,冲绳的衣柜就属于A这种类型。B基本不用于平盖的柜子。C是插入了两根宽木条,中型厚板结构柜子(图5-37)的木条横断面尺寸为12×70毫米。D与B相同,也是将木条宽面立着插入,不同的是D插入的是两根木条,这种样式适合于将木条切成与盖子曲面保持一致弧度的曲线,小型长方形大箱里这种例子很多,普通的长方形大箱无一例外都使用这种方法将盖子做成曲面。木条的数量以4至5根为标准,但长方形大箱(图5-15)是6根。E插入了3根宽木条,这种样式的柜子实例很少。

　　盖框和插入的木条之间的接合,采用图6-18所示的方法。A使用的是"对接"法,盖框上会出现钉子。B是"嵌入接",C是"燕尾挂接",D是在框上抠槽,将木条插入,在框上可以看到木条的横断面。B使用得最多,粗劣的柜子使用A和D,C用于做工精细的柜子。也有正面用A、背面用D的搭配方式,竖木条型长方形大箱和广岛县久井町的长方形大箱(图5-12)等都属于这种类型。

挂盖型的附加构造

○ 托座

托座(图6-19)是指短侧面的侧板向前突出,以此来支撑承托盖框的木条，达到增加结构强度的作用。开关盖子时，开口部的木条会受到撞击。只用钉子接合的木条容易变歪，大概是为了防止木条歪斜，所以才制作了托座。带沿儿的盖子和栈盖、印盒盖型的箱子上没有托座。托座的种类很多，既有削成直线的简朴的托座 (图5-12)，也有做成两层圆弧的优美的托座 (带抽屉的长方形大箱，图7-16)，给柜子单调的外形增添了各种变化，具有一定的装饰性效果。

图6-19　托座

○ 竖镶板[1]

竖镶板，如实例所示，在放漆碗的中型柜子、长方形大箱、屏风柜、车式长方形大箱等都有使用，广泛分布于日本东北至九州一带。这种竖镶板仅限于在挂盖型柜子上使用。其在结构上所起的作用与托座相同，都是为了支撑环绕柜子开口部的木条，另外还起到了连接侧板的作用。竖镶板是格子门和横格拉门等建筑性细节对家具的影响的一个例子，通过重复，赋予柜子外观以带有节奏的美感，可以说是日本的一种具有特色的柜子设计样式。

托座和竖镶板这种挂盖型特有的增加结构强度的设计，打断了箱子棱角的连续性，进而导致无法再对面进行加工处理 (有关面的加工处理我们将在后面论述)，给人以结实质朴的感觉。所以，在以实用性为主的平民使用的箱子上能够看到托座和竖镶板，既有单独使用托座或竖镶板的，也有二者并用的。宝永六年 (1709年) 带墨书铭的车式长方形大箱 (福冈县) 等就同时使用了托座和竖镶板。

---

1. 竖镶板：与门窗等的竖框平行的木条。——译注

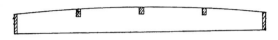

图6-20　镶板盖的安装

美化的手法

曲面盖子的结构

美化箱子的方法之一就是将盖子做成曲面,日本称之为"甲盛"。大概是因为古代工具贫乏、没有闲暇去顾及箱子样式的原因,正仓院收藏的古柜的盖子都是平面的。之后,盖子和棱角逐渐被加工成圆形,转变为外形美观的柜子。平盖给人以刚直之感,曲面给人以优美之感。小型的箱子被称为"凸肚",侧板向外侧膨胀,外形柔和,这种样式大约从平安中期开始流行(图3-5)。把盖子制成曲面的方法是,把盖框做成曲面,在上面覆盖木板。从木材的性质来说,长向不容易弯曲,而宽向容易弯曲。长方形大箱,将锯成曲线的木条按照图6-20所示的那样,一点一点地改变高度安装在盖子上,利用这种方法做出优美的三次曲面。据说在覆盖木板之前,白天要把木板放在太阳下晒,晚上则要点燃木屑烘烤单面木板,使之翘曲后再覆盖在盖框上。

对棱角的加工处理

对棱角的加工处理,会微妙地改变箱子的外在形态。古代柜子的棱角是直线的,给人以尖锐的单调之感。于是,人们在棱角上刷上一定宽度的黑漆,这种工艺被称为"阴切"。通过这种方式,不仅可以提高防潮性能,而且还可以使人看不出平滑板面和粗糙横断面的精致与否,使轮廓显得更加紧凑。后来随着边刨的发展,人们开始对棱角进行立体的造型加工,各种造型的名称如图6-21所示。把角加工成小小的圆弧形状,就会缓和尖锐的程度,给人以细腻优美之感。柜子中,"银杏面"最为多见,这大概是因为软质木

　万物简史译丛·箱

图6-21 棱角
造型的种类

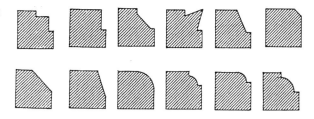

材适于制作柔和曲面。它大多与"阴切"搭配使用,以此来追求二者的相乘效果产生的轮廓美。中国的家具,包括硬木特有的锐利面在内,对很多种类的面进行了加工处理。西欧称之为装饰线条,用于给柜 (chest) 和箱 (box) 等增添豪华和细腻之感。

箱型的发展

以上叙述了箱子制作技术的概要。箱型后来发展为带台子的、带底座的、安装短腿的等等,下面我们将在对前面提示的实例加以若干技术性补充的同时,就箱型的发展体系展开研究。

带底座的柜子

带底座的柜子是指柜体与台子在结构上连为一体的柜子。下面我们对15世纪法国的柜子 (chest, 图3–52, 图6–22) 加以补充说明。盖子和柜体,大体上使用厚厚的黑色胡桃木制作,柜体和底座 (厚45毫米) 均使用燕尾榫接的方法,柜体为6个榫头、台座为4个榫头接合,并用木钉固定。盖子是组框结构,盖板四边包了一圈37×67毫米的木边。盖子和柜体之间用钉在盖子背面的三根又长又结实的铁箍制成的合页连接,铁箍的另一端被固定在柜子 (chest) 的背板表面。柜子端坐在比柜体大出一圈的台座上,中间

图6-22 柜（chest）法国 维多利亚和阿尔伯特博物馆

的缝隙用加工了装饰线条的压边堵住。柜子外面充分利用木板的厚度，用锐利的刃具雕刻出大约10毫米深的哥特式装饰风格的重要主题之一——"尖拱"。胡桃木木质细密，与橡木相比，能够雕刻出更加精巧的图案。这个柜子做工精细，留有用力凿刻过的痕迹。

意大利大箱（cassone）

众所周知，意大利大箱是豪华婚礼上使用的柜子，但是关于其结构的资料却几乎没有。图6-23是在第三章列举的意大利大箱（图3-53）被打开盖子后拍摄的图片，据考证其豪华的外表是模仿古代石棺制作的，从外表很难想象它竟然只是一个用胡桃木制作的简朴的箱子。盖子看起来就像是一个反着放的长方形的巨大浅托盘，盖子边上安装了宽木框。箱体的前板和背板是垂直的，两块短侧面的木板向内倾斜，形状像船。做工精细的箱子会在表面涂上石膏（gesso），即雕塑、绘画用的石膏，石膏凝固后对其进行修整，然后在表面贴上金箔和银箔等。石膏在中世纪被作为刷漆和贴金箔、银箔的底子而使用，到了17世纪，人们将其重新定位为雕塑材料,给予了高度评价[1]。

带台子的柜子

图4-12和图4-14列举的都是日本带台子的柜子。这两个柜子所带的台子被称为"榻足几",样式简朴。唐梳妆匣(图3-5)的台子是优美的四脚台。与之不同的还有滋贺县近江神宫收藏的国宝舍利箱、大阪金刚寺收藏的重要文化遗产金铜装戒体箱等最高等级的箱子所带的特制台子,台上子装饰有被称为"格狭间"的镂空图案,通过台子来强调箱子的贵重程度。

西欧由箱形柜和台子组合而成的柜子有阿尔卑斯山柜(chest,图3-51)。台子高38厘米,厚板用燕尾榫(9个榫头)接合,距上端稍微向下的位置安装了两根木条,上面放着柜子本体。山区所产的木材大部分都属于松柏类,柜子本体用燕尾榫接的方法将对接在一起的三张枞木板接合起来。柜子表面贴有带漂亮木纹的大约4毫米厚的枫木和桦木等制成的单板,刻有浅浮雕。这种技术被称为木块拼花工艺,晚期哥特式以后,开始被用于唱诗班的座椅和奢侈的家具[2]。被推测为1500年左右制作的这个柜子(chest),是其初期的产品。内部在深蓝底色上雕刻的图案被涂成红色和绿色。从

图6-23 意大利大箱(cassone)
的内部 维多利亚和阿尔伯特
博物馆

---

1. gesso:雕塑、绘画用的石膏。中世纪被作为刷漆和贴金箔、银箔的底子而使用,到了17世纪,人们将其重新定位为雕刻材料,对其进行了有效的利用。John Gloag, *A Social History of Furniure Design*, Crown Publishers, 1966, p.352.

2. John Gloag, *A Social History of Furniure Design,* Crown Publishers, 1966, p.406.

图6-24 柜 中国 国立民族学博物馆

残留的一部分涂料来推断,外部应该也涂上了相同的颜色[1]。

中国现代的柜子 (图6-24, 国立民族学博物馆) 也是由本体和台子组成。盖框为燕尾榫接 (5个榫头),本体由21毫米厚的木板使用细小的燕尾榫接合而成 (15个榫头),台子高150毫米,内侧装有木条,柜子本体坐落在木条上。盖子为曲面,装有两根木条,盖框内侧环绕了木条,为"逆付印盒盖"样式。台子正面穿有2个绳孔,孔上穿着用来搬运的马尼拉麻制成的绳子。这种使用绳子的方法,在日本中型柜子上也可以见到。但是,使用细小的燕尾榫接合厚板形成的坚固结构、用两个大型合页连接盖子和柜体的结构、把手的形状和大小、未经修饰的柜角、分别涂上的黑色和深红色的色彩等,都与日本柜子不同。

系统化的箱子

以上论述了制作箱子的硬技术。与之相比,如何把箱子与其他家具关联起来进行设计,是一个非常重要的软技术。

1. Erih Klatt, *Die Konstruktion alter Möbel,* Julius Hoffmann Verlag, Stuttgart, 1977, p.24—25.

箱子与其他家具之间的关联

箱子虽然是独立存在的，但也有的箱子是与其他家具关联起来制作的。例如漆柜（图4-12）和迁宫辛柜（图4-14）中箱子与台子的组合，这是为敬献神灵而设计的装置，而中国现代的柜子、长方形大箱（图5-15）、阿尔卑斯山柜（chest）等的台子，则是为了便于搬运和保护底板而制作的。

在此我们想重新考量唐梳妆匣（图3-5）和镜台（图3-6）、桌箱（图3-47）等，这些均为箱子与专用台子或桌子相组合的例子，是在居住生活中产生的例子。或者也可以说是将之与其他家具关联起来制作的例子，其设计理念与现在的家具概念具有一定的相通之处。长方形大箱、藤箱、衣箱等之所以不知不觉地消失了，是因为它们都是作为单体而制作的，所以无法应付住宅的狭小化和因物品而造成的居住空间的混乱等情况。

中国的家具有的会在立柜上面放箱子。如图6-25和图6-26，放在上面的箱子被称为"顶箱"，其宽度和纵深都与下面的立柜尺寸一致。但是，也不一定就只放箱子，也有放与下面立柜样式相同的"顶箱"的。根据G.艾克的研究，顶箱中放的是家里的贵重物品，这点从使用的华丽锁具上就可以看出来[1]。这种想法，不仅在上流阶层，而且在农村住宅中也同样存在，似乎构成了中国家具的基础。王世襄指出，顶箱也会被拿下来使用[2]。但是，贵重物品使用的频率低，所以立柜上面可以说是最适合的放置地点。整个社会都备有这种箱子，这令人想起苦于异族入侵的中国历史，顶箱的原型大概就是紧急避难时使用的箱子。

图6-27是国立民族学博物馆收藏的墨西哥农家一直使用的

---

1. Gusrav Ecke, *Chinese Domestic Furniture*, The Charles E. Tuttle Company, Inc., 1985, p.20.

2. 王世襄，《民式家具珍赏》，文物出版社，1985，p.361。

图6-27 衣服收纳箱 墨西哥
国立民族学博物馆

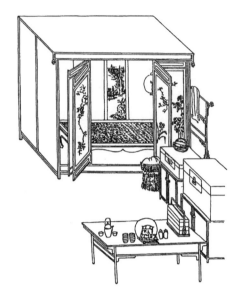

图6-25 顶箱 Gusrav Ecke: Chinese Domestic Furniture,
The Charles E. Tuttle Company Inc., 1985, p.20.

图6-26 西安郊外的房屋内部 〔车政弘、石丸进画〕

传统的衣服收纳箱。箱子本身 $59.1l \times 34w \times 32.7h$（厘米），放在高 58.5 厘米的台子上，台子上装有抽屉。其结构与前面提到的桌箱相似。桌箱后来虽然变成了桌子，但它并没有消失，而是在西班牙系统的社会中被继承下来。

箱子的类缘关系

本书开头部分介绍了几乎所有的家具都是箱或台的变种，或是二者的复合体。但是，与箱的定义相吻合的变种并没有那么多。首先能够列举的大概就是凳子之类的家具。有的把箱形凳子凳面的下方做成储物空间，称之为箱子形态上的亲族这一说法非常恰如其分，这种凳子在中世纪简朴生活中产生的家具中可以见到。此外还有把带靠背和扶手的椅子椅面下方做成储存空间的。图6-28所示的就是其中一例，框架结构的骨架上插入了带有亚麻布折叠装饰图案的薄板，这把椅子制作于 1530 年左右。几个人并排坐的高背长靠椅 (settle) 也是把椅面拿开后，下面就变成了储存的空间，与箱子形态上的类缘这一说法相吻合。那么，高背长靠椅是从柜子发展而来的吗？答案是否定的。约翰·格劳格指出，"settle"一词起源于盎格鲁-撒克逊人，其原型是设在教堂中央大殿里的一种被称为教堂靠背长凳 (pew) 的显贵人士或家族专用的固定的座位，大概就是这种固定的座位被改制成了可移动的高背长靠椅[1]（图6-29）。高背长靠椅有各种类型，如有的把靠背利用为放餐具的架子等，把这种椅子放在暖炉边，就构成了一个温馨舒适的空间。

柜子的内部空间

下面我们来看柜子"内部空间"的构成方法。在制约柜子形态的要素中，"内部空间"的构成方法直接关乎能否轻松地取出收

---

1. John Gloag, *A Social History of Furniure Design*, Crown Publishers, 1966, p.597—598.

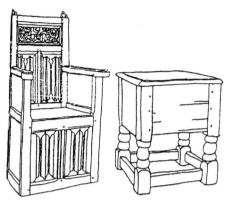

图6-28 左：扶手椅（Arm Chair），右：封闭的凳子（Closed Stool） John Gloag, A Social History of Furniure Design, Crown Publishers, 1966, pp.597—598。

图6-29 高背长靠椅（Settle）John Gloag, A Social History of Furniure Design, Crown Publishers, 1966, pp.597—598。

在柜子底部的物品，根据其构成原理的不同可分为以下几种类型。

○ 单一空间型 (Mono-Spae Type 图6-30A)

这种类型是指内部完全没有分隔的柜子。其内部空间的构成，通过从垂直方向和水平方向隔开＝遮蔽 (partitionning) 的方式，将其分隔成小块，或层层叠放。而且，还有的将垂直面和水平面综合起来，在柜内设置独立的小空间，或是在里面设置秘密构造。

单一空间型的典型例子就是"刳木型"柜子。不论是教会的圣遗物，还是农民家里重要的稻种，都不能对其置之不理。于是，人们为放置这些物品而制作了容器，这直截了当地反映了单一空间型容器的朴素之处。柜子 (chest) 的这种潜在的功能，在各种形状的容器上都可以见到。例如，德国南部1600年左右的柜子 (chest, 图6-45)，打开沉重的盖子，会发现里面的空间足以藏进一个成年人。长柜和长方形大箱是日本单一空间型的代表性例子，与今天的集装箱相同，为了收置和搬运各种各样的物品而没有对内部空间进行分隔。

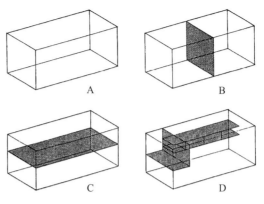

图6-30　内部空间的构成模型

　　另一方面，屏风柜为了能把屏风整个装进去，所以它的内部空间是有固定尺寸的。这样的例子还有放灯笼、铠甲和弓箭、乐器等的柜子。因此，不能因为没有分隔内部空间，就笼统地认为这种柜子是朴素的，应该注意到单一空间型也分为几个系列。

　　○ 垂直分隔型 (Vertial Partition Type 图6-30B)

　　这种类型指的是柜子内部被垂直分隔为几个空间，如日本的米柜和保加利亚橡木制成的哈奇型餐柜 (图3-65，图6-31B)。对于从上面开盖使用的柜子来说，垂直分隔型可以说是一种基本的柜内分类、整理方法。不仅米柜 (图3-41) 如此，而且英国据推测为1225年左右制作的内部分为4个空间的保险箱 (coffer, 图6-31A) [1] 也是如此，这个柜子安装了4个盖子。

　　○ 水平分隔型 (Horizontal Partition Type 图6-30C)

　　这种类型的柜子，将内部空间水平分隔。里面设有固定架子的柜子和安装了可移动浅盘的柜子等，都属于这种类型。把浅盘

1. Jenning, *Early Chests in Wood and Iron,* Public Record Office Museum Pamphlets, No.7, Her Majesty's Stationery Office, 1974, p.6.

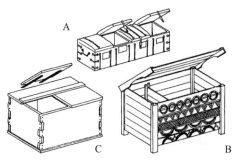

图6-31　垂直分隔型柜子

称为中盖或中盒，大概是因为其用法和效果与盖子相似。此外，它还被称为内挂箱。有关手笴（图3-3）里的内挂箱，前面已经讲过了，内挂箱的使用，日本自古以来就已经通晓，这种设计多用于渔具箱和针线盒等小型箱子。

中型的柜子里也有设内挂的。松浦静山在《甲子夜话》八中记录了带内挂箱的唐柜，并配了插图[1]。内挂箱的底部是工艺精巧的用竹子或板条制作的有间隔的屉，精心雕刻的凹形花边也非常细腻。从静山"新奇的古董"这一表述来推测，这种唐柜在当时也是非常罕见的。图6-32是热田神宫收藏的重要文化遗产——唐柜，柜内设有内挂箱，内挂箱的底部为屉，与静山的记载相符。但是，制作工艺稍显粗糙，在已经列举的实例中，冲绳的衣柜（图3-16）就属于这种类型，内挂箱的上端高于柜体，嵌在盖框上，形成印盒盖样式。

大般若经共600卷，数目庞大，若想做到有条理地收放，就必须对其进行整理。图6-33是传至佐贺市大兴寺的、带有宝永元年（1704年）字样的、收放大般若经的6个唐柜之中的一个。隔板隔

1.《甲子夜话》8，p.139。

图6-32　水平分隔型唐柜

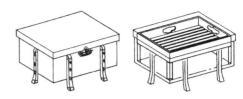

图6-33　藏经柜和中盒的结构　佐贺市大兴寺

开的左右两部分，摆放了5层内侧深约53毫米的中盒 (浅盘)。每个中盒放10卷叠起来的经卷。据说每逢在信徒家里讲经，都要把藏经柜从寺庙里扛来，隔板可以起到防止中盒在柜内移动的作用，中盒抓手上刻有云形图案，便于从柜内取出。宫城县立东北历史资料馆藏有与之类似的柜子。

　　○ 装置型 (Equipment Type 图6-30D)

　　装置型是指在柜子内部安装上抽屉、盒子、架子等。已列举的实例中，阿尔卑斯山柜 (chest, 图3-51) 里安装的椴木盒子就属于这种类型。指盒子的词只有"Till"和"Purse"两个词，这两个词的意思是"钱箱"或"钱包"，由此判断，它一定是用来放钱的。这一构思的起源虽然目前还不大清楚，但是在扬·凡·艾克绘制的"圣约翰的诞生" (1416年，都灵市美术馆收藏) 这幅画上 (图6-35)，

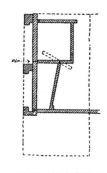

床边的柜子 (chest) 里就设有这种盒子。盒盖起到塞住柜盖的作用。也有没有盖子的。底板大多都是一层的，但是阿尔卑斯山柜 (chest) 里盒子的底板却是两层的。为了说明这个，我们展示一个更加巧妙的13世纪英国的秘密装置[1]。图6-34侧面中间的横框可以动，下面有一细长的起固定盒子底板作用的栓。拔掉栓子，底板就会转动，露出下面的小空间。这个空间的侧板是斜着凹进去的，所以即使是从上面往里看，也不会被发现。据说因此也会偶尔发生这样的事情，即柜子主人不知道柜子设有两层底的装置，当他们把柜子 (chest) 送到古董店和博物馆后，才发现柜内藏有古币。在转让柜子 (chest) 时，有在合同书上写明如果发现古币将如何分配的惯例。

另一个例子是"半开"的内部装置。如图5-53所示，柜子内部深处正面装有三联抽屉和架子。抽屉下面的框板，一直延伸到固定的前板，两侧形成架子板。这么精细的工艺所花费的精力，足以用来制作其他家具。根据裘满实的研究，抽屉和小空间被用来收纳书籍、服饰用品、货币等。虽然也有过制作专门用来保管这些物品的家具的想法，但是家具种类的增多，会对室内空间造成影响，而且费用也会增加。"半开"，通过对加锁的结实的柜子内部空间加装抽屉等装置的方法，来达到满足保管贵重物品的要求。从这些柜子身上，我们能够解读出人们对物质财产收存的想法，以及人们对居住空间里家具应有的状态所持有的明确认识。

---

1. H. William Lewer, J. Charles Wall, *The Church Chest of Essex,* Talbot and Co., London, 1913, p.23.

图6-35 圣约翰的诞生 Jan Van Eyck;
1416 Turin, Museo Civico。

有腿型柜子的结构

有腿型的柜子有日本的唐（辛）柜、长柜、运货辛柜等，以及西欧的侧面厚板至地型、哈奇型、嵌镶型等。下面，我们来研究这些柜子的各部分构件在结构上有哪些不同。

唐柜

日本古代带腿的柜子有正仓院收藏的唐柜（图6-36），下面我们来研究这个柜子的结构。使用的材料为杉木，盖子带沿儿，盖框采用相嵌接的方法接合，柜体采用榫接的方法（6个榫头）接合，并用钉子固定。柜体的两个长侧面，每侧都安装了两个横断面呈梯形的硬木腿。柜腿上钻了上下两个孔，用来穿绳子。柜腿，被三根菱形头的铆钉铆在柜体上，具体方法是把铆钉从柜腿钉进侧板，贯穿侧板后，用工具将铆钉钉弯，然后固定在侧板内部。正对着的柜腿，用承托底板的木条连接，从下面向内侧伸出，底板坐落在上面。盖子和柜体的外部都刷了红漆，棱角部分用黑漆做了"阴切"装

图6-36　唐柜　正仓院　正仓院宝物　正仓院事务所编，《正仓院的木工》，p.101。

饰。金属零件为镀金铜制作，柜子前面安装了用来锁柜子的枢销，背面安装了一组用来连接盖子和柜体的插销和枢销[1]。

　　我们再来补充说明一下前面讲过的伊势神宫迁宫辛柜 (图4-13) 的结构。柜子的制作材料为扁柏木，盖板和侧板均采用"拼接"的方法，分别将4块和2块木板接合在一起，用漆粘上，另外又插入光叶榉等硬木制成的蝶形榫片，非常结实。盖子的接合之所以如此缜密，是因为盖子为缓慢向上隆起形状，盖子中央和两端的高低差大约有5毫米。柜腿明显比正仓院收藏的柜子漂亮。其安装方法是，在侧板上抠出燕尾形槽，将组装好的腿从顶部插入，然后用三个镀金的铜铆钉铆住 (图6-37)。柜子内部，在裱糊的和纸底子上粘贴了绿色熟绢，相当于《内宫御宝记》里记载的"唐锦折立[2]"。最后还采用了最高级的刷漆工艺，其工序高达二十几道。

　　追溯古老唐柜的历史变迁会发现，奈良时代的唐柜，先是制作柜子本体，然后在本体上安装柜腿，用承托底板的木条来连接正相对的柜腿，把盖子制作成带沿儿的形式等，这些特点在长柜和运货

---

1. 关根真隆，"正仓院古柜考"，《正仓院的木工》，日本经济新闻社，1978，p.101。

2. 唐锦折立：在箱子内侧粘贴唐锦。——译注

图6-37 迁宫辛柜 神宫征古馆

唐柜上也可以见到,是日本独特的长腿型柜子的典型构造,这种构造被后世的唐柜所沿用。但是,到了平安时代,柜子的各个短侧面也被装上了腿,于是柜腿的总数变成了6个,而且柜腿越接近底部越向外翘曲,这种样式的柜腿被称为"笈足"。此外,对豪华的柜子还形成了一套装饰方法,如在盖子和柜体的棱角、腿的底端和顶端钉上装饰性金属零件等。前面曾经提到过,在安装柜腿时使用的是用铆钉固定的方法,从某一时期开始还同时使用了燕尾榫接的方法。简陋的柜子只使用燕尾榫接的方法。

长柜

虚幻的长柜

近世的文献资料对长柜的讲解都极其含糊不清。这是因为长柜是普通的日常生活用具,不需要对其加以特别的重视,而且其又长又大的柜体也不利于保存。由此我们推测,长柜到了近世中期就已彻底消失,诸位学者没有亲眼见过长柜,所以也就无法对其进行详细的表述。也就是说,长柜是没有实体的虚幻的柜子。

根据第五章对画卷的研究,我们曾指出长柜分为几种不同的样式,具有又轻又结实而且价格便宜等特点,很有可能属于用弯制技术制作的容器。以此为前提,我们尝试着对长柜进行了再现。

下面，我们来稍微详细地论述长柜的结构及其制作技术。

在大量制作长柜的12—14世纪，当时还没有出现用来锯薄板的大锯。然而，前面提过的正仓院收藏的唐柜长约1米，板厚20毫米左右，而大约1.5米长的大型柜子木板厚度则为20毫米以上[1]。如果长柜是用这么厚的木板制作的，那么远远大于唐柜的长柜，其自身重量就会过大，根本无法搬运。长柜外形上的特点是侧面的"竖线"和"横线"。贺茂神社的御柜(图2–18)与之外观相似，据推测竖线是木板与木板之间的接缝，而横线则是木框。也就是说，长柜曾是利用弯制技术制作的容器。另一方面，画卷上苫房顶的薄板、壁板、圆桶等，随处都可以看到薄板的使用，而且《一遍圣绘》和《法然上人绘传》上还绘有拿着弯制容器的乞丐，由此推断当时制作并加工薄板的技术已经得到了广泛的推广，能够非常容易地制作长柜。

《执政所抄》中记载的长柜用料

现存的有关长柜的资料，除画卷以外，其他的资料非常少，但是平安时代，摄关家管理公共事务的机构、即执政所详细记录每年定例活动的文献资料(保延二年即1136年至久安五年即1149年)中，记载了为参拜贺茂神社而按照常规制作的2个长柜和2对外居[2]所使用的材料。这个文献资料有几种活字本[3]，其中对品种、数量、尺寸等的记载都有很大的不同。在写法上也使用了古字，如：把盖写为"蓋"、把底板写为"尻板"、把大概是意为木条的"算"写为"筭"以及"筹"等。在以上考察的基础上列出了图6–38。那么，

---

1. 关根真隆，"正仓院古柜考"，正仓院事务所编《正仓院的木工》，日本经济新闻社，1982，根据152—157页的表格计算得出。

2. 外居：用于搬运食物的木制容器。——译注

3. 目前流传着几种抄本，活字本现存4册，具体有《续群书类从》第10辑、《改订史籍集览》第27、《古事类苑》器用部1·家什具、《古事类苑》神祇部63等。这四种活字本的不同请参照第五章第2个注释。

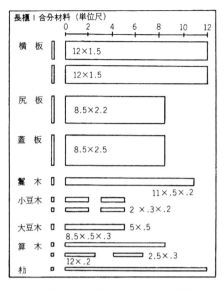

图6-38 《执政所抄》中记载的长柜的用料

这些材料又是如何做成长柜的呢?

　　首先,《和名类聚抄》中把"鬘"的读音用汉字标记为"加都良",读"katsura",不是指戴在头上的"假发",而是指"花鬘",并且指出"桂即女加都良"。《大和本草》一·杂木中记载"枫的日本名读音为'katsura',叶子与白柳相似,两两对生,贺茂祭祀仪式上使用的'katsura'就是它⋯⋯"。由此推断,"鬘"指的就是"枫"(男加都良)。那么,"大豆木"和"小豆木"里的"豆木",又究竟是什么意思呢?《和名类聚抄》中记载"豆木乃木槻,唐韵云槻,音槻,和名豆木乃木,木名椹,作弓木也"。另外,《伊吕波字类抄》中也记载"槻,即槻树,作弓木也",由此推测"豆木"木质坚韧,适合于制作柜腿。

　　我们再来看看与以上推断所不同的其他解释。材料中的横板、底板、盖板是指柜子的各个部位。在前面提到的"鬘木"(蔓木)"小豆木""大豆木"之后，还最后列举了柜子的部位名称"箅"和搬运柜子使用的"扁担"(日语汉字写为"枌")。由此推断，"蔓木"和"小·大豆木"也被视为柜子的部位名称。工艺界将盖框称为"鬘"，这一名称是否能追溯至12世纪后半期，这点目前虽无法确认，但也还是存在一定的可能性。然而，"豆木"的"豆"的草书体与"足"的草书体非常相似，也有可能是解读者的误读。如果是这样，那么就会得出一个条理清楚的结论，长柜均由扁柏木制成，所记载的材料是指横板、底板、底板以下柜子的所有部位。但是，在长柜之后所列出的"外居"的材料中却清楚地写有"足榑"，前后相差仅有数行的同一个文字，在"长柜"部分读成"豆"，而在"外居"部分却读成"足"，会出现这种误读吗？而且，在"外居"部分写的是"足榑"，在"长柜"部分写的是"豆木"。如果"足"是正确的，那么为什么"外居"是"足榑"，而"长柜"却是"豆木"呢？这让人无法释然。虽然无法断定哪种解释是正确的，但是使用排除法将材料表中所推断的材料使用部位依次排除后，可以确认的是"鬘木"是指包括盖框在内的"木框"，大小5根"豆木"相当于长柜的柜腿。

对柜子大小的推测

盖板和底板暗示了柜子平面的尺寸。从所列尺寸来看，这是个长8.5尺、宽2.2尺左右的大型柜子。盖板比底板宽，由此推测可能是"带沿儿的盖子"。构成侧面的横板，长12尺，宽1.5尺。假设当时制作了这种又长又薄的木板，那么为避免木材翘曲就必须避开木芯，而木材的直径过大则无法锯出整张实木板。由此推测，盖子、底板和横板，都是用两张拼合而成的。底板外周两个边共计10.4尺，长12尺的横板完全够用。柜子大概的深度推测是1.5尺左右，即横板的宽度。

对其他材料使用部位的推测

我们再来看看木板以外的材料。小豆木4根，这与安在柜子长侧面的腿的数目一致,大小也与柜子相符。5尺长的大豆木,推测是一分两半,分别用来制作柜子短侧面的腿。其横断面大,可以抠出把柜子吊起来所需的绳孔和削制承托底板的凹槽。长的"算木"(木条)与柜子长度大体一致,而短的则与柜子宽度大致相同,因为是2根,所以大概是与柜子的平面形相关联而使用的,被作为连接两个腿并承托底板的木条来使用。这种木条在画卷里也可以见到,若想把食物等重物放在柜里搬运,就必须安装能够承托底板的木条。因此,长木条作为承托底板的木条被横放在底板中央,把抠有凹槽的柜子短侧面的腿连接起来。

下面来看蔓木的使用部位。其11尺的长度,似乎与12尺的大长横板有关联。寻找制作描绘的长方形大箱所必需的剩余材料,就发现了盖框和作为"横线"所描绘的绕在柜子开口部和底部的水平方向的木条。《木材的工艺性利用》中记载,蔓木的特点是"木质细致,轻软,易于加工"[1],适合制作盖框和用来做加固柜体侧面的木框。

根据《执政所抄》再现长柜 (图6-39)

根据以上推断,我们试着制作了被称为"圆桶型"以及"竖着削薄型"的长柜。考虑到费用的问题,我们使用了机器加工的北美产云杉木材,木板的厚度设定为10毫米。为了把木板弄弯,我们使用了两种方法,一种是"锯弯",用导突锯锯出7—8毫米深的槽;另一种方法是"用热水将木板弄弯"(图6-40),这种方法可以增加木板的可塑性。盖子很宽,是用两张木板对接制成,为防止盖子变形和因木板翘曲而引发的开裂,用小木条的一部分制作承托盖子的木条,在盖子上插入了2根木条。这种方法,与画卷上绘制的在

---

1. 农商务省山林局编《木材的工艺性利用》大日本山林会,1912,p.1220.

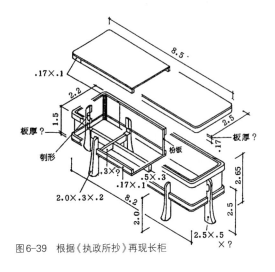

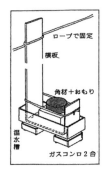

图6-40 用热水弯制
木材

图6-39 根据《执政所抄》再现长柜

盖子上放行李时的处理方法是一样的。

○ 腿的制作

我们以精致地描绘了柜腿的《春日权现验记绘》和《石山寺缘起图》，以及京都御所收藏的运货唐柜为参考，用劈刀和木锛削出大致的轮廓，最后用凿子加工完成。图6-41是正在组装柜腿的情景。

试做的结果，发现存在以下几个问题。首先，用被指定的12尺长的扁担扛柜子后发现，柜子太长以致与身体接触，非常难扛。另外与画卷上绘制的柜子相比较发现，柜腿的长度似乎太长，《执政所抄》上记载的材料有很大的富余。其次，承托盖子的木条顶在柜子的边儿上，不稳固。于是，我们将柜腿的安装位置进行了调整，将6个腿的上端顶在盖框上。前面讲过的挂盖型柜子，不会出现这种现象。但是，如果要做成挂盖型的，就必须在柜子的开口部安装木框，以此来承托盖框，而用薄板制成的柜子，很难把木框和薄板

万物简史译丛·箱

图6-41 组装柜腿

接合在一起。这是长柜在结构上存在的缺陷，也是导致它被长方形大箱所取代的重要原因之一。

出土的长柜

在再现方案被发表后的昭和六十一年2月，从京都市下京区七条御所之内本町74 (平安京八条二坊) 的井里，出土了一些木片，这些木片被推断为长柜的组成部分 (图6-42)。这些木片与似乎是折柜的组成部分一起，被作为防止堤坝坍塌的板桩而使用。根据京都市埋葬文化财产调查中心的研究，通过分析铺在井底的平瓦得知，这口井修建于平安时代后期[1]，与《执政所抄》和画卷基本属于同一时代。

○ 长柜的组成材料

出土的主要材料有，盖板的一部分 (①)、侧板 (②、③)、底板 (④、⑤、⑥)，木材种类是扁柏木。没有发现相当于盖框和腿的材料。下面，我们以前面对长柜的研究为基础，探讨出土物的结构。

在出土的木片中，有一块被推测为盖板的一部分，这块木片厚6毫米，木板大致中央位置横向被斜着切断，切面宽约30毫米，

---

1. 出自京都市埋藏文化财产调查中心编《平安八条二坊十二町出土的"韩柜""折柜"》。

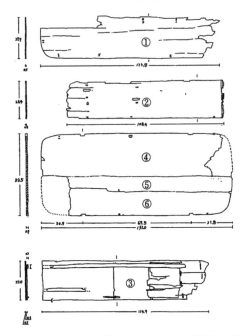

图6-42　出土的长柜的组成部分　京都市埋藏文化财产调查中心

每隔大约23厘米用桦树皮缝合。也就是使用了一种"削接"的接合方法。底板裂成三片，将木纹拼合后，如图所示，其尺寸为 1 320×535×9 (毫米)。推测这块木板是底板的根据是，木板长侧面各有两处凹槽，短侧面各有一处凹槽，这些凹槽被认为是用来安装柜腿的。侧板 (②) 的右端，为了把侧板弯过来，刻有14个大约深达半个板厚的斜切痕迹，是用锐利的刀具制作的。

　　侧板 (③) 的珍贵之处在于，出现了薄板叠合的部分，而且侧板上还留有与构成长柜结构特点的"横线"和"竖线"相对应的木片。相当于"横线"的木片是厚7毫米、宽20毫米的薄板，被认为是"竖线"的木片是厚6毫米、宽220毫米左右的薄板。虽然只出

图6-43　底板和侧板的组装　京都市埋藏文化财产调查中心

土了一片,但是在木板上发现了因为有同样薄板的存在而导致的板材变色情况。也就是说,侧板为两层,上面的"横线"是宽20毫米的两列横带,根据木材的变色情况推断,在中间还有一根横带。

○ 对柜子结构的推测

盖板和盖框、底板和侧板的接缝处,沿着缝边留有桦树皮,这表明是用桦树皮缝合的。图6-43拍摄的是正将底板和侧板组装在一起的情景。在盖板上没有发现曾装有防止盖子翘曲的木条的痕迹。我们猜想,盖板必然会产生翘曲的现象,但是当时人们大概对此并不太在意。盖板中间附近残留有两处桦树皮,应该是用来修补开裂的盖板。此外,安装柜腿的凹槽处,有一小条与底板材质颜色不同的线横贯底板,由此判断这个柜子曾装有承托底板的木条。

最后我们来研究腿的安装方法。唐柜的腿,用顶端分成两股的长钉,穿过侧板固定。但是,在侧板上却没有找到这种痕迹。仔细查看底板与腿部凹槽相对应的侧板上部,发现了桦树皮。这种对应关系也适用于底板的其他凹槽。也就是说,长柜的腿,与其他接合部位一样,也是用桦树皮固定的。那么,究竟是什么样的腿呢?《镰仓研修道场用地发掘调查报告书》里收入的唐柜样式的"笈足"(指柜腿的下端向外翘曲的样式,图6-44),为我们推测腿的

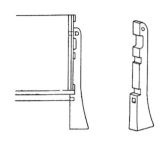

图6-44 长柜的腿（推定）《镰仓研修道场用地发掘调查报告书》

形状提供了线索。从腿上部的孔里穿上桦树皮，然后再把它系在侧板的孔上，通过这种方法就可以把腿固定在柜体上。这个长柜的腿，大概就是用这种方法安装的。

○ 与仿制品的不同之处

那么，出土的长柜与仿制品之间又有怎样的不同呢？首先，制作仿制品的基本思路是长柜是用薄板制作的弯制容器，其构造的核心是"竖线"和"横线"，"竖线"是薄板的边线，"横线"大概是"木框"，这一推测是正确的。其次，我们推测薄板的厚度是唐柜板厚的一半，即10毫米左右，但是，只有对薄板和底板的厚度（9毫米）这两点的推测是正确的，其他部位使用的材料比我们预想的要薄，盖板是5毫米，侧板是由5毫米和6毫米的两块薄板叠合而成。第三，对长柜底部装有连接柜腿并承托底板的木条这一推测也是正确的。

我们在仿制品中插入了防止盖板翘曲的木条，但是在出土的长柜里，却没有这种木条。关于这点，《执政所抄》中记载的长柜大约宽75厘米，所以我们认为安装木条是有必要的。最大的不同是柜子各部位的接合方法。我们参照"御柜"和现代的"折柜"等的制作方法，在仿制品中用竹钉把盖板与盖框、底板与底框接合在一起。另外，采用唐柜的制作方法，用铁钉把柜腿和侧板钉合在一起。但是，如前所述，出土的长柜，各部位都是用桦树皮接合的。仿制品使用了所谓的"锯弯"的方法，而出土的长柜则使用的是斜切的方法。

出土的长柜，制作得不是非常精致。例如，相向的腿的安装位置错开了大约20毫米，底板和盖板的角部曲线也不一样。桦树皮缝合的盖板和盖框、底板和侧板，大概有些地方出现了缝隙。我们猜测，薄薄的盖板在使用过程中出现了相当大的翘曲，当盖板开裂后，人们就用桦树皮修补。换言之，唐柜是用厚板制成的形状固定的柜子，而长柜的结构则具有柔韧性，易弯。仿制的长柜外形巨大。12世纪末，有很多高大漂亮的扁柏树。工匠们把扁柏木制成又大又长的薄板，熟练地在薄板上制作均等的折痕，把它们缝合在一起。另外，我们猜测，当时采用了一种把薄板叠合在一起的合理的结构。工匠们在制作日常生活用具上所倾注的热忱和当时高超的技术水平，令人惊叹。

侧面厚板至地型

我们在第三章"房屋与箱"列举了这种类型柜子的实例，并指出厚厚的侧板一直延伸到地面，兼作柜腿使用，这种结构非常合理。其最简朴的构造就是将侧板削掉一部分，然后将正面和背面的木板搭在侧板上，用钉子固定。图6-45是E.库拉特在《阿莱特家具结构》(*Die Constrution des Alete Möbel*) 中收录的德国南部1600年左右的柜子 (chest) 部件构成图，是为了重现这种柜子而绘制的。柜子很大，尺寸为178.5l×51w×90h (厘米)。侧面下部削制的拱形图案，不仅增强了柜子的稳定性，同时还给单调的侧面增加了装饰性效果。如前所述，这个柜子的盖板使用了夹撑木，侧板相互之间使用嵌接的方法接合，柜体加工精准。需要补充的是，木钉被交替改变角度钉在柜体内，用这种方法钉的木钉，不容易从柜体上脱落。另外，连接盖子和柜体的长铁铰链，分别用5根螺钉一直钉穿到盖板和背板的表面，把螺钉弄弯后嵌在木板上，非常结实。

哈奇型 (Huch)

如第三章"房屋与箱"所述，这种类型的柜子，其结构是在四角

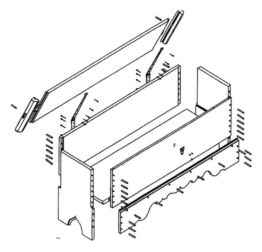

图6-45　柜子（chest）

德国南部　原画：E.库拉特；Die Constrution des Alete Möbel

的柜腿上装入侧板，其中柜体两个侧面呈格子形状的为哈奇1型，只是由木板构成的为哈奇2型。图6-46是笔者翻译的《从图画看英国人的住宅2　室内用具》中重新绘制的据说曾放于哈姆希教堂的柜子（chest）。柜子正面、背面、短侧面均由橡木板制成，插进4个宽幅竖框的槽里，用木钉钉合。短侧面的外侧，把边缘削成曲面的竖向一根木条和横向两根木条组成的格子榫接在竖框上，以此来加固侧板，这种格子是这一类型柜子的典型特点之一。盖板也是由实木板制成，两端用木钉钉上了粗木条，被挖出凹槽的端部与竖框形成枢轴铰链。承托盖子的木条中间抠有榫眼，盖上盖子，竖格子的上端正好嵌进榫眼，非常结实。底板插入侧板的槽里，只有短侧面从内部用压条固定。柜子内部的痕迹表明，里面曾设有带盖的盒子。

　　且不论竖框的槽是倾斜的还是垂直的，图上所示的结构与屋顶型的图6-5非常相似。哈奇型和屋顶型，外观虽然不同，但是在

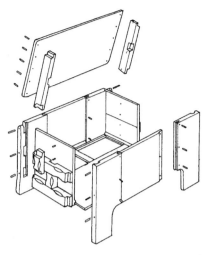

图6-46　哈奇（huch）　英国　原画:《从图画看
英国人的住宅2　室内用具》

它们身上可以看到相同的技术构思,因此也可以说二者在结构上
有着极为密切的关系。这种类型的柜子中,还有与屋顶型柜子的
结构更加相似的柜子,其侧面不仅有格子框架,而且还是由数根横
框组合而成。例如一种被称为"提尔天古"的柜子,上面用浮雕雕
刻了骑士在马上比试长枪的情景等,这种柜子被用来放置盔甲或
兵器。英国、法国、荷兰等国家都有很多这种柜子。

　　○ 哈奇2型

　　哈奇2型与1型不同,其侧板只是由木板构成。下面,我们
以法兰克福装饰艺术博物馆收藏的16世纪中期德国北部的柜子
(chest) (图6-47) 为例进行论述。这个柜子 (chest) 的外形虽然与
著名的瑞士巴莱尔城堡教会收藏的罗马式柜子非常相似,但是它
的制作工艺更加精细,外表带有涡形装饰性金属零件。材料为橡
木实心板。盖板正面使用"拼接"的方法将两块木板接合在一起,

图6-47 柜子（chest）德国（16世纪中期）法兰克福
装饰艺术博物馆

底板和侧面分别为两块和三块木板接合而成，正面的木板厚度达36毫米，而背面和两个侧面的木板厚度也达24毫米。柜子本体的接合方法，是把已加工出榫头的侧板插入四角竖框的槽里，这种方法仿照了与前述哈奇1型相同的西欧有腿型柜子的接合方法。

底板安装的高度与侧板下端的高度相同。其安装方法也许与竖框和侧板的接合方法相同，在侧板上抠槽，把已加工成榫头的底板插进槽里。竖框，如前所述，从底板向下的大概厚出9毫米，底板的角正好落在竖框上。如图所示，用长铁箍对柜子进行的加固，柜子内部正面左侧设有一个宽80毫米的带盖盒子。

嵌镶构造型

嵌镶（Panelled）型是指在柜子骨架的木框上抠槽，把薄板（Panel）插入制成的柜子。图6-48是用另一种画法绘制的R.爱德华兹在《英语家具词典》（*The Dictionary of English Furniture*）中收录的柜子（chest）效果图。这个柜子（chest）的侧面和背面的厚板虽然是用木钉钉合的，但是柜子前面的框上抠了槽，插入了边缘被削薄的木板，是一种过渡性的或折中性的嵌镶结构。

图6-49是为了显示E.库拉特在《阿莱特家具结构》(*Die Construction des Alete Möbel*) 中所列的荷兰16世纪初期柜子 (chest) 的各部分结构而重新绘制的效果图。数量众多的木框和薄板等各个部分,使柜子的外观极具特色。柜子为框架结构,横框被榫接在柜子四角橡木制成的粗竖框上,中间分别立有几根竖框。接合方式采用了榫接和木栓两种方法。正面中间的竖框较宽,上部镶有锁板。框上插入了薄板。柜子正面的薄板,被加工了各种各样的装饰,而背面的薄板却没有任何装饰。

盖板是由三块30毫米厚的橡木板采用"嵌榫拼接"的方法接合而成。盖板两端分别安装了削成倒L形的夹撑木。底板厚度大约18毫米,由两块木板对接而成,下端与绕在柜子底部的木框内侧尺寸一致,坐放在钉在侧板上的细木条上。这种简单的底板安装方式,与雕刻薄板所花费的劳力和时间形成了鲜明对比,这在侧面厚板至地型和哈奇型柜子上也可以见到。

嵌镶型各部分材料的构成,改良了以往固定厚板结构柜子的缺点,如柜子本体的大小受取得的木板的制约、重量重、容易开裂等。将增强柜子强度的框架与薄板组合在一起的结构,是从哈奇型发展而来的,在15世纪初的弗兰德 (当时的勃艮第公爵领地尼德兰) 很是流行。这种结构的柜子,在间隔室内空间上发挥了超乎家具的威力。之后,在英国至斯堪的纳维亚一带也深受欢迎[1]。薄板雕刻中受人们喜爱的"折叠亚麻布"(Linen-folled 图3-58) 图案,是模仿叠布时产生的布褶儿雕刻的图案,据说其起源于为增加薄板强度而保留的木头凸条,作为后期哥特样式中有特点的装饰图案而倍受欢迎。

图6-50是国立民族学博物馆收藏的韩国带栈盖的米柜。这个

---

1. John Gloag, *A Social History of Furniure Design,* Crown Publishers, 1966, p.433.

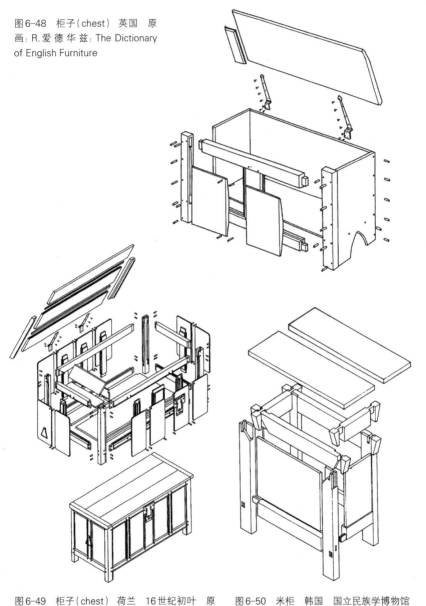

图 6-48　柜子（chest）　英国　原画：R. 爱德华兹：The Dictionary of English Furniture

图 6-49　柜子（chest）　荷兰　16 世纪初叶　原画：E. 库拉特；Die Constrution des Alete Möbel

图 6-50　米柜　韩国　国立民族学博物馆

柜子由松木制成,在粗框架上抠槽,然后插入木板,属于嵌镶结构的柜子。

复合构造柜子的结构

这里所说的复合构造是指用竹子、木材、纸等两种以上材料制作的容器,如藤箱(图3-20)、行箧(图5-28)、框式长方形大箱(图5-29)。下面我们来研究这些容器的结构。

藤箱

图6-51的藤箱,是在加有龙骨的竹编筐上粘贴和纸及草席面,以此来提高密封性,底面和盖子外侧的垂直面,分别用木框和毛竹制作的骨架加固。底部木框中间的木条上有一行墨笔字,上写"元治二年丑三月求之　山家宿　山田□右卫门用",由此可探知其制作年代。盖子的构造,从表层开始为草席面-和纸-竹编-和纸,毛竹制作的骨架用棕榈绳捆绑为一体。箱体,没有表层的和纸和毛竹制作的骨架。底部的木框和筐,从内侧贴上了竹制压边,并用钉子固定。木框推测是用耐磨性能优越的辽杨木制作,外侧被涂成了黑色。木框的结构与长方箱非常相似,底部木框较长一侧有两个孔,从孔里穿上绳子,把盖子和箱体捆在一起。盖上盖子,仅露出安装在箱子底部的木框。这种深深的盖沿儿,既保证了箱子的密封性,又可以轻松地应对箱内物品的多寡。新潟县松代町资料馆保存的一个箱子与这个藤箱非常相似,这种箱子在日本各地都有制作。

图6-52是图3-20所示藤箱的结构图,盖子为浅盖,带沿儿,侧面装有把手,盖子和箱体用可拆卸式合页连接,可上锁。藤箱的金

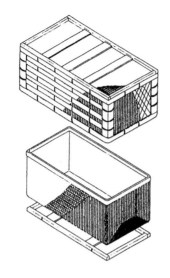

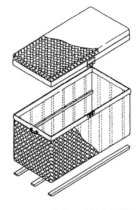

图6-52 藤箱 高津电影装饰株式会社

图6-51 藤箱 福冈县春日市乡土资料馆

属零件都安装在木框上。这个藤箱采用的安装方法是，先用顶端分成两股的钉子把竹子边钉穿，然后在箱子内侧弯过来固定。

藤箱中还有一种背在背上的立式藤箱，如图6-53所示，挨着背部的位置装有木框，上面系着绳子。

长方箱

如前所述，长方箱作为相扑手携带的物品，是从藤箱分化、发展而来的。现存最早的长方箱是幕府末期相扑力士——越户滨之助（最后一次相扑比赛，文政十一年3月即1828年）使用的箱子，是二战后在其山形县的老家发现的，现收藏于两国相扑博物馆（图6-

图6-53 立式藤箱 津和野町西周生家

54）。这个箱子用宽约4毫米的竹篾（也许是皮竹？）纵向、横向间隔40毫米左右四角编制，中间加入了龙骨。箱子边夹上两个大约20毫米宽的竹边，规整地缠上麻绳。这个方法与后面将要论述的柳条箱的制作方法相似。在编好的竹筐上，贴上薄麻布和至少两张和纸，在容易破损的箱子开口部再多粘贴几层，刷上漆。木框四角，用钉子钉上用来加固的L形铁板。底部长侧面的木框上，各有两个直径12毫米的绳孔。

长方箱和藤箱的区别在于盖子长侧面的设计。这个长方箱的前面和背面，通过粘贴几层宽约90毫米的带状和纸，将其分为三大块。每块里面基本是接近黑色的深绿色，因多层粘贴而变厚的部分被涂成了暗红色。中间一块竖着写有箱子主人的名字——"越户"，左右两块画有暗红色"鹰羽纹"徽章。背面左右两块只画有"组合菱纹"。

关于这点，我们再来看二战前的箱子是怎样的。图6-55是横纲双叶山（昭和十三年11月至昭和二十年11月）使用的长方箱的结构图。箱子使用宽约10毫米的已剥除表皮的薄竹片采用编竹席（三挑三压）的方法编制而成。箱子边的处理与前者相同。但是，龙骨比前者粗，而且数量也多于前者，四角还钉上了纵向L形的金属零件（角铁），这些措施是为了增强对从上面施加的力量的承受能力。木框，在长侧面中间插入了两根木条，在增加材料数量的同时，还钉上了用来加固的薄金属板，转圈并排绕上两根劈成半圆形的磨制光滑的芯藤，用钉子固定。盖子的外侧面，被龙骨明确地划分成三块。

箱子的底色与越户使用的长方箱相同，基本是接近于黑色的深绿色。木框、角铁、薄金属板为黑色，其泛出的黑色光泽与细细的两列白藤烘托出一种美丽的视觉效果。被明确分为三块的箱子

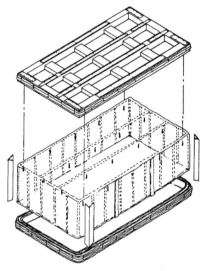

图6-54 （左上）长方箱　相扑博物馆

图6-55 （右）双叶山使用的长方箱的结构

图6-56 （左下）北之湖使用的长方箱　相
扑博物馆

外侧，每一块均用朱红色线勾边，里面用朱红色笔写了相扑力士的
艺名。侧面也用朱红色线划出了一块区间。此外，箱底木框上也
加了一道朱红色线。这使箱子变得更加结实、细腻、考究。

　　下面我们来看二战后北之湖在关胁时代（昭和四十八年11月
至昭和四十九年1月）使用的长方箱（图6-56）。盖子的木框虽与
双叶山使用的长方箱相似，但是底部木框中间的木条少了一根，接
合部也没有使用短的薄金属板加固，样式稍微简朴。区别较大的
是竹筐的结构，使用宽约20毫米的去皮薄竹片间隔大约10毫米左
右四角编织。箱子整体破损严重，涂料沿着编织的缝儿开裂，箱子
边稍细，已脱落。这大概是因为大眼四角编织和垂直方向龙骨数
量不够导致的。配色变为鲜艳的腰果绿。这种底色与木框和四角
垂直角铁的黑色、四角加边的区间和文字的朱红色，形成了强烈的
色彩对比。

综上所述，长方箱的基本结构、设计、底部木框上开孔穿麻绳的方式等，在江户末期就已形成，并一直被沿用至今，同时人们还不断地强化结构和改善设计。四角编织和竹席编织，哪个更结实这个问题，不能一概而论[1]，只能说现在这两种方法都在使用。有趣的是，箱子表面的三个区间与相扑力士艺名的对应，当艺名是一个字"雷"时，就会在中间部分写"雷"，左右两部分画上徽章。当艺名是两个字"大潮"时，就会在左右两部分写艺名，中间画徽章。当艺名是三个字，如"双叶山"和"北之湖"，则正好每部分各写一字。当艺名是五个字，如"千代之富士"，就会在三个区间各写一个大字，合起来就是"千代富"，然后在"千"的旁边写一个小"之"，在"富"的旁边同样写一个小"士"。但是，"冠军持弓入场仪式上使用的箱子"不适用这一原则。

波特 (Bote)

与舞台表演有关的人一直用一种被称为"波特 (bote)"的藤箱装衣服。图6-57是用来搬运和保管假发的"波特"，其设计样式与长方箱非常相似，在刷了柿漆的棕色素雅底色上，短侧面用墨笔写了公司名称"东京"，长侧面写了大大的"山田"二字，中间写了三个字体稍小的平假名"かつら"，意为"假发"。钉在外侧的带皮竹片，与在长方箱的木框上缠藤所起的作用相同，在与涂成黑色的木框形成对比色彩效果的同时，还可以防止绳子磨损箱子边。这些都是在遵守传统的专业领域所使用的用具，手工制作的技术在今天也依然保持着它的活力。

---

1. 根据松田辰夫的研究，古代竹席编织很多，但是在弯角的时候很难处理，不结实，所以从明治初期开始变为四角编织。"室内装饰的创造"，日本室内用具设计者协会编，六曜社，1984，p.194。

图6-57　波特﹙bote﹚　高津电影装饰株式会社

框式长方形大箱

框式长方形大箱与藤箱、长方箱、行箧相同,是用木材、竹子、纸制作的日本有特色的大型柜子。图6-58是鹿儿岛县黎明馆藏品（图5-29）的结构图,用编竹席的方法编制的竹筐,整个放进用铁箍加固的木制格子状框架里。竹筐的结构与双叶山使用的长方箱相同,也是在纵向和横向插入龙骨,采用编竹席的方法编制。挂盖型的盖子分两段开启,这种开关装置与行箧类似。

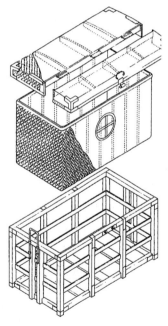

图6-58　框式长方形大箱　鹿儿岛县历史资料中心黎明馆

金属零件安装在木框上。上提式的挂环,在大正六年左右制作的长方形大箱（图5-15）上也曾见到,在长方形大箱的产地大川市,这种挂环据说从昭和八至九年左右开始流行,但是这个框式长方形大箱证明了这种挂环在江户时代就已经存在了。刷成黑色的木框和编制的竹席呈现出一种微妙的色调组合，上面绘制的朱红色家徽，令人感受到日本人的审美意识。这个框式长方形大箱和藤箱、行箧都只是一种实用性的用具，不是什么特别贵重的箱子。尽管如此，这些箱子还是制作得非常精细。如此费心费力地制作，令人感到钦佩。而且我们还注意到，与同为编制品的衣柜（图2–23）相比，这个框式长方形大箱上完全没有任何装饰图案。

柳条箱的改良

柳条箱与藤箱等相同，都是平民使用的收纳、搬运用具。对于这种日常生活中使用的柳条箱，人们一直在不断地努力将之改良为性能更加优越的实用用具。我们决定从登记的专利和实用新发明来研究其改良的过程。期间在何种程度上使之实用化这一问题虽然目前还没有答案，但是专利申请的内容同时也是对传统技术的批判，而且还指出了传统技术存在的缺点，值得深入研究。下面，我们分别从加固、防水、新构造这三个方面进行论述。

柳条箱的加固——对箱边和箱角的加固

在上一节我们讲了同样使用编织技术制作的北之湖所用长方箱的箱边和箱体的破损情况。对箱边的处理是容器编织技术的关键，实用新发明的申请也大多集中于此。

明治三十九年2月，题为"对柳条箱边的处理"的第1296号专利记录了将图6-59所示的金属零件安装在盖子边和箱体边的方法。具体方法是将①与盖子边和箱体边上的竹片用藤缠在一起，然后用线或铁丝将②、③与编织盖子和箱体的柳条缝在一起。实际上，在民俗资料馆等地也曾见过边缘脱落的柳条箱，用两块竹片

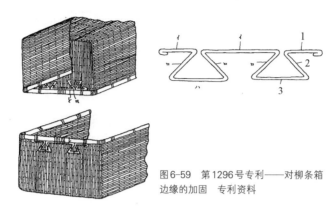

图6-59　第1296号专利——对柳条箱
边缘的加固　专利资料

夹住编制的箱子边或盖子边,用藤将二者缠在一起,用这种普通方法制作的箱子似乎不大结实。

明治四十二年6月,由冈山县苫田郡津山町日本柳织制造合资会社登记的第1330号专利的内容是柳条的编织方法,提出在短侧面中间钉合、把底部的角编成两层的方法,指出"用以上方法制作的柳条箱四角坚固"。这一方案虽然能够认同,但是会增加材料支出和制作成本。至今未曾见到用这一方法制作的箱子。

大正四年2月,第27224号专利也是有关加固箱边的,专利权所有者为大阪府的服部清三郎。专利名为"柳条箱椽子用金属零件",提出把折弯的铁板套在箱边竹片的角和中间部位的想法,为了不使铁板从箱边的竹片上脱落,把铁板挂在箱子的内侧。模仿用藤条缠箱子边的形状,在铁板上刻出竖纹。说明"其目的是为了制造出与藤条缠边同样的效果,而且这种方法要比藤条坚固数倍"。

柳条箱是将平面编织的柳条立体化,所以箱子角就成了它的弱点。大正十二年6月,兵库县养老郡八鹿町的谷国藏提出了第

9649号实用新发明——"边口及四角帆布"。

大正十二年8月，兵库县丰冈町的远藤嘉吉郎又提出了第11611号实用新发明——"柳条箱"。具体做法是在箱子边镶上加工成U字形的"硬化纸板"，用铆钉固定。关于"硬化纸板"这一新材料，在那一个月以前，就已公布了题为"硬化纸板制箱笼"的实用新发明，提出者为东京府丰玉郡户冢町的阿部庄铺。虽然不知道硬化纸板制作的箱子边有多么牢固，但是"效果的要点"上指出，以往用两块竹片夹住编织的柳条端部、从上面用藤条缠的方法制作的箱子边，藤条磨损后竹片容易脱落，其接缝处就会变得不好看，而且伸出的藤条还会妨碍盖子的开关。而用硬化纸板制作，不仅消除了以上弊病，而且还省去了缠藤条的麻烦。大正十五年12月，丰冈町的奥田平治进一步改良了这一实用新发明，提出不仅在箱子边，还要在棱角处和箱角等箱子的所有部位都装上U字形硬化纸板的方法。图6-65是更加先进的方法。

第556号实用新发明(昭和六年1月)是由东京市日本桥区吴服桥的山川秀次提出的申请。山川秀次也许是箱笼的批发商或零售商，在箱笼产地的众多申请者中，他的申请独具特色。具体方法是在箱子边的外侧围上铁腰子，在各处套上U字形金属零件，用铆钉将之与内侧的竹子边铆在一起。在各地可以见到一些围有金属边的箱笼，似乎这一方法得到了实际应用。根据说明文字上的记载，以往柳条箱的箱边，内框和外框都只用竹子制成，"其缺点是，弯曲部位的外侧在制作过程中容易产生毛刺，使用时也容易折损，然而按照本方法在箱子边的外侧使用铁腰子加固的箱子，不论是在制作过程中，还是在使用过程中，都不会出现这种问题等等"。

第2039号实用新发明，于昭和八年2月的公告中，公布了用宽3—4寸左右的藤条或芯藤来弥补以往弯曲、缝合所形成的棱角的

图6-60　对柳条箱角部的加固　第5201号实用新发明　专利资料

弱点，"藤和芯藤的特点是柔韧性强、不容易损坏，所以在搬运等情况下，即使受到磕碰，也不会像以往的柳条箱那样产生破损，可防止箱体受损，使之经久耐用，益处甚大"。

昭和十二年4月的第5201号实用新发明 (图6-60) 是与前者类似的改良方案，在箱体的各个角安装"硬化纸板"制"角盖"。但是，"硬化纸板"并不是已制作成型的，上面有刻痕，叠成漏斗形状使用。"角盖"上有凸起部分，安装时把凸起部分编进箱体，再用铆钉固定，柳编制品和竹编制品都可使用。

人们不断地对如何加固箱子边提出各种新的改良方案。第3384号实用新发明 (昭和十四年8月) 提出，在柳条箱的箱边装上铁板，用两块竹片夹住铁板，再套上L形硬化纸板，箱体内侧也贴上硬化纸板，然后用铆钉把它们铆在一起。

对箱子整体的加固和改良

第45915号实用新发明是从实际出发提出的改良方案，申请者是在第二章提到的杞柳编织工艺的传统产地——兵库县丰冈町的濑能金造，登记时间是大正七年5月。以往只是选定具有一定规格的细杞柳枝编织箱笼，新发明提出将废弃的粗杞柳枝剖成两半，将剖面合在一起使用。这样当箱子碰撞到其他物体时，就不会折断破损,非常结实。

第57137号实用新发明(大正十年6月)是由与丰冈町毗连的兵库县城崎郡三江村的森本几太郎提出的,柳条箱的盖子和箱体一般都是在长侧面横向编织柳条,新发明指出将柳条编成十字形重叠后,即使把柳条箱从高处向下抛,其断线的情况也会比前者少,用它搬运物品数十次都不会坏,非常结实。而且,箱子角和底部还缝有"防破布"。在笔者实际见到的箱子中,没有改变箱盖和箱体编织方向的例子,因此无法知道这一发明的推广情况。

大正十一年5月,朝鲜忠清南道公州面本町的田口一提出了第64920号实用新发明,令人瞩目的是,他用锌线代替了普通的线。丰冈市玄武洞和柳编博物馆藏有几件使用铁丝编织的皮箱,虽然不是箱笼,但是由此可知这一发明被实际应用于生产当中。具体方法是以柳条作纬线、以锌线作经线进行编织,将锌线的两端抻直剪成十字形。在与之垂直交叉的横向,也是每隔一段距离就将锌线紧紧地缠在内侧的锌线上,把锌线抻直。织出四个侧面后把锌线缠在边芯上。然后用锌线将四个角竖着重叠的地方缝合,外侧包上厚麻布,边芯用饰边包上收口,在内侧贴上防水布。使用这种方法可以制作出"基本不用担心会破损朽烂的完美的柳条箱"。普通的柳条箱以麻线作经,所以容易断裂。这个方法是对以往柳条箱的改良方案。

第6575号实用新发明(大正十二年3月)——"曲木加固防水箱笼"(图6-61)是丰冈町的增田春雄提出的。"实用新发明的性质、作用以及效果的要点"是:"本项发明的目的是防水和加固,用防水布或帆布(②)把柳条箱或竹编箱子(①)包上,在箱子外层的三个面横着或竖着贴上带有适当厚度的U字形曲木(③),在重要位置用铆钉(⑤)固定,这样不仅能防止包布与外界接触时发生破

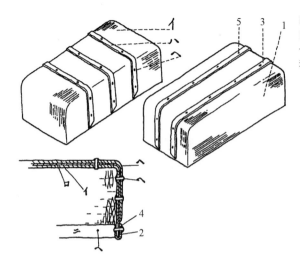

图6-61　用曲木加固箱笼　第6575号实用新发明　专利资料

损,而且还能从本质上增强箱笼的牢固程度……"

　　第64920号专利是在箱子内侧粘贴防水布。柳条箱和竹编箱子结构上的缺点是盖子柔软,该专利的目的是通过使用曲木来增加盖子的强度,使之在搬运时能够承受物品摞放所带来的压力。使用曲木的理由是其伸缩性强,装在箱笼上可使之不易变形,而且它与笔直的木片不同,可以紧贴在外表呈曲面的箱笼棱角上,对其起到保护的作用。用热水弄弯的曲木,与用钉子钉死的木片不同,接合部位不会松动或破碎,重量轻,坚固。说明图上的箱笼,使用了金属边。曲木与柳条编织的箱体之间使用铆钉固定,这与后面将要论述的木制集装箱的细节相同。

　　第1053号实用新发明——"箱笼"(大正十三年7月)是大阪府中河内郡枚冈南村的菊本龟次申请的,如图6-62所示,使用以往的方法编制柳条箱,编织柳条的线露在表面,会出现被磨断的危险,所以该发明提出了在柳树的细条上钻孔,从孔里穿线的方

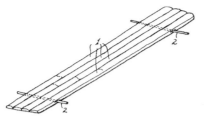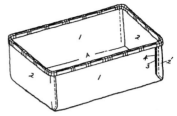

图6-62　柳条箱的改良　第1053号实用新发明　专利资料

图6-63　用胶合板制作的箱笼　第3346号实用新发明　专利资料

法。这种方法极其繁琐费事，估计只是提出了这一设想，并未付诸实施。

第3346号实用新发明 (昭和十八年3月公告) 是丰冈町的足立荣藏等人提出的，专利名是"用胶合板制作的箱笼"。如图6-63所示，利用压力的作用把胶合板弄弯，在接缝处 (2) 重叠，中间夹上帆布或棉布，用线缝合。帆布等可增加贴合的强度，一起使用还可以防止雨水的渗透。图上所示的箱子外形，与普通箱笼一样，箱子边上有一圈饰边。令人关注的是箱底的形状，长、短侧面箱子角的形状都是圆形的，而且接缝位置的短侧面向内侧弯曲。也就是说，胶合板被弯成了三次曲面。这种曲面的加工，在今天是用金属制铸型或木制铸型，用压力机和高频振荡器组合在一起的相当大的设备加工制作的，一般用来制作家具等。专利说明上指出，胶合板的厚度和曲率没有规定的尺寸，成型的方法只是单纯靠压力的作用。如果是二次曲面，还可以使用冷压的方法，但是图上所画的那么小的曲率，而且还要弯成三次曲面，以当时的技术是不可能实现的。胶合板在压力作用下会产生弯曲，这是大家都知道的常识，因此我们猜测这项专利申请的内容还只停留在想法阶段。

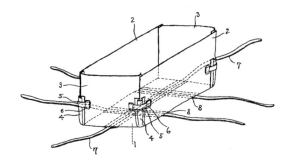

图6-64 柳条箱的防潮、防虫 第4864号实用新发明 专利资料

防水和防潮

实用新发明的公告中，随处可见有关柳条箱防水的内容，由此可知防水是柳条箱改良的一个重要问题。第64920号就是有关防水的发明，虽然不知道布的材质，但是上面写了在箱子内侧粘贴防水布。关于这点，兵库县加古郡高砂町由钟本阵一所申请的第6577号专利（大正十二年3月）"带涂胶帆布的箱笼"提出，将涂胶帆布缝在容易破裂的地方，如箱子角、棱角、箱子边等。其效果是"以往箱笼使用的布片只是在一面涂上糨糊，这种布不能防水，容易变形，所以箱笼容易出现破裂……在布片的一面涂上橡胶液，把有涂层的一面朝外，缝在箱角及侧面等处，涂了橡胶液的布片可以防水，而且不会变形，所以箱笼也不会出现破裂"。这项技术与国外的皮箱等有一定的关联。

第4864号是昭和四年5月发布的公告，是由千叶县安房郡北条町的新井广策提出的申请，内容是箱笼内插入涂有防湿剂和防虫剂的纸箱（图6-64）。专利说明上写到，利用纸箱"不论箱笼的容量和收放物品的多寡，都可以阻挡与外部空气的接触，起到防虫、防湿的作用，适于长时间保存物品"，这项专利还指出了箱笼在放置衣服上存在的缺点。

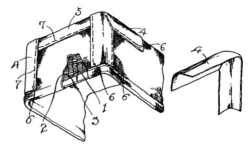

图 6-65　柳条箱边缘的加固　第 12744 号实用新发明　专利资料

第 9093 号是昭和八年 6 月发布的公告,申请人是丰冈町的伊庭三树,内容是在麻布的表面涂上防水涂料,把它缝在箱笼边和棱角等处。类似的发明还有在这之前就已登记的第 6577 号,不同的是在捆缚箱笼时,为了避免捆成十字的绳子磨损箱子,在箱子的中间位置也缝上了麻布,而且麻布的端部被扩展开,缝合所使用线的数量增加了,做工也更加细致。

伊庭三树于昭和八年 7 月申请并发布了公告的第 9816 号实用新发明,将柳条箱改进得更彻底。该发明在柳条编织的整个底子上涂上防水涂料,在箱子边缘和棱角等处缝上涂有防水涂料的麻布,箱角从上面用铆钉铆住金属零件。其"作用及效果的要点"是"柳条间微小的缝隙因刷了涂料而密封闭塞,不用担心像以往的柳条箱那样……箱子内部进入湿气或微小尘埃,箱子里非常干净"。麻布还被罩在军用木箱和艺人使用的"波特"上。

昭和十二年 8 月公布的第 12744 号是名古屋市的大口爱吉提出的申请。具体内容是在柳条、藤条、竹子等制作的箱笼上,整个套上"帆布"等结实的布的时候,在里面插入防水纸,然后再在棱角处贴上 L 形"硬化纸板",用扁平的金属线缝合 (图 6-65)。有趣的是,皮箱价格昂贵,而柳条箱价格便宜,适合做皮箱的代用品,很受欢迎。

以上，通过实用新发明的申请资料，考察了柳条箱的技术改良情况。改良的目的是使柔软的、有弹性的柳条编制的容器变得结实，可以防湿、耐水。柳条箱被大量用于货物的运送，在运送过程中不仅要遭受风吹雨打，而且还会被野蛮搬运，因此不难理解制作者们为改良箱子而付出的种种努力。对柳条箱来说，不幸的是申请资料中完全没有对柳条颜色洁白的程度和光滑质感的评价。现在，柳条箱从我们的日常生活中彻底消失了。关于其消失的理由，我们将在最后一章讨论。

集装箱

集装箱前史

集装箱广义上指反复用于运输的具有一定规格的箱子。日本这种箱子的原型是"通箱"或"通柜"。即，近世以后，店铺为了给顾客送和服衣料、绸缎、糕点等而使用的带商标和商号等的小箱子、藤箱、行李箱等。

明治十八年（1885年）专利法实施后，用于搬运的木箱也跟前面讲过的柳条箱一样，出现了很多新的设计方案。这些申请和公示的专利名称为"组合运送箱"、"折叠装货箱"、"可折叠式运输用装货箱"、"折叠货箱"、"轻便伸缩箱"等。其内容大体上都是针对在回运货物时从结构上如何减少容积和应对货物的多寡而提出的建议。"组合运送箱"是明治三十九年由冈山市的辻助三郎申请，并于翌年、即明治四十年公布的第11964号专利，该项专利大量使用了金属零件。此外，"折叠装货箱"的申请者是美国印第安纳州的克里斯托弗·法茨斯纳德，他于明治四十二年提出申请，明治四十四年发布公告,专利内容是用"扣丝"或"紧固铁箍"包装木箱。虽然专利的申请者大部分都是日本人,但是大正七年,英国人詹姆斯·罗也申请了专利——"可折叠箱子"。在这种专利或实用新发明申请竞争的背后,国际贸易的扩大可见一斑。

然而,与今天集装箱的开发有着直接关联的,据说是大正十五年(1926年)驻海外的大使馆、公使馆的商务官带回的有关集装箱的资料。1928年,英国使用的各种集装箱数量高达1 770个,一年运送的货物达4万5 296件。10年后,集装箱的数量和运送的货物数量均增长10倍以上[1]。在这些报告的基础上,日本铁道省开始对集装箱展开研究。昭和五年,用30毫米厚的杉木试制了100个容量为100千克的集装箱,投入试运输,并且从昭和六年5月开始,制作了钢铁集装箱,集装箱自身重量为450千克,可容纳1吨货物,这种集装箱被引入铁路运输中。但是,昭和十四年10月,第二次世界大战爆发后,这种集装箱被取消了。当时有5种集装箱,共计5 126个。其中也包括用于装运糕点和丝织品等的小型铁制、木制、竹制集装箱,但是这些集装箱现在已不知所踪。

昭和十七年,日本通运公司[2]按照国家有效利用资源的政策,委托普通木箱制造业者制作了大约1 000套用于装运疏散物资等的折叠式小型竹制集装箱($18l \times 15w \times 10h$,单位寸)和嵌入式木制流通箱(设计者片山幸作)。其目的是为了降低回送时的运费。但是,这种集装箱因战争激化而被停止使用,箱子的实际情况亦不清楚。所谓的嵌入式流通箱,是指甲乙丙丁四种箱子为一组的套箱,正6分的杉木和松木搭配制作的甲箱($35l \times 20w \times 20h$,单位寸)里依次放入乙、丙、丁箱,最小的丁箱,大小相当于3分板制成的石油

---

1. 片山幸作,《工业包装的实际》,交通日本社,1970,p.270。
2. 日本通运公司简称为日通公司或日通。——译注

箱。但是，四个一组的套箱，即使是空箱，其重量也有45—50千克，使用不便，而且在运输过程中，还会出现盖子丢失或数量不齐等情况，影响下次的使用，不得不对其进行补充和修理。

日通型集装箱的开发

昭和二十一年，日本通运公司制作了装运小件行李的非常小的竹制箱子 ($15l \times 18w \times 10h$，单位寸) 和金属制箱子。但这种箱子因不能折叠、没有返运货物等原因，几乎未被利用。到二战结束前后，靠铁路和货车等进行的物资运输，使用的还是传统的藤箱和茶箱等，可重复使用的具有一定规格的箱子、即集装箱并未真正进入日本物流运输业。

当时国家要求有效利用木材资源。战争时期大量的房屋被战火烧毁，昭和二十三年以后的几年时间，正值房屋的大量建设时期，建筑木材的一年总消费量达3 250万石。而制作啤酒箱、挂面箱、鱼箱、石油箱、玻璃箱等包装用的木箱就消耗了2 000万石木材[1]。如果把这些木材用于建造房屋，那么将会盖起相当多的房屋。

昭和二十三年，日通总公司企划课长近田末男预测，日通今后业务的开展将以拖车和集装箱为核心，于是命令曾承担嵌入式流通箱开发的片山幸作对此进行研发。片山以尾崎喜治的《欧洲的集装箱运输》和《国外各国小型运输研究资料》(昭和十三年，铁道省、日本通运合编) 为线索，开始了研究。片山回忆说那些都是有关大型集装箱的资料，所以不知道该从何入手[2]。最初试制的是2吨级、700千克级的集装箱，因没有叉车，只能在集装箱的下部安装车轮，通过操纵摇柄收降车轮。经过研制开发阶段展示和讨论的

---

1. 片山幸作，《对货物包装的改进》，交通日本社，1967，p.130。
2. 片山幸作，《工业包装的实际》，交通日本社，1970，p.270。

结果，达成了一个协定，即这种大型集装箱由日本国营铁道部门负责，而日通则把主要力量放在研究和开发小型集装箱上。自此，日通大力推进对小型集装箱的开发。昭和二十四年，日通在专心致力于集装箱的研究开发过程中，重新研究了以往集装箱的缺点，并且在80%—90%都是空箱运回这一实际利用情况的基础上，对以下几项问题进行了研究和探讨[1]：

① 国民性

② 地理和气候的特殊情况

③ 货物的往来和生产以及消费的分布

④ 经济的力量和商业交易的单位

⑤ 集装箱本身的创意

⑥ 对货物装卸方法和设备的再探讨

⑦ 与距离成比例的各种费用的节约

通过对以往经验的研究，指出国民性具有缺乏注意力、性急、狡猾、散漫等特点。根据这些对国民性的反省，将开发方针确定为可避免丢失零部件的可折叠式集装箱。在进行这些研究的同时，日通在全国主要车站开展了"包装外形调查"，对铁路货物的大小、形状、包装展开调查[2]。调查对象从药品、化妆品到各种食品、纺织品、机械工具、电动机械和器具、燃料、燃器、书籍、杂货等。调查结果显示，长度是宽度的1.5—2.0倍的长方形大约占总体的一半。长度是宽度的1.1—1.4倍的中等长方形占30%，正六面体占21.5%，从形状上来说，正六面体最结实，但是在摆放的时候，缺乏稳定性。此外，嗜好品的包装多为中等长方形，而以运送、保管为目的的容器中长方形的最多。当时，一年5 000万个装苹果的木箱、装橘子

---

1. 片山幸作，《工业包装的实际》，交通日本社，1970，p.270。

2. 片山幸作，《工业包装的实际》，交通日本社，1970，p.277。

的木箱、装20世纪梨的木箱等旧箱子被用于运输。因此,日通公司决定以装苹果的木箱为基准,确定集装箱的容积。其数值为下表所示的"与苹果箱之比"。日通公司在综合考虑以下几点的基础上确定了集装箱的尺寸:

① 若想将折叠的尺寸做到最小,长度就必须得是宽度的2倍以上。

② 在保管、摆放时,堆成井字形的稳定性好,不会轻易出现货物坍塌的情况。

③ 被运送的普通货物的形状,长方形的达到48.5%。

④ 易于搬运的形状。

集装箱的结构以美国使用的集装箱为模型,由驻军使用的卫生箱的制作者制作[1]。因此,也可以说集装箱的出现与传统的木工技术没有关联。

集装箱的规格

日通型集装箱有"密闭型"和"通透型"两种,后者适于运送需要通风的蔬菜和即使被雨水淋湿也没有关系的货物,二者结构基本一致,不同点只是木板的有无。其规格如表6-1所示。

表6-1　集装箱规格

型号	尺寸	自重	货物重量	与苹果箱之比
3型☆	$503l \times 503w \times 364h$ mm	8 kg	30 kg	1.5倍
4型*	$788l \times 378w \times 364h$	10	40	2.0
7型*	$970l \times 427w \times 458h$	15	70	4.0
14型★	$1121l \times 606w \times 561h$	28	140	8.0

*表示有木制和金属制两种,☆表示只有木制的,★表示只有金属制的。

1. 根据片山幸作所授。

图6-66　木制集装箱　小运送协会物流资料馆

新形式柜子的特点

　　木制集装箱(图6-66)，首先试制了密闭型和"通透型"两种，在研究探讨其尺寸、结构、利用上存在的问题等的基础上，于昭和二十八年至昭和三十年左右付诸使用。另一方面，铁板制集装箱(内部为胶合板)的开发基本与此同时进行。木制集装箱被用于运送即使稍微被弄脏或被雨水等弄湿也没有关系的货物，运费比铁板制的集装箱稍微便宜些。对这种铁板制集装箱(图6-67)的金属零件和折叠方式的专利申请时间是昭和二十五年4月，公告发布的时间是翌年7月6日。这项专利，比与之类似的西德著名的"柯立可"(COLLICO-TRANSPORT-KISTEN)集装箱早半年左右。最终，日通型集装箱被授予5种专利和实用新发明[1]。

　　集装箱，从大约昭和三十年开始，为日本运输、包装业界带来了巨大的变革。昭和三十五年，日本通运公司拥有17万个集装箱，一年的总使用数为510万个。到了昭和三十九年8月，该公司拥有的集装箱数量增加至27万个，一年总使用数达810万个。如果把

1. JIS第1609号。

图6-67　铁板制集装箱　小运送协会物流资料馆

这个数字换算成苹果箱,那就是3 240万个,在有效利用资源方面也取得了很大的成就。

日通型木制集装箱的实例

日本通运公司开发的木制集装箱,仅使用了几年就被铁制集装箱所替代。进而因向轻型铝合金制集装箱(自重比铁制集装箱减少40%)的发展和JIS(日本工业标准)的制定而不得不退出使用。

木制集装箱,可以说是在柜子悠久的历史发展中出现的一个非常有趣的实例,它达到了以人力装卸为前提的木制柜子的最终发展阶段。那么它的结构又是怎样的呢?

木制集装箱的主要材料是嵌板,其制作方法是用密胺树脂将5毫米厚的胶合板粘在12毫米厚的方子(山毛榉)上,然后用铝制铆钉铆住(图6-68)。方子的接合部位被制成腋形扩大式,而且方子呈立体性结构,这些都是为了减轻重量和提高刚性。长侧面嵌板的方子上装有铁箍和圆钢合页,上面交替安装了盖子和箱底的嵌板,这两块嵌板可向箱子内侧折叠。短侧面的嵌板,可从中间向内侧折叠。为使短侧面的嵌板紧凑地折叠在盖子和底部的平面

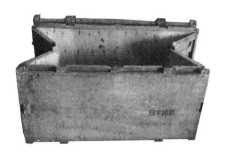

图6-68　木制集装箱的细节　小运送协会物流
资料馆

上，把木框巧妙地削掉一部分，以此来调整嵌板的厚度。削制的部
位，在安装集装箱时正好使方子和嵌板咬合在一起，从而也起到了
提高刚性的作用。最后再装上弹簧和别扣连动的卡子，将整个箱
子固定。这些都是以往的木工技术中所没有的。这种柜子可以说
是一种工业制品，标出了自重和容许载荷的重量，经过前期调查和
多次强度试验、使用实验制作而成。

运输革命

　　长时间以来，柜子一直靠人力搬运。然而，昭和三十年代末，
兴起了一场重大的技术革新，这场技术革新动摇了其存在的基础。
其起因在于货物装卸上出现了取代人力的强有力的叉车。其背
景是，由海上运输和航空运输组成的国际复合一贯制运输——海
空系统 (Sea-Air-System)，使物流量和运输距离产生了飞跃性的扩
大。追求运输效率的结果，导致人力搬运的小型集装箱停止生产。
但因其质量好，所以在距其制作30年后的今天，一直被用于少量且
要求包装严格的物流领域，如装运美术品、集成电路等精密机械零
件、国立大学的共同第一次考试的试卷等。

从运输角度看，传统的木制柜子在今天似乎已完成了它的使命。另一方面，小型箱子的作用，大部分被纸箱所取代。尽管这样，在商业包装领域，如洋酒、红茶、糕点、昂贵的陶瓷器等，却大量使用木箱包装。这种包装方法通过木材的材质美来提升洋酒等置入物品的形象。

第七章
箱的文化

以上从房屋、信仰、搬运等几个方面论述了柜子与人们生活的关系。在本书的最后一章,我们将综合讨论在以上研究中所发现的问题。

确保财产安全的想法

纵观西欧牢固结实的柜子 (chest) 和日本清雅的柜子以及用椰子叶编制的轻便衣箱等,会切实感受到人们对隐藏在生活基础上的生命和财产所持有的不同观念,这种观念上的不同超越了制作技术层面的问题。这种确保生命和财产安全的想法,为技术的发展指明了方向,并成为动力,体现在实体制作和使用方法上。

本体的刚性

日本一直在称颂木文化。但是,回想之前论述的箱柜类容器,令人深切地认识到必须把质量问题放在首位。这是因为即使是有幸被收藏在民俗博物馆的长方形大箱等柜子，也因破损严重，而令人担心不知何时会被处理扔掉。从直径近2米的高大杉树，伐取极其华丽优质的木材，最后用刨子加工成美观的长方形大箱，这种长方形大箱因木板太薄或制作过程中偷工减料而导致柜体破损等原因，其中很多柜子都已无法使用。就连放置武士的象征——铠甲和头盔——的器物柜也是如此。人们也许会认为其追求耐久性的程度非家具所能比，但是与柜子考究的外观、如在柜子表面用金箔和朱红色绘制家徽等相比，柜体的破损程度尤为突出。这点，与结实牢固的朝鲜半岛李朝家具和中国明式家具有相当大的不同。

前面曾提到过"御判物柜"（图3-34），里面收藏了带有主君花押的证明所属领地的信件。这种柜子虽然使用的是柔软的桐木，但是容易碰坏，所以被收藏在长方形大箱里。即便如此，如果用木槌之类的东西敲击，很容易就会毁坏。与此相比，西欧为了使柜子(chest)里收藏的重要物品不被毁坏，在木制箱子的外层又包上了铁板，非常结实，如"保险箱"。图7-1，传说是17世纪以后遵照英国威廉征服王的命令制作的、用来放土地测量记录的柜子，柜子外侧包有铁板，铁板上有铆钉坚硬的突起，安装了三把锁，看起来相当结实[1]。德国制作的这种柜子非常有名，17—18世纪被大量出口。国立民族学博物馆收藏的这种柜子，大小为$93.5l \times 48w \times 44.7h$（厘米），重达70.7千克。平均外侧容积的重量大致为0.35千克/升。数十例日本长方形大箱的调查结果显示，其重量为0.04—0.05千克/升，连"保险箱"的七分之一都不到，非常轻。而西欧即使是家用的柜子(chest)，也有0.08千克/升，是长方形大箱的2倍。其使用的木板厚度也大约是长方形大箱的2倍，并且长方形大箱是用杉木和

1. Jenning, *Early Chests in Wood and Iron,* Public Record Office Museum Pamphlets, No.7, Her Majesty's Stationery Office, 1974, 图10。

图7-1　都麦斯代柜（chest）
英国　英国公共档案馆
Jenning, Early Chests in Wood and Iron, Public Record Office Museum Pamphlets, No.7, Her Majesty's Stationery Office, 1974，图10。

枞木制作的，而西欧的柜子 (chest) 则是用橡木等阔叶树木材制作的。前面所列数值就算不直接说明柜子的强度，但也可从中明确看出人们对确保里面物品安全所持有的不同观念。

日本也有类似"保险箱"之类的容器。岛根县平田市有座古刹——鳄渊寺。传说辩庆从18岁起曾在此修行了3年，寺里不乏很多与辩庆有关的传说，其中之一就是铠甲柜 (图7–2)。里面收藏的铠甲已经遗失了，盖子为带沿儿盖子，柜体各个侧面装有与柜底高度一致的唐柜风格的腿。尺寸与近世的器物柜相同，样式折中了中世的铠甲柜。木制箱子外侧包有铁板，用巨大的圆头铆钉固定，非常重，即使是膂力过人的辩庆大概也无法举起。盖子背面和柜底里面虽然像其他精工制作的柜子一样，涂了黑漆，但是包在柜子表面的薄铁板历经岁月的洗礼，长了红锈，接口也脱开了，与国立民族学博物馆收藏的像是崭新的保险箱相比，显得非常破旧。铆钉上留有曾贴过金箔的痕迹，大概在当时也曾发出耀眼的光辉。就算史料上明确记载日本也曾有过制作牢固箱子的意向，但是其加固措施做得不够彻底，最终倾向于追求外观的华丽。日本箱子的特点是，虽然外形优美，但是不够结实，这使长久保存几乎成为不可能。

图7-2　铠甲柜　岛根·鳄渊寺

锁和绳

　　锁是防止侵入和掠夺的技术性手段，这点无需多言。锁的本质在于确保箱柜里面物品的安全，威风凛凛的锁象征着里面物品的重要性。中国古代哲学家老子曰"善闭无关键而不可开"，即"善于关闭的，不用栓锁却使人不能开——无有冒犯"[1]，这在历史上属于极少数人的想法。

　　西欧人确保物品安全的想法，尤其体现在锁的使用上。图7-3是 F. 罗在《中世纪教会的柜子 (chest) 和椅子》中所列的英国赫特福德郡阿登哈姆教堂里所保存的14世纪末的柜子 (chest)。大约3米多长，使用巨大的整根橡木挖制而成。宽阔的表面铺满了大约15毫米宽的铁腰子，又大又重的盖子用17个关节铰链安装在柜子上[2]。再来看其坚固的上锁方法。盖子上装有7个卡子，把卡子扣在柜体上的"コ"字形铁环上，从侧面插入铁棒，使之连为一体，然后

---

1. 阿部吉雄等译，《老子·庄子》上，明治书院。福永光司《老子》上，朝日新闻社。
2. Fred Roe, *Ancient Church Chests and Chairs,* B.T. Batsford Ltd., 1929, p.50—51.

图7-3 用整根木头挖制而成的柜子(chest) 英国 赫特福德郡阿登哈姆教堂 Fred Roe: Ancient Church Chests and Chairs, B.T. Batsford Ltd., 1929, pp.50—51.

再挂上三把锁。柜子 (chest) 重得出奇,因没有安装挂环,所以除极特殊的情况以外一般不会移动位置。借用F.罗的话说就是它企图把"永恒"封在柜子里面,但是犹如城门大锁一般的坚固的结构,依然给人留下了深刻的印象。

用坚固的锁来确保里面物品安全的想法,影响的范围很广。在印刷技术还不发达,只能靠手工木版印刷或用笔书写来制作书籍的时代,还曾将珍贵的书籍锁在桌子里。书箱是在书籍开始被大量印刷后才出现的,牛津大学和剑桥大学有一成文规定,即书籍要像基督教会"神圣的皮箱"那样,保管在装有三把锁的柜子 (chest) 里。甚至还有把柜子 (chest) 锁在地板上的例子 (图4-42)。

我们再来看伦敦档案馆收藏的一种被称为"百万银行柜 (million bank chest)"的小型柜子 (图7-4) [1]。17世纪末,英国国家财政因与法国的战争而濒临破产。为了重建财政和继续进行战争,玛丽女王的侍从T.尼尔被任命为"百万彩票"这一经济计划的负责人。他从当时盛行的彩票得到启发,设立了私人银行家组织——"百万银行 (million bank)",发行彩票。10英镑的彩票被分成三部分,一部分作为收据由投资者持有,另一部分被订在记录簿

---

1. Jenning, *Early Chests in Wood and Iron,* Public Record Office Museum Pamphlets, No.7, Her Majesty's Stationery Office, 1974, p.6.

图7-4　百万银行柜（million bank chest）　英国　伦敦公共档案馆　Early Chests in Wood and Iron, Her Majesty's Stationery Office, 1974，图9。

里。中间的部分用棉和麻搓成的绳紧紧地捆在一起，作为日后的证据被保管在柜子（chest）里。柜子（chest）上装有7把不同的锁，钥匙分别由7个管理者掌管，柜子（chest）又被放在一个巨大的箱子里保管。

　　图7-4的柜子（chest），虽然与前面所讲的柜子（chest）不完全一样，但其用途大概也与前者相似。随便用钉子把橡木板钉在一起，柜角和柜底用铁腰子加固。盖子由三块木板拼合而成，其中靠近柜子正面的一块木板，通过装在外侧的四根铁腰子做成的铰链和装在内侧的四个合页，可向上开启。从而形成开口面积小，封闭性强的结构。锁比较复杂，每个侧面分别装有4把锁，正面装有18把锁，荷包锁被装在盖子的上面，总共安装了18把锁和6把荷包锁。为了避免弄错数量如此之多的锁和钥匙，从形状上将其分为三组，并标上了序号。例如荷包锁，刻上了V字形槽，只要用与刻上的序号标志一致的钥匙，就可以打开锁。安装大量的锁，由几个人共同掌管钥匙，这种管理方法源于性本恶之说的对人的不信任。也可以说这是一种将权利和责任分开，以此来保护重要物品的先进的想法。

与西欧的柜子 (chest) 相比，日本的唐柜和长方形大箱只安装了一把不大牢固的锁，这种方式只是单纯地表明除主人以外，其他人不可以打开柜子。比较而言，日本人喜欢的是不便于安锁的带沿儿盖子型箱子。涂了黑漆的箱子，绑着朱红色的绳子，绳头带有漂亮的穗子。在这里人们注重的不是保护里面物品的安全，而是绳结的美感和易于解开的程度。绳结的打法有很多，人们用取自自然风景的优美名称来称呼它。额田严把注重绳结的日本称为"绳结之花盛开的国度"[1]。图7-5是伊势贞丈在"包结记"中记载的"封结"，将长长的绳子一圈一圈地缠起来，记住绳子的圈数。最后打个结，即所谓的"封结"，据说这样是为了能够看出别人是否打开过箱子。带微妙的花瓣形状的绳结，例如非常不好打的蝴蝶结等，只要解开绳子，就能看出是否是重新系上的。从这一意义上来说，绳结是为检查盖子的开关而打上的美丽的符号。日本人的内心并不倾向于开发牢固的锁，他们追求的是拓扑几何学性质的绳结的美，这也许是受老子的"无为之道"和孔孟思想中的性善说的影响。

最简单的方法是加封印。在钥匙孔上贴纸，或是用蜂蜡封住，或是用铅之类的软金属盖住，这些方法实际上根本起不到防盗的作用。但是，如果在清点了里面放置的物品，上锁之后再加封印，那么要想打开箱子就必须撕破封印，这样就能确认箱子是否被打开过。然后再查找撕破封印的人。同时使用封印和锁，是一种双重保险的严格的管理方法，但是在双方互相信任

图7-5　封结　伊势安斋编《包结图谱》　国书刊行会,1987,p.65。

---

1. 额田严，《绳结》，法政大学出版局，1972，p.19。

的集团内部，一直使用不上锁的简便的方法。"注连绳"[1]是一种精神上的防御策略，其目的是防止人们随便触碰或进入。神圣的柜子和装有特别珍贵物品的柜子，都会拦上稻草绳，加上封印。

环境条件与防备

笔者去百姓家里做调查时，曾有村民说"这一带，晚上大家都不锁门，开着门睡觉"。极具建筑特色的日本民房，根本无法真正地上锁。长时间以来一直没有上锁的原因，一是人们一直过着平安的生活，没有必要上锁；二是村落规模适当，是不是本地居民马上就能分辨出来。

近世传统的城市住宅——町屋，当时还没有玻璃，为了通风、采光、防御而发明了格子结构，现在这种房屋成为一道美丽的风景，为旅行者放松心情提供了一个好去处。日本国内这种町屋很多，在治安状况良好的城下町，使用的是纤细的格子，而在无赖阔步横行的乡下驿站，使用的则是粗格子。格子的粗细，似乎不只是由木匠的技术和审美意识来决定，从广义上来说，对外界采取的防备措施因环境条件的不同而异。因此，对于箱子和锁的想法，因时代和民族的不同而产生了差异，这一差异也影响到了住宅和城市的防备措施。在制作了坚固的柜子 (chest) 的西欧，人们不仅建造了围在城墙内的城市，而且住宅和甲胄也同样制作得非常坚固。这一想法也进一步影响到了生活中使用的锁。那是在法兰克福的朋友家发生的事情。笔者曾在他家洁净的餐厅兼厨房里享受了一顿美餐。吃完饭后，女主人清洗了用过的碗盘，用擦碗布擦干后将碗盘放进碗橱和抽屉里，然后上了锁。冰箱上也上了锁。为什么

---

1. 注连绳：用稻草编成的绳子。稻草绳。——译注

要给马上还要使用的日常餐具上锁呢？当时没有想出可令人信服的理由，而且也没有听到有关这方面的解释。

日本用隔扇、拉门、屏风等重量轻的、易坏的隔板将身边的空间间隔起来。这种空间构成方式，可以说降低了对确保生命和财产安全的结实度的要求。根植于这种空间的生活感觉、细腻的木造建筑的技术等，也势必影响了柜子和箱子的物质属性。设置能够轻松拆卸的拉门隔扇，与设计可拆卸的盖子，二者构思的根源也许是相同的。此外，二者在结构上难以上锁这点上也存在着共同点。日本使用高精度的木工技术制作了密封性强的柜子。柜子虽然不结实，但它也可以说是拘泥于最后完工形式的日本技艺的表现。从带沿儿盖子发展到印盒盖型和挂盖型，其主要原因之一在于提高密封性。这也许起因于日本高温潮湿的气候。

平民喜欢用的柳条箱，结构柔软。藤箱和长方箱，虽然结构稍硬，但它的特点是能够根据里面收纳物品的多少来适度调整。这些箱柜之所以被使用，与衣服的性质、即叠好后平放并且一件压着一件叠放有关。而西装的领子和肩是立体成形的，为了在保存衣服时不使其变形，人们想出了制作衣柜和皮箱的方法。在中国，为了保管大臣觐见皇帝时穿的朝服，北京的工匠制作了立柜。由此可知，箱柜类容器的物质属性，与各种环境要素有着错综复杂的联系。

然而，过度脆弱的长方形大箱，与阶级社会的顾虑、炫耀有着千丝万缕的联系。说到这不禁令人想到日本人举办婚礼的情景，为了举办一场普通的婚礼，即使是在形式上也要准备长方形大箱等物品。这种社会需求扭曲了匠人制作物品的态度，使之对耐久性差、徒有外表的物品制作趋之若鹜。明治末期以后，全国制作巨大长方形大箱的工时标准是一天一只。在这么短的时间内，根本无法期待匠人们能够制作出与出色技术相称的精细产品。

柜子及其社会性基础

人类制作的物品与人类同为社会的构成要素。换句话也可以说，物是在社会性基础上产生的。对这一理论最直观的诠释就是婚礼上使用的柜子。下面我们从山村人们的生活和相扑的世界来研究这种柜子与社会的关联。

桧枝岐的唐柜

桧枝岐位于福岛县和新潟县的交界处，可以说是现在少有的一处秘境。昭和十一年7月，民俗学者早川孝太郎造访该地，撰写了《福岛县南会津郡桧枝岐采访记》[1]。书中在登载唐柜图 (图 7–6) 的同时，还记录了唐柜的使用方法。"男孩和女孩，到了15岁，父母就会制作唐柜，送给他们。之后，他们本人的衣服以及其他所谓的个人财物悉数放在柜里。女子会放置婚礼所用的衣服等，所以自然要把柜子带到婆家。当柜子主人去世后，唐柜 (karauto) 就被当作棺材，里面的财产，一部分作为遗物分给家人亲戚，另一部分与尸体一起埋葬"；"唐柜使用侧柏制作，高1尺2寸，长 (内侧尺寸) 2尺8寸，宽1尺4寸，为所谓的挂盖式，盖子据说深3寸，为唐柜的一贯尺寸，这一尺寸在其他器具上禁用"；"男子使用的唐柜与女子使用的唐柜，盖子样式不同，前者为平面，后者为所谓的拱形。唐柜的做法非常严格，尤其在防止漏水上需要一种被称为'四方立不知之法'的独特的秘传技术。被委托制作唐柜的木匠，在制作完成并交付客户使用时，按照规矩要往柜子里放三颗大豆，这三颗大豆

---

1. 早川孝太郎，"福岛县南会津郡桧枝岐村采访记"，日本民族学会编，《民族学研究》五六卷，1939。

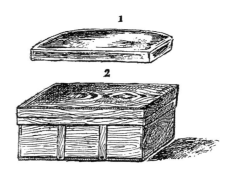

图 7-6　桧枝岐的唐柜　唐柜
（karauto）早川孝太郎 "福岛县
南会津郡桧岐村采访记"，日本民
族学会编《民族学研究》No.5,6，
1939。

要永远放在柜子里,绝对不可以取出"。

　　早川的记录中最有趣的是,孩子成人后就要送给他唐柜,而且
他要一辈子都使用这个唐柜。"大概唐柜是孩子成年后保持经济独
立的依据。男孩很少在成年的同时就马上送给他唐柜,一般都是
在结婚前制作,但是女孩的唐柜在成年时是必须制作的,常常听到
有人说'就算没有衣服,但是唐柜总是要预备的……'"。

　　昭和二十四年造访桧枝岐的今野圆辅在"桧枝岐民俗志"中
也留下了有关唐柜 (karouto) 的记载[1]。"在这个村子的丧葬制度中,
最罕见的一个是从几十年前就预备存放自己尸体的棺材……唐
柜 (karouto) 是生前预备的棺材的名字,以前,女孩长到15岁,就
必须用侧柏制作巨大的木箱。结婚时,作为出嫁或入赘的器具之
一必带到婆家,用于放置自己使用的物品。最近,不一定非得在
出嫁前制作自用的唐柜,有的在出嫁时也会使用母亲或祖母的唐
柜,因侧柏数量减少,价格昂贵,所以也有用松木或杉木制作唐柜
的。""当还没来得及预备唐柜的人,因雪崩、受伤、急病等原因死去
时,就会用他妻子或父母的唐柜做棺材。不管出现何种情况,都绝

---

1. 今野圆辅 "桧枝岐民俗志",《日本的民俗志体系》第九卷东北,刀江书院,1951,p.32。

不会把尸体放入唐柜以外的棺材安葬。""这个村子里的村民们说'死后怎么办都可以，就是不想被火葬'。"这些与早川的记录大体一致。

把这种柜子记录为"カラウト(karauto)"的早川，将享保十一年(1726年)爱知县的柜子命名为"唐柜"(图3-38)，这个柜子被用来保存带墨笔字的漆木碗。"唐柜"被音变为"カラウト(karauto)"一事，在江户时代的《类聚名物考》和《贞丈杂记》中也有记载，而且有趣的是昭和时期的会津之地也将其音变为"カラウト(karauto)"。唐柜本来有腿，《训蒙图汇》中把它单纯地称为"柜"(图1-1)。然而，早川记录的柜子虽然没有腿，但也是"唐柜(karauto)"，是装有竖木条的中型柜子，是东北至九州一带都可见到的柜子的一种。桧枝岐村历史民俗资料馆收藏的柜子也属于同一种类。早川所列的图是"挂盖型"柜子，装有竖木条，柜身用三块木板拼接而成。虽然不知道"四方立不知之法"指的是什么方法，但是露在长侧面的短侧面的木材横断面以及绕开口部一圈的承托盖框的木条横断面的表露方式，均为罕见的左右非对称式接头，也许这与"四方立不知之法"有一定的关联。虽然对这样的结构是否能真正防止"漏水"怀有疑问，但是以前曾制作过长方形大箱的大分县日田市的山口鹤松(明治三十五年出生)自豪地说，自己制作的长方形大箱即使在筑后川的洪水中也"没有漏水"[1]，由此可知柜子制作技术的目标就是追求高密封性。

对于周围充斥着一次性用品的今天的我们来说，把一个柜子当作一辈子的生活用具来使用的故事，深深地打动了我们的内心。西欧的船员，死后也会把收存他们所有财产的皮箱当作棺材，葬于

---

1. 宫内悊，"长方形大箱制作技术的诸相与终焉"，《九州艺术工科大学一般·基础教育系列研究论集》9，1984，p.59。

大海[1]。关于这种山村生活与柜子的关联之后的发展，我们来看平成元年到会津地区和桧枝岐做调查的宫内贵久在他的报告中是如何说的[2]。

在位于桧枝岐村西边的南会津郡馆岩村汤之花村，女孩降生后就要种植一棵杉树，以此作为纪念。女孩成人并定下婚事后，父母就会把这棵杉树伐倒，请木匠制作比长方形大箱稍小的"柜"或"御柜"。也有用桐木或松木制作的。"柜"被作为出嫁用具带到婆家，把盛装等放在柜里，然后再把柜子存放在土墙仓房。柜子的主人去世后，"柜"就被当作棺材来使用。男性不这么做，他们直接制作棺材。这种习俗至今仍有保留，听说昭和六十三年，有个明治年代出生的女子死后使用的棺材就是她作为婚礼器具带到婆家的柜子。

周边地区也有类似的习俗。据说在福岛县大沼郡昭和村大芦村子，女孩出生后就要种植桐树，女孩长到14—16岁，父母就会请木匠用这棵桐树制作长方形大箱。住同一村子的五十岚亨（昭和八年出生）和同村野尻的青木津枝代（大正十五年出生），就听祖母说过用出嫁时带来的长方形大箱做棺材的事。

父母送给男孩的柜子是平盖的，送给女孩的柜子盖子是曲面的，关于这点，宫内贵久指出，因曲面盖子比较费工，所以仅限于富裕的家庭，普通人家送给女孩的也是平盖柜子，而且每个木匠制作柜子所用的材料、尺寸、制作方法也都不同，没有早川记录的资料那么严格。入棺时的姿势采用的是仰卧的屈葬位，即仰面向上、头和腿弯曲的姿势，尽量想办法把遗体放在唐柜里。

1. 木村尚三郎，"序文"，键和田务，《西洋家具集成》，讲谈社，1980，p.3。
2. 宫内贵久，"长方形大箱与棺材——与奥会津地区人生仪礼的关联"，《民具研究》82，日本民具学会，1989，p.11—17。

如上所述,在桧枝岐和南会津,孩子诞生时种下桐树或杉树,孩子长大成人、从娘家嫁到婆家、再从现世去往来世,柜子被用于这些人生的重要阶段。从柜子变为多屉柜的这种婚礼器具的变化,也波及这个山村,持有唐柜的人,据说都是昭和初期以前出生的。到了昭和三十年代,开始改为火葬,人们基本上不再把柜子当棺材使用。这意味着村民们不只注重箱子收纳、保管物品的实用功能,还把它当作从现世前往来世的工具这一观念的瓦解。

长方箱的社会性基础

前面已经讲了长方箱的结构和样式,它与相扑社会有着很深的关联。相扑社会是基于"部屋"制度的等级森严的阶级社会。关于其成立的基础——"部屋",春日野前理事长曾讲过这样一段话,"师傅和弟子结成父子关系,师傅与弟子在一个房间里同吃同住"[1]。以前曾在日本社会得到广泛认可的这种想法,今天依然沿用于相扑界。众所周知,相扑的级别从横纲、大关以下至前头13枚目为幕内。幕内以下是十两,十两以上级别的相扑力士被称为关取,是合格的相扑力士。十两以下依次是幕下、三段目、序二段、序之口,他们的名字会被记在等级表上,再往下还有一些新弟子们。这些人被统称为幕下,最下级的力士还被称为"取的"、"裤担"、"若者"、"若众"等。

相扑界这种森严的等级制度决定了一切都必须服从于它,相扑协会向关取支付工资,为其提供单间,允许其拥有长方箱。入浴和就餐等也按照等级表的顺序。另外,最下级的"取的"们还要轮流当班为相扑力士准备餐食,系着兜档布为等级表上级别高的力

1.《别册相扑》,棒球杂志社,1974,p.149。

士服务。不仅如此，还要作为"随从"照料关取们的日常生活。根据部屋规模不同，力士的"随从"人数也有不同，一般情况下十两的随从为3—4人，幕内为4—5人，横纲为10人左右。根据昭和五十九年的调查数据，属于九重"部屋"的横纲千代富士和小结保志的"随从"分别为7人和3人。

横纲之所以有众多的随从，是因为其所处的地位决定了他要携带与身份地位相称的大量物品。相扑的上场仪式就是一个典型的例子。为了这一仪式而准备的神圣的"横纲[1]"被放在一个长方箱里，其他的长方箱里放持刀随横纲上场的力士和为横纲开道的力士所穿的刺绣围裙。这些物品的数量比其他关取携带的物品多，需要多名随从准备并搬运。在休息室里，关取休息的地方要铺上席子，然后再在席子上面铺上一个跟小孩用的褥子大小差不多的长方形被子，这个被子被称为"场所被褥"。横纲被特许使用两个被子，其中的一个被当作枕头来使用。幕内级别以上的力士，可以在相扑竞技台下面的等候区使用带有力士艺名的大坐垫。长方箱里装不下这个坐垫，一般都是对折后包在包袱皮儿里，然后捆在长方箱的上面 (图7-7)。幕内级别以下的力士，使用相扑协会提供的公用坐垫，所以没必要搬运。因此，即使带了长方箱，也可以从是否只带了席子、席子和包袱是否捆在一起来判断其是否幕内级别的力士。众所周知，力士的地位随每场比赛的结果而变动。从十两降级的力士不能再拥有长方箱，那么这种情况下，长方箱要如何处置呢？在九重"部屋"，据说这种长方箱会被放在"部屋"的仓库里。

如上所述，相扑界严格规定了相扑力士的地位和携带物品、职

---

1. 横纲：冠军大力士 (横纲) 系在腰间标志身份的粗绳。——译注

图7-7　长方箱和随从

位的身份，而随从制度则对其起到了支撑的作用。柳田国男指出，"小包袱皮儿原本是女子使用的东西，连男子都开始广泛地使用是一件极其新奇的事情……男子拿包袱的方法有很多种，如背或扛以及其他各种方式，稍大些的包袱则让男性随从拿着"[1]。江户时代，随从有可能存在于社会各个阶层。

　　长方箱在现代也依然在使用，这是因为随从、即仆人存在的原因。图7-7和图7-8是九州相扑大会上的情景。随从们把关取在竞技台上使用的刺绣围裙、兜裆布、长袍、浴衣、毛巾等细心地叠好放在长方箱里。长方箱的所有者虽然是关取，但是实际使用的却是关取的随从们。在相扑大会举办期间，长方箱被放在休息室里，最后一天比赛结束后被运往下一个巡回比赛的场所。要想把长方箱装进出租车里，就要把它从举办相扑大会的福冈国际中心的休息室一直搬到人行道（图7-8）。虽然仅有100米左右的距离，但是对一个下级力士、而且是身躯庞大的现役力士来说，也是非常吃力的。

　　令人关注的是铝制箱子和带轮的大型皮包的使用。也许是认为铝的颜色与相扑用具不相称的原因，也有的铝制箱子被涂成了与长方箱相似的绿色。询问后得知，铝制箱子里放的是裁判员的衣服和指挥扇，大型皮包里放的是曾担任裁判的师傅们的和服外褂与和服裙子。师傅们在会场外穿西服皮鞋的样子似乎已常态化

1.《定本柳田国男集》21卷，筑摩书房，1986，p.361。

图7-8　长方箱的搬运

　　了。据有关人士讲，一个长方箱的价格是5万日元（昭和五十九年的价格），只能用1—3年，而一个铝制箱子和带轮的大型皮包的价格是3.5万日元，可以使用很多年，而且还可以上锁。

　　相扑和日本的祭祀活动有着很深的渊源，很多老规矩都来自于此，即使是在这么传统的相扑界，也出现了引起大家关注的外籍力士，以及西服和现代工业制品的使用等。作为包袱皮儿的替代品出现的长方箱，当然无法上锁。在部屋制度下，是否上锁这个问题本身也许没有任何意义，但是如果锁成为必需品，那么长方箱就会马上被铝制箱子和皮箱所取代。而长期形成的相扑的美，也一定会因此而失去光彩。

长方形大箱的消失与寝具柜

长方形大箱消失的时间

　　我们以二战前一直被视为重要婚礼器具的长方形大箱为例，深入讨论柜子是在社会性基础上成立的这一问题。我们向七位人士采访调查了长方形大箱消失的时间和理由，这七位分别是曾从事长方形大箱制作的福冈县大川市的井上政一、竹下清一、石桥高

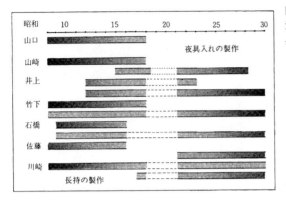

图7-9　长方形大箱消失的时间和向寝具柜的过渡

次和广岛县府中市的佐藤、山崎,以及大分县日田市的山口鹤松、川崎秀次郎[1]。如图7-9所示,左侧的粗线表示的是长方形大箱的制作时间,石桥在昭和十六年停止制作长方形大箱,竹下和井上在昭和十八年末停止制作长方形大箱。其理由都是在第二次世界大战时应征入伍。据佐藤所讲,昭和十六年以后,二战后的数年时间里,府中地区完全无法制作家具。另外,大川的家具产业也全都改为制作飞机和船舶的零部件等各种军需品,二战后的混乱局面持续了数年之久。日田市的川崎,战争时期在木材加工厂工作,制作排子车,二战结束后改行制作拉门隔扇等。山口作为盖房子的木匠,曾接受订单制作多屉柜和长方形大箱等,二战结束后就没有再做过长方形大箱。从军队复员的石桥、竹下、井上也与山口相同,二战结束后就没有再做过长方形大箱。只有府中的山崎,直至昭和三十年左右还接受订单制作长方形大箱。

　　大川市的经济统计结果显示,昭和九年度曾生产了6 000个长

---

1. 宫内悫,"长方形大箱制作技术的诸相与终焉",《九州艺术工科大学一般·基础教育系列研究论集》9,1984,p.56—57。

图7-10 长方形大箱的放置和盖子的
开闭

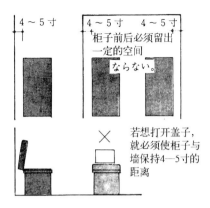

方形大箱和500个寝具柜,但是十几年后的二战结束时,长方形大
箱的生产数量却变成了零[1]。由此可得出一个结论,即在日本的中国
和九州地区具有代表性的家具产地,长方形大箱制作的结束时间
大体上以第二次世界大战的结束为节点。

长方形大箱消失的理由

综合以上的研究结果,长方形大箱在使用上具有各种各样的
缺点。首先,放置长方形大箱,需要占用大约160×70厘米的面积。
要想开关盖子,就必须把柜子放置的地点与后面的墙壁保持12—
15厘米左右的距离,这个距离相当于盖框的宽度。另外,若想在长
方形大箱的前面打开锁、拿出柜里面放置的物品,还需要留出一定
的活动空间。所以,长方形大箱放置的位置必须前后留出一定的
空间,这种布置方式在图3-23民居与柜中可以见到(图7-10)。当
然,要想打开盖子,盖子上面就不能摆放物品。因此,放置一个长
方形大箱就需要一个地板面积为两块榻榻米左右的垂直方向延伸

1. 石桥泰助 "大川家具产地的成立",《跃动的20年》,大川家具工业会,1983,p.95.

的空间。其次，要想取出放在柜底附近的物品，就不得不逐个取出摆放在上面的物品，这也是箱子普遍存在的一个问题。对于长方形大箱这种大容量且没有分隔内部空间的柜子来说，这是一个极大的缺点。

长方形大箱与其他家具及空间的关系

当时为什么要使用效率如此低下的长方形大箱呢？只要回忆日本传统民居的平面图，就不难找到答案。被称为"田字形"或"四个空间分布"的房屋内部，由独立柱和隔扇构成，虽然设有收纳空间即储藏室，但是没有收置被褥的壁橱。日用品暂且不说，但是如果把供客人使用的被褥堆放在房间角落，就会显得非常凌乱难看，这也是需要大容量长方形大箱的原因之一。

另外，长方形大箱与其他家具的尺寸不合也是一个问题。假如我们在长方形大箱旁边摆放多屉柜和橱柜，这些家具的纵深比长方形大箱短，高度又比长方形大箱高，所以很难与之搭配，会明显有损居室的美观。而且，摆放并使用长方形大箱，还需要占用大约两块榻榻米的空间，所以人们才把它搬到了仓库或储藏间。

长方形大箱消失的社会性要因

我们在第五章"搬运与箱"讲过，以前，人们把婚礼视为两个家族的结合，长方形大箱与多屉柜等同为达成婚礼的重要物质构成要素。举办婚礼时，身着号衣的年轻小伙子要扛着长方形大箱，走在盛大的婚礼队伍里。这时展现的是长方形大箱的社会性功能和美的功能。可以说，长方形大箱是在实用性功能和社会性功能，以及美的功能三者保持平衡的基础上成立的。但是，这种平衡逐渐瓦解，用肩扛的搬运方法也逐渐被废除了。这一时期大概正值大正初期。福冈市南区长尾的副田志奈（明治二十九年出生）是大正二年11月结婚的，据说她的婚礼器具是在举行婚礼的两三天前，从大约5公里远的娘家用3台排子车运来的。昭和二十二年，福冈县宇美町的长泽义人结婚时，用红牛拉的大车搬运长方形大箱。一开始由人或牛马拉的大车，逐渐被汽车所取代。以前制作长方形大箱的广岛县府中市的佐藤讲过这样一件事，有一次他去给客户送长方形大箱，说是家里有位80岁以上的老人，于是要求他把长方形大箱卸到门口，扛着长方形大箱进门[1]。

前面曾经讲过，长方形大箱之类的柜子能够有效地确保里面物品的安全，是一种以人扛为前提成立的收纳和搬运用具。当用大车或汽车把里面存放的物品和长方形大箱分开搬运时，其存在的基础就发生了根本性的动摇。也就是说，当新娘与长方形大箱、多屉柜等一起组成的婚礼队伍浩浩荡荡前往婆家的出嫁形式崩溃后，前面所说的长方形大箱使用上的缺点就会被放大，于是与日常生活有着直接关联的节省空间型的家具就会占据优势。把物资从一个地方直接运往另一个地方的便利的汽车运输方式的快速普及，给人们的整个生活带来了不可估量的巨大影响，这也加速了柜子衰退的进程。

生活意识和环境的变化

第二次世界大战的战败，彻底颠覆了日本人的生活和意识。还记得当时人们开始重新审视传统的生活习惯和与之有关的物品，彻底否定了家族与家族的结合这种婚姻观念以及这种观念的象征——长方形大箱。另一方面，因战争灾难导致大量的房屋被烧毁，为了接纳撤回的侨民还要准备大量的房屋，由此导致房源紧张，居住情况恶化，形势非常严峻。重建所需的木材也严重不足。因此，难以确保收纳专用的空间，仓库和储藏间没有了，长方形大

---

1. 宫内悫，"长方形大箱制作技术的诸相与终焉"，《九州艺术工科大学一般·基础教育系列研究论集》9,1984,p.76.

箱也就无处可放,随处可见处理长方形大箱的情景。

在家具的产地大川市和日田市,虽然惨遭毁灭的家具工业不久后得以重建,但是却没有再生产长方形大箱。

从长方形大箱到寝具柜

那么,长方形大箱一直以来发挥的作用又怎么样了呢? 前面提到的井上证明,"当人们开始制作立式长方形大箱以后,卧式长方形大箱就自然被淘汰了"。立式长方形大箱是指把长方形大箱竖起来,即开口处位于垂直方向,这样就可以在相同的地板面积上收纳比原来多几倍的被褥。根据采访调查的结果,"寝具柜"虽然占据优势,但是它也被称为"被褥柜""竖柜""立式长方形大箱"等。这种样式的家具在中国也有,被称为"立柜"[1]。"竖柜"是在第一章、箱的定义中所列的《和名类聚抄》中出现的词汇,这个词在今天依然被使用,令人惊叹。也就是说,寝具柜就是"橱",其开口处从水平面改为垂直面,意味着家具构成的原理发生了彻底的改变。

图7-11是鹿儿岛县使用"春庆涂"工艺制作的带横格板门的寝具柜,制作年代可追溯至明治初期。由此推断,从长方形大箱到寝具柜的过渡,在很久以前就已逐渐开始了。前面提到的小川家仓库平面图(图3 24)上,绘制了昭和四十五年少夫人司江结婚时带来的双层寝具柜。下层柜子高88厘米,上层柜子高81.7厘米,柜门和侧板都是里面为木制框架,框架外层单面粘贴了一层聚乙烯胶合板。图7-12是福冈县饭塚市的安永康子(大正九年出生)于昭和十七年12月结婚时带来的"竖柜"。柜子宽90厘米,纵深82厘米,下层柜子高86厘米,上层柜子高82厘米。大正三年,康子的母亲由纪(明治二十四年出生)结婚时的婚礼器具是1个长方形大箱

---

1. 王世襄编《民式家具珍赏》文物出版社,1985,p.361.

图7-11　寝具柜　鹿儿岛　川边町鳝坂家

图7-12　竖柜　福冈　饭冢市安永家

和1个三层多屉柜。即使是最近,农村依然有对寝具柜的需求。大川市的竹下经营的工场,昭和六十年生产的产品有5种,都为了运输上的便利而做成了双层。其中最小的柜子宽70厘米,用来放坐垫。这些柜子都在手能够得着的范围内,可充分利用空间。

综上所述,长方形大箱的消失是其自身实用功能上存在的问题、居住空间的狭小化、结婚风俗的改变、从人力搬运向汽车搬运的转变等因素引起的。壁橱这种固定收纳装置的普及也对其产生了巨大的影响。

带抽屉的长方形大箱

长方形大箱的消失,一方面可以理解为向橱柜型的转变,而另一方面则是因为多屉柜的出现。

图7-13 带抽屉的柜子（chest）
英国　R. Edwards：The Dictionary of English Furniture, Barra Books, 1983, Vol.2.

西欧带抽屉的柜子 (chest)

在近代平民使用的家具中,最引人注目的要数多屉柜,也可以说这是家具史上的重要事件之一。多屉柜,用可移动的抽屉将柜子内部水平分割,抽屉向外拉出使用,可以高效率地进行分类收纳。英语一般将这种方便的多屉柜称为"带抽屉的chest (Chest of Drawers) , 意为柜子与抽屉的组合体,此外还称之为底层抽屉 (bottom drawer) [1]。这一称呼极富深意地表述了西欧在柜子 (chest) 的底部加装抽屉的过程。这一时期,在英国大致是17世纪中期,初期"带抽屉的柜子 (chest) "中,有些柜子对抽屉的处理非常保守,如把设在下面的抽屉伪装成台子等。图7-13就是一个这样的例子,装有球形腿的、外表为豪华的木块拼花工艺的柜子本体的下部就是抽屉。不久抽屉占据了柜子 (chest) 的所有内部空间,改变了柜子 (chest) 的原有布局,并取而代之。在这一发展过程中,也有令人感到仍拘泥于柜子 (chest) 的柜子,这种柜子虽然外观看起来像

---

1. Fred Roe, Ancient Church Chests and Chairs, B.T. Batsford Ltd., 1929, p.50—51.

图7-14 菊花泥金画多屉柜 京都仁和寺 摘自"仁和寺的名宝"。

多屉柜,但柜子的最上部却向上开启。在西欧,柜子 (chest) 的衰退过程比较缓慢,大致持续到18世纪中叶。在挪威的农村,这一过程一直持续到19世纪末。

日本带抽屉的柜子

正仓院有一个被称为"四重漆箱"的奈良时代的小型器物,箱子上装有四层抽屉,与今天所说的多屉柜完全一样。另外,正仓院还有一种靠回转轴使扇形小格从棋盘里显露出来的器物。这些器物的制作原理并没有被推广并用来制作对实际生活有用的多屉柜,人们主要通过中盖来改良箱子不便于分类收纳的缺点。但是,究其根本也只是在箱子框架内进行的改良,其本身也存在一定的极限。学界普遍认为所谓的"多屉柜"是17世纪中叶以后出现的[1]。这种柜子仅限于带抽屉的壁橱,是平民用来收纳衣服或店铺用来整理和收纳商品的。图7-14是京都仁和寺收藏的桃山时代的"菊花泥金画多屉柜",$48l \times 32.3w \times 39.8h$ (厘米),外观虽是长

---

1. 小泉和子,《多屉柜》,法政大学出版局,1982,p.14。

方形的箱子，但是把正面的盖子抽出后，会发现里面装有五层抽屉。这种将抽屉遮盖起来的保守的制作方法，与初期带抽屉的柜子 (chest) 和后面将要论述的金泽藩的柜子相似。从室町时代舶来的大量经箱等来推测，多屉柜的设计理念大概是从中国学来的，并在佛寺开始使用，这种设计理念大概后来又被用来制作平民收纳衣服的柜子。

然而，在日本，从未像西欧那样，从与柜的关联这一角度出发，研究和探讨多屉柜的出现。甚至也可以说，从未有人提出过日本曾存在 "Chest of Drawers" 即带抽屉的柜子这样的观点[1]。但是，实际上日本存在带抽屉的柜子。虽然还没有掌握它与多屉柜的出现之间的关联，但是车式长方形大箱就是一种令人瞩目的带抽屉的柜子。

在长方形大箱上安装了车轮的车式长方形大箱，因在江户明历年间的大火中妨碍人们四处逃生，所以在天和三年 (1683 年) 以后被禁止制作和使用。这与大阪地志《难波鹤》(延宝七年即 1679 年) 中在心斋桥销售多屉柜的店铺记载的时间仅相差几年。但是，在福冈县须惠町立历史民俗资料馆藏有一个桂木制作的带抽屉的车式长方形大箱，盖子背面装有竖木条，上面用墨笔写有宝永六年 (1709 年) 的年号和所有者、木匠，以及被认为是负责锻制的人的名字。在远离京都的九州农村，带抽屉的车式长方形大箱被制作并使用这件事，暗示了当时不仅车式长方形大箱被普及，而且抽屉的设计理念也被广泛推广使用。该馆还藏有具体年代不详的、似乎更古老的车式长方形大箱，多屉柜的历史，也许可追溯至更久远的年代。

---

1. 宫内悫，《家饰具的历史》，第一法规出版，1989。

在此，我们仅列举带抽屉的长方形大箱等大型柜子的实例。金泽市民俗文化展示馆收藏的放衣服的长方形大箱 (图7-15)，据传说，这是从藩主的菩提寺转让的柜子，是加贺藩的细工所制作的。柜子正面可抽出的盖子虽然丢失了，如果插上盖子，其外观看起来就会与长方形大箱一模一样。但是，只有盖框以上是柜子，盖框以下却是上下五层抽屉。带抽屉的长方形大箱有两种类型，一种是柜子侧板一直延伸到底部，柜子下部装上抽屉；另一种是在装了抽屉的台座上放上长方形大箱。图7-16属于前者，是宫崎县诸县郡高原町的福永多奈在大正初年结婚时作为婚礼器具带来的长方形大箱，柜子底部装有大小两个抽屉。制作者是在高原町经营家具店的白石重吉，也就是说这是当地的工匠制作的柜子。样式相同的柜子在岩手县、仙台市、广岛县、福冈县等地都有发现。图7-17属于后一类型的长方形大箱，即在装了抽屉的台座上放上长方形大箱。这个长方形大箱是鹿儿岛县川边町田部田新町的大园文雄的母亲美佐 (明治四十二年出生) 在大正十二年从川边町嫁过来时带来的。据说当时里面放的是自己和丈夫要使用的被褥，衣服和蚊帐放在行李箱里，没有带多屉柜。因此，也可以说大园家带抽屉的长方形大箱，是从大正初期就存在的、兼具多屉柜和长方形大箱功能的组合式婚礼器具。综上所述，日本也存在各种在底部设有抽屉的柜子。这种柜子除前面提到的柜子以外，作为在远离京都的地方制作的柜子，还有真岛俊一、真岛丽子在秋田县和宫内贵久在福岛县会津地区发现的柜子[1]。

另外，不知道日本曾存在这种样式柜子的专利厅，在昭和

---

1. 参照：真岛俊一、真岛丽子 "仓库与生活"，《生活学》第7册，DOMESU出版，1982，p.92—100。宫内贵久，"长方形大箱与棺材——与奥会津地区人生仪礼的关联"，《民具研究》82，日本民具学会，1989，p.11—17。

图7-15 带抽屉的长方形大箱 金泽民俗文化展示馆

图7-16 带抽屉的长方形大箱 福冈市

图7-17 带抽屉的长方形大箱 鹿儿岛县川边町文化中心

二十四年5月，批准了名古屋市的森善吉提出的编号为第367379号的实用新发明。

文化交流与柜

关于唐柜

　　日本的箱子和家具的名称中，有带"唐"字的，例如在第三章提到的"唐匣"、"唐柿匣"、"唐柿筒"、"唐柜"、"香唐柜"、"韩柜"等，这里的"唐"和"韩"读音相同，都读作"kara"。那么，这些"韩"和"唐"表达的是什么意思呢？关根真隆以《和名抄》中的"karamomo (杏)"、"karausu (碓)"、"karamushi (苎麻)"等词为例，指出"这个kara也许来自古代朝鲜半岛的加罗，即在与朝鲜半岛的加罗有着密切往来的时候，从那个地方传入日本的文物都被称为'kara……'，因此'karahitsu (唐柜，韩柜)'大概也是其中之一"[1]。此外，关根还指出，如此书写的时间也许与"唐天竺"一词的一般化有关。而与神社有关的词则大多书写为"辛柜"。这大概是因为日本不喜欢在自己古老的宗教信仰中使用的重要宗教用具——"柜"的前面加上具有外国含义的"唐、韩"。总之，在日本，这种被称为"唐柜"的柜子，其制作时间持续了1 000多年，可谓佐证古代文化交流的活化石。

　　在此我们希望大家回想一下，日本的唐柜和长柜，是后来在带沿儿盖子结构的箱子侧面安装腿的结构。而哈奇型、嵌镶型等西欧有腿型柜 (chest)，被比喻成犹如用木板把桌腿堵上、贴了底板制成的柜子，如果把腿拆下来，柜子就会变成一块一块零散的木板。

---

1. 关根真隆，"正仓院古柜考"，《正仓院的木工》，日本经济新闻社，1978，p.130—131。

图7-18 柜子 中国西安郊外 车政弘、石丸进，《中国都市农村联合调查——韩城市西庄镇党家村》，1989。

这是二者的根本性区别。

那么，现在在中国和朝鲜半岛是否存在像唐柜这样的柜子呢？中国的明式家具和清式家具、朝鲜半岛的李朝家具等在宫殿或上流阶层家庭使用的柜子中，都没有这种类型的柜子。但是，车政弘和石丸进两人在中国西安郊外的老百姓家做调查时却发现了一种"柜子"（图7-18）[1]。这个柜子是在本体的侧面后装上腿的。即，中国也制作了与日本唐柜结构原理相同的柜子。只不过盖子的样式与唐柜不同，是像米柜那样的栈盖型盖子，顶板的一半是固定的，靠近柜子正面的一半可开启。打开盖子，里面出现一个滑动式中盖。也就是说，柜内设有抽屉，把抽屉推开就可以拿取柜内的物品。

虽然难以证明"柜子"与日本唐柜的关联，但是我们推测，使用椅子的生活方式从西域传到原本过着盘腿生活的中国，于是人们在这之前一直使用的柜子上安装了腿。这种柜子也传入日本，被称为唐柜。在长年的使用过程中，二者的盖子样式发生了变化。

---

1. 车政弘、石丸进，《中国都市农村联合调查——韩城市西庄镇党家村》，1989。

商船与柜

　　如果翻阅历史，你就会发现这种文化交流是不断地重复进行的。所谓的《南蛮屏风》(南蛮文化馆收藏)上详细地描绘了从室町末期至江户时代每年定期驶来日本的南蛮船"Nau"(英语称为"Carack")的大帆船及其船员、装载的货物等。商船大多为500—800吨级，可乘坐船员和乘客近300人。其中还有宽敞的拥有3—4层甲板的大船，16世纪末期，还出现了载重吨数为1 200—1 600吨的大船[1]。曾有人指出图中对南蛮人的服装描绘得非常细致，但是我认为图中对柜子也同样描绘得非常细致。图7–19描绘的是从船上卸下来的货和葡萄牙人，据推测这些货物有可能是毛毡、生丝、绸缎、放在坛子里的药品等。其他可能还包括珍奇的礼物。整个画面描绘了大量的各种各样的箱柜类容器，靠近这边的外层包有皮革的印盒盖样式的箱子，与中国的柜子非常相似。把绳子十字交叉捆起来的柜子，非常像东京家具历史馆收藏的印度尼西亚的柜子(chest)。

　　图7–20描绘的是把货物从大船卸到驳船上的情景，左侧能看到旅行箱或保险箱(coffer)，两个男子抬着的是外层包有皮革并钉有角铁的皮箱。

　　从画面推测，当时从国外进口了相当多的柜子，因此有很多机会能看到进口柜子的样式和结构。传世品中也有相当多的中国元明时代和朝鲜高丽时代的经柜，其中有的还被指定为重要文化遗产。另一方面，在整个江户时代，也有一种根据西欧的订货制作和出口的被称为"洋柜"的漆器[2]。中介方是位于长崎出岛的荷兰东印度公司的商行。图7–21是桃山时代制作的"洋柜"，大小为

1.《近世风俗图谱》第13卷，南蛮屏风，小学馆，1983。
2. 东京国立博物馆编，《东洋的漆器工艺》，便利堂，1978，p.133。

图7-19、20 《南蛮屏风》 南蛮文化馆 《近世风俗图谱》第13卷，小学馆，1983。

$80l \times 45w \times 54h$（厘米），收藏于大阪南蛮美术馆。带圆顶形盖子的外形，与西欧的标准型相对应。柜体与盖子用合页连接，柜子表面整个装饰了豪华的用金银粉制作的平泥金画。

位于东海的冲绳，在地理上和文化上一直发挥了重要的作用。我们在前面列举的冲绳的柜子，不论是对称性，还是燕尾榫接的接合方法、卡子的样式等，都与中国和朝鲜半岛的柜子几乎没有差别。

技术和构想的传播

假设有个柜子从外国传入日本，人们大概会以信息泛滥的今

图7-21 花鸟纹泥金画螺钿柜 南蛮美术馆 东京国立博物馆编,《东洋的漆器工艺》,便利堂,1978,p.133。

天所无法想象的、好奇的眼光来查看其形状、制作技术、盖子和锁的构造以及内部设计等。之后的发展大概会分以下几个阶段,无视——试着仿造——试着使用——普及。应对的方法,大概会因国民性的不同而有所差异,而这个国民性也会随着时代的发展而变化。

前面讲过,在蒙古和朝鲜半岛以及济州岛,人们使用了一种特殊的半开型柜子。这表示了游牧文化对朝鲜半岛的影响。另一方面,朝鲜半岛的钱箱与日本的钱箱极其相似,很有可能是从朝鲜半岛传入的。但是,日本却没有接纳"半开"。当合理性和美超越了生活方式和意识上的差异,或者人们对其感兴趣时,这个物品就会被人们所接纳。西欧人对洋柜的喜爱,一定是因为他们感受到了漆器的装饰美所具有的清新魅力。

观察柜子细微部分的结构会发现,带有简朴的开闭装置的栈盖,在中国西藏的经箱、中国西安郊外的农村使用的柜子、朝鲜半岛的米柜和钱柜、日本的米柜和钱箱上都可以见到,把开关部分设在垂直面的柜子,在亚洲各地都有使用,如蒙古的衣柜、朝鲜半岛"半开"的门板。但是,在西欧的柜子中却没有发现这种类型的柜子。这种简便的开关结构是从国外传来的还是个别出现的，虽然目前还无法马上给出结论，但是也许可以把这个极为简朴的构思视为个别出现的产物。这是因为"从形状中得到启发并开发其功能"的能力，是人所共有的。

相反，在柜子 (chest) 的内部设置带盖的小箱，把小小的箱盖当作柜 (chest) 的盖子的装置，这种精巧的设计，我认为是外来传入的。以西欧为中心，东非的拉姆岛、印度尼西亚、尼泊尔、美国、加拿大等地都可以见到这种类型的柜子。然而，长崎县立历史民俗资料馆收藏了一个用可防虫的、带有芳香气味的樟木制作的衣柜。柜子内部右侧正、背面上部刻有 L 形浅槽，并开有圆孔。这个孔，大概是把小箱盖子的两端制成棒状突起，把它插入孔里，以突起为轴，转动和开关盖子。另外，L 形的槽里肯定曾经套有底板和侧板。也就是说，被制成了在阿尔卑斯山柜 (chest) 中所看到的小箱的形状。这个衣柜据说是在长崎市内购入的。在住有很多华侨的长崎，得天独厚的条件使之有机会能见到西欧的柜子，还有一个可能就是在中国台湾或某个地方制作，然后再进口到日本。

然而，底部装有轮子的柜子，在日本和西欧都有制作。我认为这是在相隔的空间产生的类似的柜子。如果忽略罩在侧面的装饰性金属零件，那么有的柜子就会与日本的车式长方形大箱惊人地相似。图 7–22 是平田勉拍摄的印度南部马德拉斯的柜子，据说是 13 世纪制作的[1]。材料为柚木，印度制造，年代不详。国立民族学博物馆也收藏了印度西部古吉拉特邦与之相似的带轮子的柜子 (chest)。

---

1. 平田勉，《关于琴的原材料 (红木) 的调查报告书》，福山邦乐器制造业共同组合，1985，p.15。

图7-22 带轮的柜子（chest） 印度 平
田勉拍摄 平田勉，《关于琴的原材料（红
木）的调查报告书》，福山邦乐器制造业共
同组合，1985，p.15。

　　另一方面，也存在某个构想历经几个世纪依然被人们遵守
的例子。日本正仓院收藏的唐柜，其连接盖子和柜体的可拆卸
式金属零件，也被用于昭和十年代制作的长方形大箱上。另外，
为了用绳子把柜子吊起来而在柜腿上穿孔的方法，也被现代的
唐柜所沿用。欧洲也存在这样的例子，例如哈奇型上雕刻着的
圆形线条，在从中世纪直至现代罗马尼亚婚礼用的柜子（chest）
上都可以见到。可以说这是一个技术、设计理念被极其长久地
继承的例子。

　　平民为搬运和保管物品而使用的中型厚板结构的柜子中，样
式大体相同的柜子在冲绳、鹿儿岛、熊本、福冈、岛根、岩手、青森等
各县都有分布。米柜、藤箱、行箧、长方形大箱等的分布状况也与
此相同。其中，不是为了向他人炫耀而制作的各地的米柜尤其相
似，这表明近世以后日本在物质文化上达到了高度的均一性，在这
一现象的背后，因北前船[1]等的发展而形成的活跃的物资流通可谓
功不可没。

---

1. 北前船：江户中期至明治时期往来于北海道和大阪的货船。船主即货主，边买卖边运
　 输。——译注

信箱与手套箱

生活方式不同，人们使用的各种用具乃至整个体系也会随之不同。从这个意义上来说，在长期的锁国政策下，幕府末期可谓民族艺术构想充分绽放的时期。英国首任驻日公使拉瑟福德·阿尔科克，一边冒着被攘夷派武士们杀害的危险，一边积极地收集日本文物，将之送至第二届伦敦世博会 (1862) 展出。前几年，笔者在伦敦的维多利亚和阿尔伯特博物馆附属图书馆发现了阿尔科克编辑的展品的英文目录。经过研究，弄清了展品的详细情况，并判明此次展出是日本文物在西欧的首次系统亮相[1]。

目录中有一个被标为手套箱 (Glove box) 的展品。从备注的内容——"日本用它来放信件和急件等"——得知这是一个"信箱"。这个美丽的漆信箱，大概是当时担任驻日公使的阿尔科克在接收幕府签发的外交文书时得到的，文书被装在信箱里交给阿尔科克。另外，戒指盒 (Ring box) 是小型漆器，从五角形、圆形、蝶形、心形等形状推测，有可能是"香盒"。

手套箱，在法语中是一种被称为"layette"的箱子，西欧从中世纪末期开始制作，是一种细长的小箱子。里面放丝带、手套等。不久，这种箱子的功能被多屉柜吸收。信箱与手套箱的对应、香盒与戒指盒的对应，虽然都是箱子，但是从词典编辑的原则来说，对等词自不必说，就连恰当的译词也很难找到，但是又不能用原词来书写，最后的方法就只能靠添加注释的方式。因此，这是一个完全没有对应概念的、相互间存在巨大差距的例子。

博览会结束后，阿尔科克收集的那些展品，一部分被送到博物馆，另一部分被卖掉。据说阿尔科克看到人们聚集在来自遥远的

---

1. 宫内恕，"第二届伦敦世博会日本展品资料"，《九州艺术工科大学研究论集》第4卷，1979，p.41—108。

日本的美丽展品前观看的样子，他感到非常高兴，忘记了收集时的辛苦。

箱的现在和未来

近代设计与柜

近代以后的设计家们，为什么没有设计柜子呢？恕我寡闻不知道显著的例子。相比之下，同属家具的椅子，在20世纪的设计史上，却逐渐占据了重要的位置。布罗伊尔设计的弯曲钢管椅、阿尔托设计的轻巧舒适的成型胶合板椅子、柯布西耶设计的舒适的钢管构架躺椅——任何人都可以画出其独特的形状。这种倾向在更早以前就已出现了。把希腊竖琴的形状设计为椅子靠背的罗伯特·亚当、设计了华丽透珑的雕刻椅背的齐本德尔、使盾形开始流行的海波怀特——椅子与设计家的组合，多得数不胜数。设计家与椅子的关系，与该职业在社会上的确立同出一辙。

即使在没有椅子传统的日本，情况也是相同的。只要参观设计展和室内设计师联展，您就一定会看到杰出的椅子，有的人还因收集了很多的椅子而比自己的正式职业更出名。日本的设计师，对于设计椅子，也许会觉得有种向异文化挑战的浪漫的感觉。那么，设计师忽视箱子的原因是什么呢？是因为没有客户提出这方面的需求？是因为椅子比箱子更具有造型设计的乐趣？是因为椅子很漂亮，而箱子很难看？是因为各种家具中只有椅子才能诠释设计的历史和理论？

下面我想阐述一下现阶段对这些问题的思考。正如箱子的定义所表达的那样，箱子在形态上受到很大的限制，若想改善它的功能，就不得不否定箱子的本质。我们推测，由于这个原因，设计师们有意避开箱子,将设计对象转为椅子以外的家具,如洗脸台(commode)、餐具橱(buffet)这种可以更自由地设计造型的橱柜系列的收纳家具。反过来说,箱子紧贴人们的生活,过于平凡,所以很难实现人们所期待的新颖性和创新性。我认为这也许是使设计师产生顾虑的原因。

另一方面,技术者们热衷于发明折叠箱的专利、改良柳条箱、开发犹如功能性设计样本的铝箱等。他们的立场,与设计水晶宫和埃菲尔铁塔的工程师相同。这些新型箱子,不是产生于人们的居住生活,而是为了使物流作业合理化而设计制造的。其结果导致人们跑去开发传送带和叉车等,煞费苦心的构思反倒成了无用之物。近代以后的设计师很少涉足箱子的设计,没想到这倒使我们弄清了设计师职能的一个方面。

箱的未来

经济高度发展以后,人们对家中物品的混乱状况提出越来越多的批评和警告。打个比方,这种混乱程度就如"掀翻了玩具箱"。对于这种状况,我认为具有强大收纳性的箱子所起的作用非常大。人们希望"玩具箱"再次恢复原状,把散乱的"玩具"收进箱内,恢复物与空间该有的秩序。也就是说,在"前言"部分叙述的住宅与箱,二者虽然层次不同,但作为容器,都是构成人们生活环境的重要物质要素。

箱子,从日常生活到非日常生活,再到超乎人们日常生活的宗教信仰,一直发挥了重要的作用。尤其是作为包装容器的箱子,随着技术的进步,今后在保持持续发展的同时,也将不断地改变样式。辛柜、柳箱、教会使用的保险箱(coffer)等,也将作为象征性的用具而继续存在下去。

前些年，有人向我介绍了一本书，书名是《游戏的木箱》[1]，这本书令我深受触动。该书是在北海道立美术馆主办的、以"木箱"为题的活动中投稿的53位作家的作品集，作品中有很多与本书"柜"的定义不相符的箱子。首先是几乎没有与家具的比例相符的箱子，还有些没有抽屉和盖子等的箱子，以及为取得某种效果而设计的特殊造型的箱子等。这些问题暂且不提，关键是其中有几个非常有趣的作品。

特别是山中成夫的作品——"创意箱装组木细工[2]"，从标题就能看出其表达的概念。我在撰写《箱》这本书的过程中，原本想通过巴什拉的《空间的诗学》，多多少少地触及"梦想"，论述"箱子在盖上盖子时才成为箱子"这一形态上的潜在结构，但是在研究论述的过程中遗漏了"游戏"这一观点。提起用来吓人的玩具"玩偶盒子"，任何人都可以描绘出大概的样子。各个民族一定是通过箱子创造出这种快乐的游戏世界的。"创意箱装组木细工"是艺术家靠他的敏锐直觉将箱子的潜在结构投影到现代游戏世界，并将其呈现给人们的一部非常巧妙的作品。柜子的未来，尤其将在"游戏的世界"即脱离日常性的空间取得发展。在此，笔者谨以这一快乐的预见作为本书的结尾。

---

1. 秋冈芳夫编，《游戏的木箱》，淡交社，1983。
2. 组木细工：一种立体智力玩具。不使用黏合剂，只是利用木架自身的构造特点将其拼装成某种模型。——译注

后　记

　　本书以笔者前几年提交的学位论文"有关柜的结构、形态、功能的研究"为基底修改而成。学位论文的撰写是在东京大学名誉教授、工学博士稻垣荣三热忱的指导下完成的。在此，谨向稻垣荣三教授致以深挚的谢意。

　　书中的某些内容虽然曾被日本设计学会、日本建筑学会、日本产业技术史学会等发表，但是能够将之整理成册，离不开法政大学出版局松永辰郎先生的大力协助和已在该出版局出版力作《藁》的千叶大学宫崎清教授的宝贵建议，在此向两位一并表示衷心的感谢。

　　在很长一段时间里，给以国立民族学博物馆为首的伊势神宫、美保神社、上贺茂神社，以及各地资料馆和民居的各位人士添了很多的麻烦，承蒙诸位的帮忙顺利完成了调查。此外，以国立民族学博物馆名誉教授中村俊龟智先生、垂水稔先生、森田恒之教授等民族技术共同研究会的诸位人士、日本设计学会以实践女子大学键和田务教授为首的诸位会员，为本书的撰写提出了许多有益的建议，并提供了很多宝贵的资料。本人所属的九州艺术工科大学，承蒙以前校长吉武泰水先生为首的诸位同事、制作车间诸位职员的鞭策，特表谢忱。此外，还要向皇后大学名誉教授A.波特夫妇、维多利亚和阿尔伯特博物馆家具木工艺部长P.司龙德先生、法兰克福工艺博物馆G.噶博德部长、梨花女子大学名誉教授裹满实先生表示衷心的感谢。挪威卑尔根设计博物馆的P.安卡先生，没有因只是通过电话向他咨询而责怪于我，相反却非常亲切地解答了我提出的问题，这些都令我终生难忘。

在本书撰写过程中，模仿制作了一部分书中所列举的实例。目的只是为了从感性上更接近实物，但也有一部分是作为车间实习课的一部分而进行的。这不仅使将要作为各种生产领域的设计师而离开学校的学生们掌握木材及其加工技术，还希望他们能亲身感受古老的木器制作技术。需要指出的是，其内容并不仅限于箱子的制作。随着这些作品的增多，我开始幻想是不是哪天也能开一所箱子博物馆。如本文所述，与椅子相比，人们只给予了箱子很低的评价，但是从对生活的贡献这一意义来说，箱子绝对不亚于椅子。即便实物的收集非常困难，但是在亲身体验后得知，复制品也能够在很大程度上再现原有的感觉。那么，要如何向读者传达箱与生活的关联和箱子制作技术的发展呢？本书的结构就犹如一所箱子博物馆，各章分别被设定为博物馆的各个展区。

停笔之际，曾经反省是不是应该把研究对象只限定在日本的箱子，对其进行更加深入的研究。但这一想法只是位于意识的深处，并未付诸实施，其原因是我想按照自己的方式来思考恩师小池新二先生所讲的设计。

最后，我谨向帮忙制作本书插图的九州艺术工科大学研究院今村照美、萩原伸幸、松野直行、土井启郁等诸位同学表示衷心的感谢。

译 后 记

本书原版发行于1991年，是日本法政大学出版局出版的《物与人的文化史系列丛书》之一。初次听到此书的书名时，我曾怀疑这本书会不会有读者喜欢看，内容会不会太枯燥无味。但随着翻译的深入、书稿的加厚，我的顾虑逐渐消失了，我自己本人也开始对"箱"产生了兴趣，开始关注身边的"箱"。当电视上出现各种家具时，总是希望能将画面定格，以便仔细地观察其样式和制作工艺等。希望读者朋友们在阅读此书后，也能像我一样被"箱"吸引，关注"箱"，喜欢"箱"。

经过将近半年的辛苦工作，本书的翻译工作终于可以告一段落了。在欣喜之余，也不禁担心，作为"箱"的"门外汉"的我，是否准确地表达了作者的原意？对术语和专有名词的翻译是否准确恰当？书中出现了很多人名、地名、专业术语等，有些内容可以查到，但有些内容却查不到恰当的对译词。针对这一问题，我采取了以下方法：一是通过中文和日文的谷歌网站、百度搜索、日文雅虎等进行查找，尽可能地找到国内通用的汉语表达词汇；二是在无法找到恰当词汇的情况下，对人名和地名采用汉语标音的方式，对专业词的日语读音采用罗马字标音的方式，对某些专业术语采用添加注释的方式，希望通过这些方法尽可能地将原文传达给读者。虽然我已尽了最大的努力，但仍有不甚满意之处，希望诸位专家、读者批评指正。

本书翻译过程中，我的同事和日籍外教耐心地解答了我提出的各种问题，给予了我很大的帮助和鼓励，我向他们致以衷心的感谢。另外，上海交通大学出版社的赵斌玮先生也给予了我很大的帮助，该出版社的编辑也对译稿进行了反复的校对，对此，我也向他们致以诚挚的谢意。

译者

2014年1月于东北师范大学外国语学院